Gefiederte Welt
EDITION

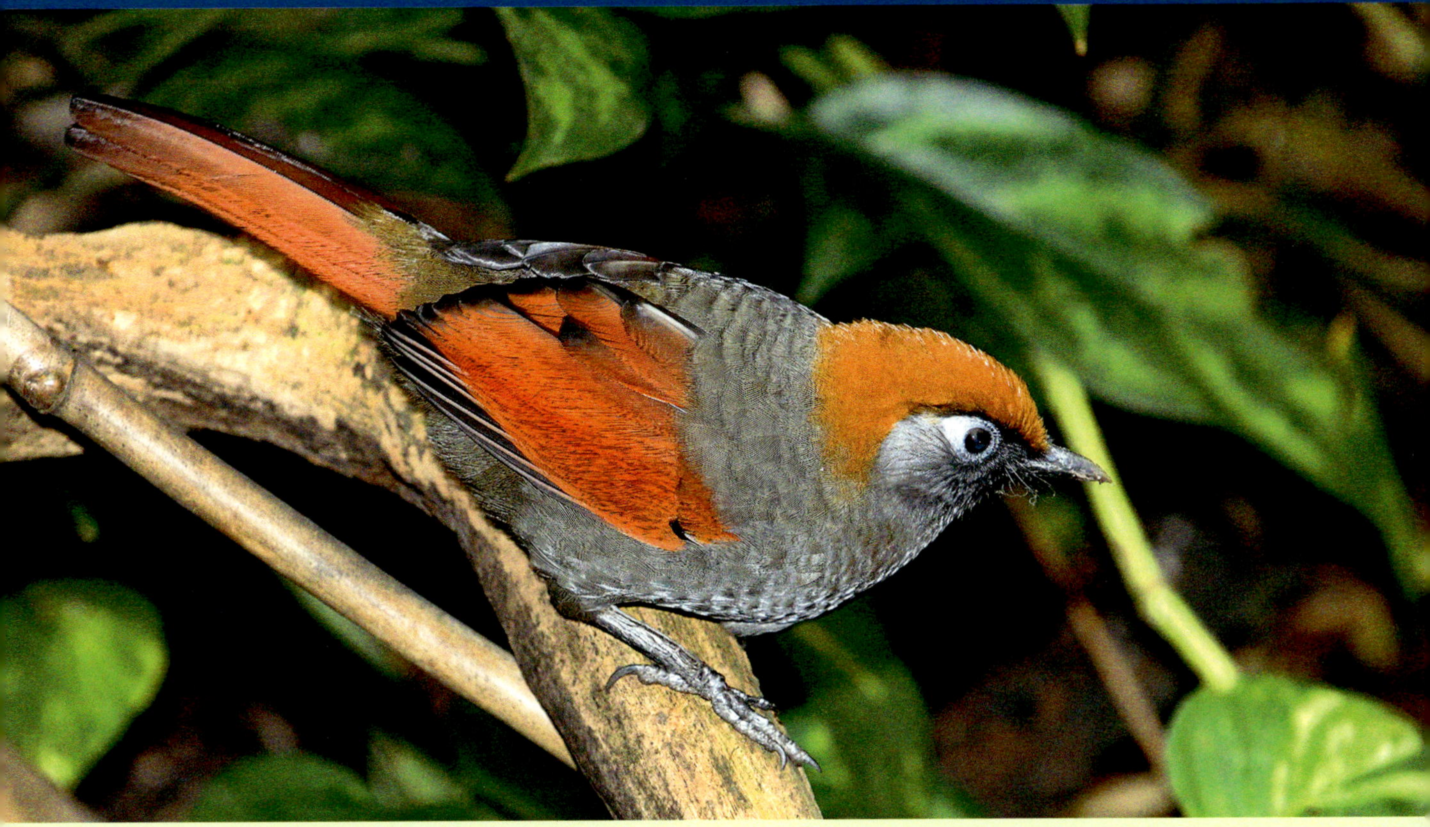

Theo Pagel | Bernd Marcordes

Exotische Weichfresser

Herkunft – Pflege – Arten

102 Farbfotos
 8 Zeichnungen
 7 Tabellen

Inhalt

Nektar-, Frucht- und Insektenfresser halten

Einleitung 8
Auswahl der beschriebenen Arten 8
Zum Weiterlesen 9

Die Lebensweise der Vögel 10
Verbreitung und Lebensräume 10
Ernährung im Freiland 10
    Anpassungen 10
Bedrohung 11

Rechtliche Grundlagen der Vogelhaltung 12
Tierschutzgesetz 12
Tiergehegenehmigung 12
Haltegenehmigung 12
Mindestanforderungen 12
Kennzeichnungspflicht 13
Herkunftsnachweis 13
    Selten oder vom Aussterben bedroht 13
    Weniger gefährdet 13

Unterbringung und Pflege 14
Überlegungen vor dem Erwerb 14
Voraussetzungen für die Zucht 14
    Sachkunde 14
    Biologisches Hintergrundwissen 14
    Es ist auch Arbeit 15
Die Art der Haltung 15
    Käfig 15
    Vitrine 16
    Voliere 16
    Vogelhaus/Tropenhaus 19
Bepflanzung 20
    Nichttropische Pflanzen 20
    Sub-/Tropische Pflanzen 20
    Giftige Pflanzen 22

Fang und Pflegemaßnahmen 23
    Fangen 23
    Krallen und Schnabel kürzen 23
    Gefiederschäden behandeln 23

Erwerb, Quarantäne und Eingewöhnung 24
Importverbot 24
Nachzuchten 24
Transport 25
    Transportbehälter 25
Quarantäne 26
Akklimatisierung neuer Vögel 27
Notwendige Untersuchungen 27
Allgemeine Quarantänemaßnahmen 28
    Anforderungen an Räumlichkeiten und Hygiene 28

Ernährung 29
Beschäftigungsfütterung 29
Dem Bedarf angepasst 29
    Grundumsatz 29
    Erhaltungsbedarf 30
    Leistungsbedarf 30
    Die richtige Dosierung 30
    Angepasste Darreichungsform 30
Inhaltsstoffe 30
    Eiweiße (Proteine) 31
    Fette (Lipide) 31
    Kohlenhydrate (Saccharide) 32
    Mineralstoffe/Spurenelemente 32
    Vitamine 32
    Zu wenig und zu viel 34
Fütterungsmethoden 34
    Wasser 34
Futtermittel 35
    Lebendfutter 35
    Ersatzfutter/Weichfutter 36
    Obst/Gemüse 37
    Farbfutter/Spezialfutter 37

Zucht 38

Geschlechtsbestimmung 38
   Endoskopie 38
   DNA-Analyse 38

Paarzusammenstellung und Zuchtauswahl 38

Datenverwaltung/Zuchtbuchführung 39

Erhaltungszuchtprogramme 39

Markierung und Kennzeichnung 40
   Fußring 40
   Transponder (Mikrochip) 40

Unterbringung zur Zucht 40

Ernährung zur Zucht 41

Nistmöglichkeiten und Nistmaterial 41

Elternaufzucht 41

Kunstbrut 41
   Umgang mit der Brutmaschine 42
   Das Einlegen der Eier 42
   Wenden 42
   Luftfeuchtigkeit 42
   Kontrollen 43
   Schlupf 43
   Handaufzucht 43
   Fütterung 44

Krankheiten und Verletzungen 45

Vorbeugung 45

Verletzungen 45

Infektionskrankheiten 45
   Aspergillose 45
   Kandidose 46
   Ornithose 46
   Salmonellose 46
   Koliinfektionen 46

Parasiten 47
   Ektoparasiten 47
   Endoparasiten 47
   Eisenspeichererkrankung 48

Sonstige Erkrankungen 48
   Vitaminmangel 48
   Legenot 48
   Lungenentzündung 49
   Nierenentzündung 49
   Tumorerkrankungen 49

Die Arten im Porträt

Systematik 52
Ausgewählte Arten 52
Aufbau der Beschreibungen 52
Gruiformes – Kranichvögel 52
    Rallidae – Rallen 52
Charadriiformes – Watvögel 54
    Jacanidae – Blatthühnchen 54
Charadriidae – Regenpfeifer 55
Columbiformes – Taubenvögel 58
    Columbidae – Tauben 58
Cuculiformes – Kuckucksvögel 62
    Musophagidae – Turakos 62
Cuculidae – Kuckucke 66
Apodiformes – Seglervögel 69
    Trochilidae – Kolibris 69
Coliiformes – Mausvögel 71
    Coliidae – Mausvögel 71
Trogoniformes – Verkehrtfüßler 73
    Trogonidae – Trogone 73
Coraciiformes – Rackenvögel 74
    Alcedinidae – Eisvögel 74
Meropidae – Spinte 77
Coraciidae – Rackenvögel 79
Phoeniculidae – Hopfe 81
Bucerotidae – Nashornvögel 82
Piciformes – Spechtvögel 85
    Capitonidae – Bartvögel 85
    Ramphastidae – Tukane 87
    Picidae – Spechte 89

Passeriformes – Sperlingsvögel 90
    Eurylaimidae – Breitrachen 90
Pittidae – Pittas 92
Cotingidae – Schmuckvögel 95
Pipridae – Pipras 97
Tyrannidae – Tyrannen 99
Pycnonotidae – Bülbüls (Haarvögel) 100
Irenidae – Feenvögel 102
Chloropseidae – Blattvögel 103
Turdidae – Drosseln 104
Muscicapidae – Sänger 110
Platysteiridae – Schnäpperwürger 113
Timaliidae – Timalien 114
Aegithalidae – Schwanzmeisen 124
Nectariniidae – Nektarvögel 125
Zosteropidae – Brillenvögel 127
Meligshagidae - Honigfresser 128
Oriolidae – Pirole 129
Laniidae – Würger 130
Buschwürger – Malaconotidae 131
Vangidae – Vangawürger 132
Cracticidae – Würgerkrähen 134
Paradisaeidae – Paradiesvögel 135
Ptilonorynchidae – Laubenvögel 136
Corvidae – Rabenvögel 137
Sturnidae – Stare 140
Thraupidae – Ammerntangaren 150
Icteridae – Stärlinge 154

Wissenswertes

Service
Adressen 162
Zeitschriften 163
Literatur 164
Abkürzungen 175
Register 175
Bildquellen 182
Haftungsausschluss 182
Impressum 182

Vorwort

Pflege und Zucht fremdländischer Vögel in Liebhaberhand haben in Deutschland eine lange Tradition. Sie ist seit Johann Matthaeus Bechsteins „Naturgeschichte der Hof- und Stubenvögel" aus dem Jahre 1794 und in folgenden Auflagen gut dokumentiert. Sehr wichtige, aber heute schwer beschaffbare Werke sind die zwei Bände „Gefangene Vögel" von Alfred Edmund Brehm aus den Jahren 1872 und 1876. Ein weiter Meilenstein war das vierbändige, zwischen 1879 und 1899 erschienene „Lehrbuch der Stubenvogelpflege" von Karl Ruß, von dem es später weitere Auflagen gab und das nach dem 1. Weltkrieg von Karl Neunzig gründlich überarbeitet wurde. Selbstverständlich gab es entsprechende Lehrbücher auch im englischen Sprachraum.

Damals war die Anzahl der gepflegten Arten für den privaten Liebhaber schon überwältigend und kaum überschaubar. Nach sehr großen Einbrüchen im 2. Weltkrieg erreichte die Pflege und Zucht außereuropäischer Vögel, natürlich begünstigt durch weltweite schnelle Flugverbindungen, von Ende der 1950er bis Ende der 1990er Jahre einen neuen Höhepunkt. Es war eine Zeit, in der sich Vogelliebhaber auf großen Ausstellungen und in florierenden Vogelparks trafen und in der wichtige Privatsammlungen auch selten gepflegter Arten entstanden. Das drückte sich auch in der jetzt hoch spezialisierten Fachliteratur und schriftlichen Beiträgen von Vogelzüchtern in Fachzeitschriften, wie beispielsweise in der seit 134 Jahren bestehenden „Gefiederten Welt" aus. Spezialliteratur höchster Qualität sind auch die Bücher „Loris" von Theo Pagel senior aus dem Jahre 1985 und von Theo Pagel junior von 1998.

Leider ist die Vogelliebhaberei heute aus vielerlei Gründen, unter anderem der Überalterung der Vogelpfleger, trotz enormer Leistungen rückläufig. Sie hat seit Juli 2007 durch die von der Europäischen Union verordneten Einfuhrbeschränkungen, die unter dem Vorwand erlassen wurden, Stubenvögel trügen zur Einschleppung der Geflügelpest bei, was überhaupt nicht bestätigt werden konnte, einen weiteren Rückschlag erlitten. Die Einfuhrsperre zwingt alle ernsthaften Vogelliebhaber zur Zusammenarbeit bei der Erhaltung der jetzt noch vorhandenen Bestände.

Umso begrüßenswerter ist es, dass sich zwei junge und dennoch überaus erfahrene Vogelkenner, Theo Pagel, der Direktor und Bernd Marcordes, der Vogelkurator des Kölner Zoos, die Mühe gemacht haben, für ausgewählte Arten, deren Pflege zur Zeit – noch – aktuell ist, Haltungs- und Zuchtanleitungen auf den neuesten Stand zu bringen. Mögen diese den Zweck erfüllen, die Vogelliebhaberei in Privathand nicht aussterben zu lassen und dazu beitragen, dass sich selbst erhaltende Bestände von möglichst vielen fremdländischen Vogelarten in Menschenobhut entwickeln und erhalten können.

Dr. Ulrich Schürer
Direktor des Zoologischen Gartens Wuppertal

Nektar-, Frucht- und Insektenfresser halten

In diesem Teil des Buches erfahren Sie mehr über die Lebensweise dieser Vögel sowie die rechtlichen Grundlagen der Vogelhaltung. Sie finden die wichtigsten Informationen zur Unterbringung, Ernährung, Zucht, Fang und Pflegemaßnahmen, dem Erwerb und der Quarantäne von Weichfressern. Die häufigsten Krankheiten werden kurz dargestellt. Im akuten Fall sollte aber immer ein versierter Tierarzt aufgesucht werden.

Einleitung 8

Die Lebensweise der Vögel 10

Rechtliche Grundlagen der Vogelhaltung 12

Unterbringung und Pflege 14

Erwerb, Quarantäne und Eingewöhnung 24

Ernährung 29

Zucht 38

Krankheiten und Verletzungen 45

Einleitung

Die in diesem Buch besprochenen Vogelgruppen werden allgemein als Weichfresser bezeichnet: Dieser Begriff umfasst eine Gruppe von einigen tausend sehr unterschiedlichen Vogelarten mit durchaus verschiedenen Ansprüchen und Verhaltensweisen.

Die Namensgebung ist an die aufgenommene Nahrung angelehnt.

Im Englischen spricht man von „softbills", doch auch dieser Ausdruck ist ungenau und irreführend, da diese Vögel keine weichen Schnäbel haben, sondern sich großteils von weichem Futter ernähren. Gemeinhin werden diese Vögel in Menschenobhut vorwiegend mit einem feuchtkrümeligen und stark eiweißhaltigen Ersatzfutter, meist bestehend aus Insekten, Obst, Beeren und Ähnlichem ernährt, daher die Bezeichnung Weichfresser. Mitunter sind die Übergänge fließend. Man kann die Weichfresser also differenzieren. Im vorliegenden Falle überwiegend in **Insektenfresser** oder **Fruchtfresser**.

In diesem Buch wird ein Querschnitt „typischer" Arten vorgestellt, wobei wir auch einige nectarivore Vögel wie etwa Kolibris behandeln. Weichfresser aus gemeinhin als körnerfressend bekannten Vogelgruppen wie Webervögel oder Prachtfinken bleiben in diesem Buch hingegen unberücksichtigt.

Auswahl der beschriebenen Arten

Die Auswahl der in diesem Buch dargestellten Arten orientiert sich an den derzeitigen Beständen in den Volieren der privaten Vogelhalter und den Beständen in europäischen Zoos. Wir haben solche Vogelspezies ausgesucht, die beispielhaft für ihre Familie sind und von denen wir hoffen, dass ihre Bestände in menschlicher Obhut trotz Importverbot erhalten bleiben.

Arten der Futteraufnahme

Je nachdem, wovon sich Vögel überwiegend ernähren, spricht man von
insectivor = insektenfressend
frugivor = fruchtfressend
nectarivor = nektartrinkend
carnivor = fleischfressend
piscivor = fischfressend
omnivor = allesfressend

Der Schnabel des Spechts ist das perfekte Werkzeug für die Art seines Nahrungserwerbs..

Tipp

Möglicherweise haben Sie bei Ihrer Haltung oder Zucht neue Erkenntnisse und Methoden gewonnen oder Beobachtungen gemacht, die hier nicht erwähnt wurden. Besonders für solche Hinweise wären wir dankbar. Sie erreichen uns unter: Kölner Zoo, Riehler Straße 173, 50735 Köln, info@koelnerzoo.de

> **Hinweis** Gebräuchliche „veraltete" Vogelnamen, wie sie den Vogelliebhabern bekannt sind, oder kürzlich überholte wissenschaftliche Bezeichnungen werden im Artenteil entsprechend aufgeführt.

Dass dies nicht bei allen beschriebenen Arten der Fall sein wird, ist uns wohl bewusst, aber wir wollten dem Leser der Vollständigkeit halber auch Arten aus Vogelgruppen vorstellen, die wahrscheinlich in Kürze aus unseren Haltungen verschwunden sein werden.

Bei den **deutschen** und **wissenschaftlichen Vogelnamen** halten wir uns aus Gründen der Einheitlichkeit an die Namen, wie sie in den bereits erschienenen Bänden des „Handbook of the Birds of the World" (HBW) veröffentlicht sind. Die dort verwendeten deutschen Vogelnamen sind von einer eigens einberufenen Namenskommission der Deutschen Ornithologen-Gesellschaft (DO-G) verbindlich eingeführt.

Bei Vogelarten, die noch nicht im HBW abgehandelt sind, folgen wir beim wissenschaftlichen Namen Dickinson (2003) „The Howard and Moore Complete Checklist of the Birds of the World" und halten uns bei den deutschen Namen an die „Große Enzyklopädie der Vögel" von Peter Barthel.

Zum Weiterlesen

Literaturhinweise auch zu den im Einzelnen beschriebenen Arten finden Sie im Serviceteil ab Seite 164, oder im Internet unter dem Link www.gefiederte-welt.de der Zeitschrift Gefiederte Welt des Verlages Eugen Ulmer.

Auf verlässliche und fachlich **fundierte Homepages** verweisen wir im Text an den entsprechenden Stellen, Details dazu finden Sie im Serviceteil ab Seite 162. Die Lektüre von **Fachzeitschriften** sei ausdrücklich empfohlen, da in solchen Zeitschriften jeweils über die neuesten Erkenntnisse berichtet wird. Aus den Zuchtberichten über verwandte Vogelarten können Sie ebenfalls nützliche Erfahrungen gewinnen.

> **Dank**
> Es sei uns an dieser Stelle erlaubt, dem Eugen Ulmer Verlag unseren Dank dafür auszusprechen, dass er immer wieder auch solche Bücher herausbringt, die nicht den großen Umsatz versprechen, aber wichtige Lücken in der Literatur für Vogelhalter füllen.
> Die Autoren widmen dieses Buch ihren Partnerinnen, die stets mehr als großes Verständnis für deren Hobby und Beruf aufbringen!

Die Lebensweise der Vögel

Die Kenntnis über die natürliche Lebensweise der gehaltenen Vögel ist grundsätzlich unerlässlich, denn sie gibt nicht nur Aufschluss über den Lebensraum, sondern damit verbunden auch über die vom Halter zu schaffenden Pflegevoraussetzungen.

Fachbücher, das Internet, aber auch den versierten Halter oder Zoofachhändler kann man hier zusätzlich zu Rate ziehen. Denn selbst wenn Sie in Deutschland über mehrere Generationen gezüchtete Vögel erwerben, so stellen diese durch ihre ursprüngliche Herkunft und Lebensweise gewisse Bedingungen an den Halter, die für ihr Überleben und Wohlbefinden in menschlicher Obhut wichtig sind und die Sie daher unbedingt beachten müssen.

Verbreitung und Lebensräume

Die in diesem Buch beschriebenen Vögel leben in den unterschiedlichsten Lebensräumen der Tropen und Subtropen. Sie finden außereuropäische Weichfresser, und um diese geht es in diesem Buch, von den Wüstengebieten bis in die dichten Urwaldregionen unserer Erde. Überall haben sie sich ihre **ökologischen Nischen** erschlossen. Daher sind ihre Ansprüche an Temperatur, Luftfeuchtigkeit, Nahrungsangebot und Anderes unterschiedlich.

Nicht nur im Jahresverlauf ändern sich die **Klimabedingungen** für die Vögel und damit auch das Nahrungsangebot. Nein, je nach Herkunft mussten sich die Vögel auch an extreme Temperaturunterschiede zwischen Tag und Nacht anpassen.

Ernährung im Freiland

Von nur wenigen Vogelarten sind detaillierte Angaben über ihre Nahrungsaufnahme im Freiland vorhanden. Unsere Kenntnisse beruhen zumeist auf den anatomischen Gegebenheiten sowie Kropf-, Magen-, Gewölle-, Nahrungsrest- und Kotuntersuchungen. Exakte Lang-

> **Tipp**
> Es ist auf jeden Fall ratsam sich stets über die genaue Herkunft, auch was die geographische Höhe des natürlichen Vorkommens anbelangt, zu erkundigen, denn hier können sehr unterschiedliche Klimaverhältnisse vorherrschen.

> **Natürlicher Wechsel**
> Abwechslung in der Haltung von Weichfressern gilt für die Fütterung und auch für den Wechsel der Temperatur- und Luftfeuchtigkeit entsprechend der natürlichen, jahreszeitlichen Klimaschwankungen. Ein dem natürlichen Lebensrhythmus des Vogels angepasster Beleuchtungsrhythmus mit variabler Tageslänge ist ebenfalls sehr wichtig, denn der Biorhythmus vieler Arten wird dadurch beeinflusst. Unangebrachte Bedingungen können zu Störungen führen, die Vögel werden krankheitsanfällig.

zeitstudien fehlen vielfach. Viele Futterrezepturen basieren daher auf Haltungserfahrungen und Ableitungen von verwandten Arten.

Anpassungen

Jene Vogelarten, die einen besonders hohen Energieverbrauch haben, wie beispielsweise Kolibris (Trochilidae), müssen sehr viel und häufig Nahrung aufnehmen. Andere fressen hingegen deutlich seltener. Manche benötigen zur Deckung des Futterbedarfs nur wenig Zeit, so etwa Greifvögel, beim Sperber (*Accipiter nisus*) sind es etwa drei Stunden täglich (hochwertige, energiereiche Nahrung). Von Möwen (Laridae) ist bekannt, dass sie bei einer Mahlzeit soviel Nahrung aufnehmen können, dass diese für mehrere Tage reicht.

Die Weichfresser ernähren sich sehr unterschiedlich und bei vielen Arten bestehen saisonale und/oder jahreszeitliche Unterschiede in der Art ihrer Nahrung. Meist unterteilt man die Vögel nach ihrem überwiegend aufgenommenen Futter in Insekten-, Frucht-, Nektar-, Fleisch-, Fischfresser und Allesfresser.

Erjagt ein Spint (Bienenfresser) seine Beute, vornehmlich Insekten (insectivor), von einer Warte aus, so muss ein Nektarvogel, um seinen Energiebedarf zu decken, von Blüte zu Blüte fliegen und mitunter vor der Blüte flatternd oder kopfüber seine aus Nektar (nectari-

> **„Zeig mir Deinen Schnabel und ich sag' Dir was Du frisst"**
> Oft kann man am Äußeren eines Vogels, sprich an Schnabel, Fuß- und Krallenform, ableiten, was er als Nahrung aufnimmt.

Mit dem langen, spitzen Schnabel können Gelbbürzelkassiken hervorragend in reifen Früchten stochern.

vor), Pollen und Insekten bestehende Nahrung finden. Der Natalzwergfischer (*Ceyx pictus*) hingegen, eine kleine Eisvogelart aus Afrika, erbeutet seine Nahrung, vornehmlich Fische (piscivor), in kühnem Sturzflug aus fließenden oder stehenden Gewässern. Die Häher oder auch die Stare sind „Allrounder" (omnivor), weil ihr Speiseplan sowohl aus Früchten, Insekten oder kleinen Wirbeltieren besteht.

Bedrohung

Die Hauptbedrohung für das Überleben vieler Vogelarten ist allen voran der Mensch und sein stetig wachsender Land- und Rohstoffbedarf mit der daraus resultierenden **Naturzerstörung**. Habitate, in denen die Tiere geeignete Lebensbedingungen finden, gehen verloren.

Weitere **Gefährdungen** sind die zunehmende Umweltverschmutzung, unkontrollierte Jagd und illegaler Tierfang. Die aktuellste Bedrohung ist der Klimawandel, der viele Lebensräume derart verändern wird, dass er für die bisher in ihm lebenden Arten nicht mehr geeignet sein wird.

Zu den **natürlichen Feinden** zählen Beutegreifer wie Greifvögel und Raubtiere. Ratten sind vor allem auf Inseln, wo sie eingeschleppt wurden, ein großes Problem für die Vogelwelt, weil die bis dato ohne Raubfeinde lebenden Inselbewohner sich nicht so kurzfristig auf diese überlegenen, fremden Arten, man nennt sie auch **invasive Arten**, einstellen konnten.

Gut zu wissen

In der Regel haben Weichfresser alle einen hohen Stoffwechselumsatz und benötigen daher mehr oder weniger ständig Zugang zu Futter. Einige tausend unterschiedliche Vogelarten werden in der Vogelhaltung zu den Weichfressern gezählt und es ist immens wichtig sich vor deren Haltung einzulesen und kundig zu machen.

Rechtliche Grundlagen der Vogelhaltung

Wer heutzutage Tiere hält, der wird mit Gesetzen und Vorschriften konfrontiert. Doch wird es denjenigen, der es wirklich ernst meint, nicht von seinem Hobby abschrecken. Die im Folgenden genannten Forderungen verstehen sich für jeden verantwortungsbewussten Tierhalter von selbst!

Tierschutzgesetz

Nachdem das Tierschutzgesetz Einzug in unsere Verfassung gefunden hat, gewinnt es für die Tierhaltung zunehmend an Bedeutung. Das Grundgesetz besagt in § 1: *„Zweck dieses Gesetzes ist es, aus der Verantwortung des Menschen für das Tier als Mitgeschöpf dessen Leben und Wohlbefinden zu schützen. Niemand darf einem Tier ohne vernünftigen Grund Schmerzen, Leiden oder Schäden zufügen."*

Tiergehegegenehmigung

Wer wildlebende Tierarten außerhalb von Wohn- und Geschäftsräumen halten möchte, der bedarf einer Tiergehegegenehmigung (Rechtsgrundlage z. B. § 43 BbgNatSchG). Diese wird von der unteren Naturschutzbehörde erteilt.

> **Dazu benötigen Sie unter anderem:**
> - Formloser Antrag mit vollständigem Namen, Adresse und nach Möglichkeit Telefonnummer, Benennung der Betreuungsperson und deren berufliche Ausbildung,
> - Zertifikat oder Sachkundenachweis zum Führen eines Geheges (bei gewerblich oder im Nebenerwerb betriebenen Gehegen) sowie
> - Angaben zum Standort des Geheges (Gemarkung, Flur, Flurstück, Grundstückseigentümer/Nachweis bzw. Pachtvertrag, Größe des (geplanten) Geheges,
> - Beschreibung der Umgebung (Lage in der Landschaft, Vegetation und Hangneigung, nach Möglichkeit mit Fotos),
> - Angaben zum Tierbestand (Tierart, Herkunft, Zielbestand, Geschlechtsverhältnis; für Arten, die dem Washingtoner Artenschutzübereinkommen unterliegen sogenannte EU-Bescheinigungen),
> - Je nach Größe des Geheges benötigen Sie gegebenenfalls auch eine Baugenehmigung.

> **Jeder, der ein Wirbeltier hält oder betreut, hat Folgendes zu beachten**
> - Er muss *„das Tier seiner Art und seinen Bedürfnissen entsprechend angemessen ernähren, pflegen und verhaltensgerecht unterbringen."*
> - Er darf *„die Möglichkeit des Tieres zu artgemäßer Bewegung nicht so einschränken, dass ihm Schmerzen oder vermeidbare Leiden oder Schäden zugefügt werden."*
> - Er muss *„über die für eine angemessene Ernährung, Pflege und verhaltensgerechte Unterbringung des Tieres erforderlichen Kenntnisse und Fähigkeiten verfügen."*

Haltegenehmigung

Eine Haltegenehmigung benötigt, wer Tiere des Anhangs A der EU-Verordnung oder besonders geschützte Tiere im Sinne der Bundesartenschutzverordnung halten möchte. Die entsprechende Genehmigung dazu erteilen die **Unteren Naturschutzbehörden**.

Der Halter besonders geschützter Arten muss über die erforderliche Zuverlässigkeit und ausreichende Kenntnisse über die Haltung und Pflege der Tiere besitzen. Auch muss er über die erforderlichen Einrichtungen zur Gewährleistung einer den tierschutzrechtlichen Vorschriften entsprechenden Haltung der Tiere verfügen.

Er hat *„der nach Landesrecht zuständigen Behörde unverzüglich nach Beginn der Haltung den Bestand der Tiere und nach der Bestandsanzeige den Zu- und Abgang sowie eine Kennzeichnung von Tieren schriftlich anzuzeigen; die Anzeige muss Angaben enthalten über Zahl, Art, Alter, Geschlecht, Herkunft, Verbleib, Standort, Verwendungszweck und Kennzeichen der Tiere."*

Mindestanforderungen

Bei den hier beschriebenen Arten sind **Volierengrößen** und **Haltungstemperaturen** angegeben, die unserer Meinung nach nicht zu unterschreitende Mindestwerte bei der langfristigen Haltung und Zucht dieser Vogelarten darstellen.

Für einige Tier-, speziell Vogelarten, gibt es **gesonderte Gutachten** über die Mindestanforderungen zur Haltung, unter anderem für Kleinvögel (Körnerfresser) sowie ein Gutachten von Bartsch, C., Pagel, T. & W.

Steinigeweg (2000) über die Mindestanforderungen für die Haltung von China-Augenbrauenhäherling (*Leucodioptron canorum*), Silberohrsonnenvogel (*Leiothrix argentauris*), Sonnenvogel (*Leiothrix lutea*) und Beo (*Gracula religiosa*). Letzteres wurde im Auftrag des Bundesamtes für Naturschutz, Bonn, erstellt.

Diese speziellen Gutachten können über den BNA: www.bna-ev.de oder das jeweilige Ministerium aus dem Internet abgerufen werden.

Kennzeichnungspflicht

Bei den Weichfressern ist zum Teil die Verordnung über besonders geschützte Arten wildlebender und wild wachsender Pflanzen, das **Washingtoner Artenschutzübereinkommen** (WAA), zu beachten. Einige der Weichfresser sind geschützt und unterliegen daher besonderen Vorschriften, so ist beispielsweise die Haltung des Balistars (*Leucopsar rothschildi*) anmelde- beziehungsweise genehmigungspflichtig.

Des Weiteren hat derjenige, der lebende Vögel der in Anlage 6 Spalte 1 aufgeführten Arten des Anhangs A der Verordnung EG Nr. 338/97 und lebende, nicht unter Nummer 1 fallende Vögel der in Anlage 6 Spalte 1 aufgeführten Arten, hält, diese unverzüglich zu kennzeichnen. Verstöße gegen die Kennzeichnungs- und Meldepflichten werden als Ordnungswidrigkeiten mit Geldbußen geahndet!
Bei der Verwendung von **Ringen** ist unbedingt darauf zu achten, dass diese eine Größe aufweisen bei der nach vollständigem Auswachsen des Beines diese nur durch Zerstörung des Rings oder Verletzung des Vogels entfernt werden könnten. Dazu sind grundsätzlich Ringe der in Anlage 6 Spalte 5 vorgegebenen Größe, zu verwenden.

Das Bundesumweltministerium hat zwei Vereine zugelassen, die allein befugt sind, die vorgeschriebenen Kennzeichen an Halter und Züchter in Deutschland auszugeben: den Bundesverband für fachgerechten Natur- und Artenschutz (**BNA**) und die Wirtschaftsgemeinschaft Zoologischer Fachbetriebe Deutschlands e.V.

Die Kennzeichnung ist wie folgt vorzunehmen:
- 1. Geschlossene Ringe für gezüchtete Vögel der in Anlage 6 Spalte 3 mit einem Kreuz (+) bezeichneten Arten oder
- 2. soweit eine Kennzeichnung nach Nr. 1 nicht möglich ist, offene Ringe beziehungsweise
- 3. soweit eine Kennzeichnung nach Nr. 1 und 2 ausgeschlossen ist, mittels Transponder (Mikrochip).

Wichtig Fotokopien der EU-Papiere genügen nicht!

(**WZF**). Beide Vereine nehmen **Bestellungen** für **Kennzeichen** entgegen und halten entsprechendes **Informationsmaterial** bereit.

Es können aber auch weiterhin Kennzeichen über die Mitgliedsverbände des BNA bezogen werden, zum Beispiel die Vereinigung für Artenschutz, Vogelhaltung und Vogelzucht e.V.(**AZ**),(Serviceteil Seite 162).

Herkunftsnachweis

Mit einem Herkunftsnachweis kann der Halter eines geschützten Tieres unter anderem der Naturschutzbehörde seine **Besitzberechtigung** nachweisen. Bei dieser geht es um den Nachweis der rechtmäßigen Zucht, Einfuhr oder des sogenannten Vorerwerbs – dem Erwerb vor der Unterschutzstellung einer Art.

Selten oder vom Aussterben bedroht

Für Arten, die nach dem Washingtoner Artenschutzübereinkommen (WA) (Anhang 1) und den entsprechenden EG-Bestimmungen (Anhang A) als selten oder vom Aussterben **bedroht** eingestuft sind, wird eine sogenannte CITES (EU-Bescheinigung Nr. 224) benötigt. Diese behördliche Bescheinigung erlaubt eine Vermarktung.

Bei der **Abgabe des Tieres** muss diese Bescheinigung im gelben Original vorliegen, vor September 1997 ausgestellte CITES-Dokumente sind im Original blau. Wechselt der Besitz, so muss der bisherige Eigentümer die Dokumente an den neuen Eigentümer übergeben. Es gibt Bescheinigungen, auf denen das Eigentum am Vogel nicht auf den eingetragenen Inhaber beschränkt ist. Sie dürfen zur Vermarktung durch jeden weiteren Tierhalter benutzt werden.

www.wisia.de gibt Auskunft über alle Fragen zu gesetzlichen Regelungen und den Schutzstatus der Arten.

Weniger gefährdet

Für solche Arten, die nach den EG-Bestimmungen (Anhang B) als weniger gefährdet eingestuft werden und/oder die nur nach deutschem Recht besonders geschützt sind, kann der Nachweis mit jedem sonstigen Beweismittel erbracht werden. Dies trifft beispielsweise auf Beos zu. Ein solcher Beweis kann eine **schriftliche Bestätigung** des Züchters oder auch eine amtliche Einfuhrgenehmigung sein.

Unterbringung und Pflege

Will man Vögel halten, so sollte man vor ihrem Erwerb darüber nachdenken, wie man die Tiere unterbringen möchte. Grundsätzlich ist darauf zu achten, dass sich die Vögel in den Haltungseinrichtungen nicht verletzen können. Es darf also keine scharfen Kanten oder sonstige **Gefahrenquellen** für die Vögel geben.

Ganz wichtig ist, neben der Größe des Lebensraumes, den wir unseren Gefiederten zur Verfügung stellen, auch die Qualität, also die **Ausstattung** der Unterbringung. Dies beginnt beim Bodengrund, geht über die Art der Futter- und Wassergefäße, die Beleuchtung, Sitz- und Klettergelegenheiten, Bepflanzung, Temperatur, Luftfeuchtigkeit und natürlich die Hygiene.

Grundkenntnisse über die gewünschten Vogelarten und die **gesetzlichen Regelungen** gehören ebenfalls dazu.

Überlegungen vor dem Erwerb

Nur wenn Sie auf alle diese Fragen eine positive Antwort geben können, sollten Sie auch mit der Planung für die Vogelhaltung beginnen. Ganz wichtig ist, dass der zukünftige Halter sich vorab eine Menge Wissen aneignet (siehe auch Seite 10, 12, 13 und Service).

Grundlegende Fragen
- Haben Sie ausreichend Zeit sich um die Tiere zu kümmern?
- Können Sie die notwendige Unterbringung gewährleisten?
- Können Sie die Tiere angemessen ernähren?
- Können Sie dies alles auch finanziell realisieren?
- Wird das Hobby auch von Familie und Nachbarn toleriert?
- Wer versorgt die Vögel während des Urlaubs oder wenn Sie mal krank sind?

Voraussetzungen für die Zucht

Bei der Anschaffung sollten Sie darauf achten, dass wenn Sie beispielsweise unverwandte Paare erwerben, die Tiere bereits **geschlechtsbestimmt** sind, sofern kein **Geschlechtsdimorphismus** vorliegt. Sonst versuchen Sie eventuell jahrelang, mit zwei gleichgeschlechtlichen Vögeln zu züchten.

Wichtiges Detailwissen
- Woher kommen die Vögel ursprünglich?
- Welche klimatischen Ansprüche muss ich demzufolge erfüllen?
- Was fressen die Vögel?
- Wie sieht ihr natürliches Habitat aus?
- Wie leben die Tiere in ihrem Herkunftsgebiet?
- Welche Raumansprüche haben die Vögel?
- Was benötigen Sie zur Brut?
- Sind es Einzel- oder Schwarmvögel?
- Kann ich sie mit anderen Vögeln vergesellschaften?
- Welche Lebenserwartung haben sie?

Sachkunde

Ein **Sachkundenachweis** ist in der Bundesartenschutz-Verordnung (BArtschV.) festgeschrieben. Der Vogelhalter und -züchter sollte wissen, wie er seine Tiere zu halten, zu pflegen und unterzubringen hat. Sachkundenachweise für die unterschiedlichsten Tiergruppen werden, mit vorhergehender Schulung, u. a. vom Bundesverband für fachgerechten Natur- und Artenschutz e.V. (BNA) angeboten. Hier werden Kenntnisse über die Haltung und Pflege der gehaltenen und gezüchteten Vogelart vermittelt.

Internet
www.bna-ev.de

Biologisches Hintergrundwissen

Wer Vögel halten oder züchten will, der sollte sich spezifische Kenntnisse über die biologischen Grundlagen wie Anatomie und Gefieder, über die Ernährung wie Ernährungstypen, Futtermittelkunde, Inhaltsstoffe und Ähnliches, über das Verhalten, über eventuelle Krankheiten, Symptome häufiger Krankheiten, Hygiene und über die Zuchtmöglichkeiten aneignen.

Tipp Der Besitz eines Sachkundenachweises bringt Kenntnisse und sichert den Halter gegenüber Behörden oder Beschwerden der Nachbarn ab.

Gut zu wissen

Eine Vergesellschaftung ist in der Regel nur in geräumigen Volieren, Vogelhäusern oder Tropenhallen möglich. Bitte beobachten Sie ihre Tiere nach der Vergesellschaftung genau, denn nicht jeder Vogel äußert sein Unwohlsein eindeutig. Vögel können auch ruhig auf der Stange sitzen und sind doch so sehr durch die neue Situation gestresst, dass sie sich nicht bewegen, geschweige denn, sich ans Futter wagen.

Es ist auch Arbeit

Sie sollten sich im Klaren sein, dass Tierhaltung immer auch mit Arbeit und Zeitaufwand verbunden ist. Da hier die Ansprüche einzelner Vogelarten wesentlich höher sind als die anderer, sollte man sich vorab auch über den Reinigungsaufwand beim Züchter informieren.

Zu den **täglichen Pflegemaßnahmen** gehört es, die Gesundheit der Vögel zu überwachen, frisches Wasser zum Baden und Trinken sowie Futter zu geben. Futterreste müssen wieder weggenommen, Futtergefäße gespült und grober Schmutz entfernt werden.

Dazu kommen **wöchentliche Maßnahmen** wie intensives Reinigen, Bodeneinstreu wechseln, Sitzstangen säubern. In **längeren Zeitabständen** fallen Arbeiten an wie die Desinfektion, das Auswechseln von Einrichtungsgegenständen und des Bodensubstrats.

Die Art der Haltung

Die Unterbringung der Vögel sollte sich nicht in erster Linie an den vorhandenen Gegebenheiten, sondern an den Ansprüchen der Vögel, die man halten möchte, orientieren. Können Sie diese nicht realisieren, so sollten Sie sich für eine andere Vogelart entscheiden.

Es besteht oft die Möglichkeit, verschieden Arten miteinander zu vergesellschaften. Hierbei ist allerdings sorgsam darauf zu achten, dass sich die Vögel wohl fühlen. Bei der **Vergesellschaftung** geht es nicht ausschließlich darum, ein Verletzungsrisiko zu minimieren, sondern auch Futterrivalität oder Streit um Nistplätze möglichst auszuschließen.

Käfig

Der Begriff Käfig stammt aus dem Lateinischen (cavea) und ist ein allseitig geschlossenes Behältnis, dessen Seiten mehr oder weniger geöffnet sind. In der Tierhaltung weisen diese Behälter Gitter auf, und zwar allseitig oder nur an bestimmten Seiten. Ein Käfig umschließt die darin gehaltenen Tiere.

Bei Tierkäfigen ist das **Geflecht** oft aus Metall gearbeitet. Dieses besteht entweder aus Draht oder aus senkrechten **Gitterstäben**. Letzteres wird heute häufig abgelehnt, da Vögel mit einem Kletterbedürfnis diese Gitterstäbe nicht nutzen können.

Den Untergrund bildet meist ein **fester Boden**, es sei denn, es ist gewollt, dass die Exkremente der Tiere hindurch fallen wie beispielsweise bei den **Ganzdrahtkäfigen**, die in Quarantänen oder bei der Zucht von Papageienvögeln (Psittaciformes) eingesetzt werden.

Bei vielen Käfigen/Vitrinen bietet sich die Verwendung von **Schubladen** mit entsprechenden Innenblen-

Gut zu wissen

Im Vogelbereich gilt grundsätzlich, dass Käfige deutlich kleiner sind als Volieren. Die in diesem Buch beschriebenen Vogelarten sollten auf Dauer möglichst nicht in Käfigen gehalten werden.

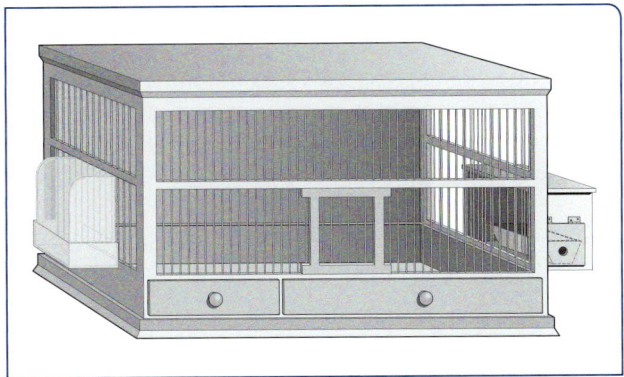

Käfige mit Schubladen und Außenfütterung sind besonders praktisch zum Säubern.

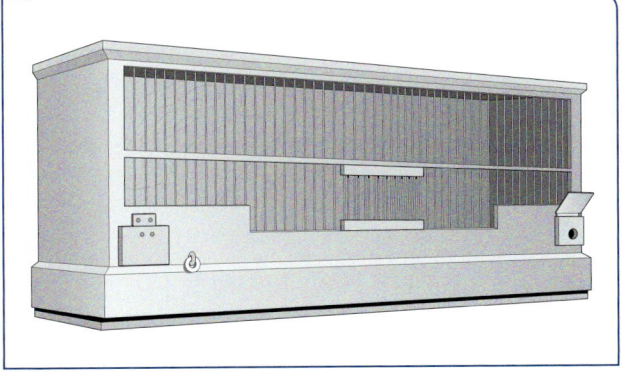

Käfig mit weicher Abdeckung für die vorübergehende Einzelhaltung kleiner Weichfresser.

den an. Sie verhindern das Entfliegen der Vögel bei herausgezogener Schublade.

Die **Größe** der Käfige ist je nach Zweck unterschiedlich. Sie reicht vom kleinen Vogelkäfig auf der Fensterbank bis hin zu großen Flugkäfigen. Die klassischen Käfiggrößen liegen bei 80 bis 120 cm Länge (L), 40 bis 50 cm Breite (B) und 40 bis 60 cm Höhe (H). Für die hier vorgestellten Arten sehen wir die Maße von 120 × 60 × 60 cm (L × B × H) als Mindestmaße für die Einzelhaltung an.

Abtrennmöglichkeit

Gleich, ob ein Käfig oder eine Vitrine zur Haltung genutzt wird, grundsätzlich sollte die Möglichkeit bestehen, die Vögel abzusperren, also den Käfig mittels einer **Trennwand**, zu teilen. Dann kann auf der einen Seite ohne Stress für die Vögel gesäubert werden, während sich diese solange in der anderen Käfighälfte aufhalten.

Krankenkäfig

Diese dienen der vorübergehenden Unterbringung von erkrankten oder verletzten Vögeln. Sie müssen besonders leicht und **gut zu reinigen** sein. Eine mit Plexiglas verschließbare Front sowie eine zusätzliche **Licht- und Wärmequelle** sind empfehlenswert. Die Größe dieser Käfige liegt eher im Mindestbereich. Kranke und verletzte Vögel haben einen weniger großen Bewegungsdrang und sollten durch Umherfliegen auch nicht unnötig Energie verlieren.

Vitrine

Eine besondere Art Käfig ist die Vitrine. Diese zeichnet sich durch eine **Frontglasscheibe** aus und wird in Wohnräumen oder auf Vogelausstellungen genutzt. Von der Größe ist sie entsprechend klein. Oft gibt es im Inneren eine künstliche **Zusatzbeleuchtung** per Pflanzlichtröhre.

Vitrinen sind häufig mit widerstandsfähigen Zimmerpflanzen als Sitz- und Klettermöglichkeiten für die Vögel **bepflanzt**. Fütterungseinrichtungen und Belüftungselemente sind in der Regel von außen zu bedienen.

Voliere

Der Begriff Voliere stammt aus dem Französischen und meint ein Behältnis, das seinen Bewohnern **freies Fliegen** ermöglicht.

Bei **Zimmervolieren** im klassischen Sinne handelt es sich um große Käfiganlagen innerhalb von Wohnräumen, in denen häufig kleinere Ziervogelarten untergebracht werden. Von **Innenvolieren** spricht man bei

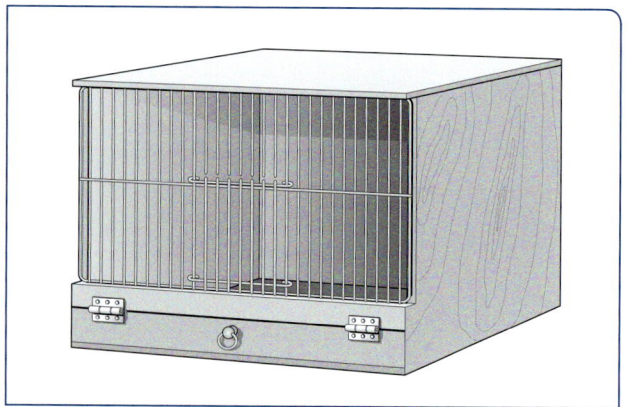

Kistenkäfig, wie er beispielsweise in Quarantänen genutzt wird.

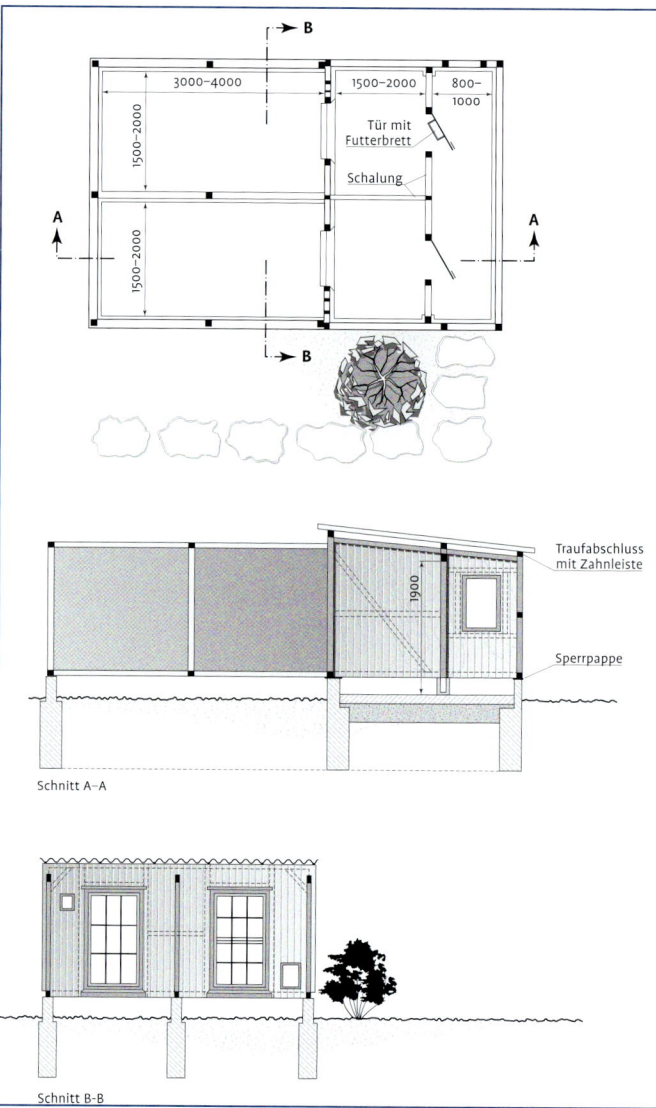

Kombinierte Innen-Außenvolierenanlage zur Haltung von Weichfressern und anderen Vogelarten.

Volieren, die sich in einem geschlossenen Raum, häufig einem Vogelhaus befinden, mit Durchflugsmöglichkeiten ins Freie. Solche Anlagen stehen meist im Garten und bestehen aus einem großen Außenteil und einem kleineren festen **Schutzraum** oder Schutzhaus.

Nur für ausgesprochen winterharte Vogelarten kann man auf einen Schutzraum mit Innenvolieren verzichten, dann spricht man im Allgemeinen von einer **Außenvoliere**. Diese sollten auch für winter-/wetterharte Arten einen **Regen- und Windschutz** besitzen, den man zum Beispiel mit Wellpolyester oder Doppelstegplatten erstellen kann. Solche Vorrichtungen können die Vögel auch vor Angriffen durch Katzen oder Eulen schützen.

Die an den Büroraum angrenzende Voliere kann gut beobachtet werden.

> **Tipp**
> So mancher Züchter verwendet ausschließlich Netze als Dacheindeckung, da diese ein geringeres Verletzungsrisiko für anfliegende Vögel darstellen und von Katzen oder Mardern nicht so gerne betreten werden.

Drahtgeflecht oder Netz

Zweckmäßig schließt man Volieren mit einem Drahtgeflecht oder einem Netz. Maschenweiten von 10,5 × 10,5 mm gelten als mäusesicher. Es gibt verschiedenste Drahtgitter. Immer jedoch gilt: Die saubere Verarbeitung ist wichtig.

Netze gibt es ebenfalls aus unterschiedlichen Materialien. Meist werden Kunststoff- oder Nylonnetze, vor allem aus der Fischerei eingesetzt. Diese werden jedoch durch die Sonneneinstrahlung meist nach 10 bis 15 Jahren porös. Dafür sind sie leichter, flexibler und kostengünstiger.

Bauliches

Beim Bau von Volieren ist zu beachten, dass diese so hoch sind, dass man darin aufrecht stehen kann. Als Richtmaß kann eine Mindesthöhe von zwei Metern

> **Hinweis**
> Denken Sie daran, dass der Bau von Volieren und Vogelhäusern ab einer bestimmten Größe genehmigungspflichtig ist. Aus unserer Erfahrung sollten Volieren, auch für kleine Arten Mindestmaße von 200 × 100 × 200 cm (Länge × Breite × Höhe) haben.

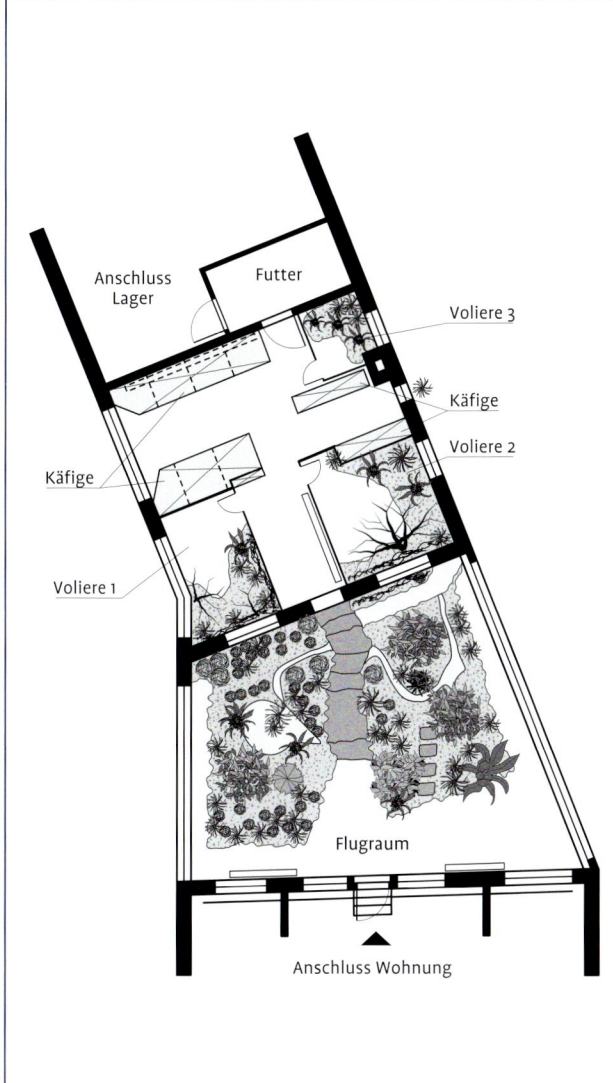

Kombinierte Käfig-, Volieren- und Freifluganlage von Theo Kleefisch – praktisch und schön.

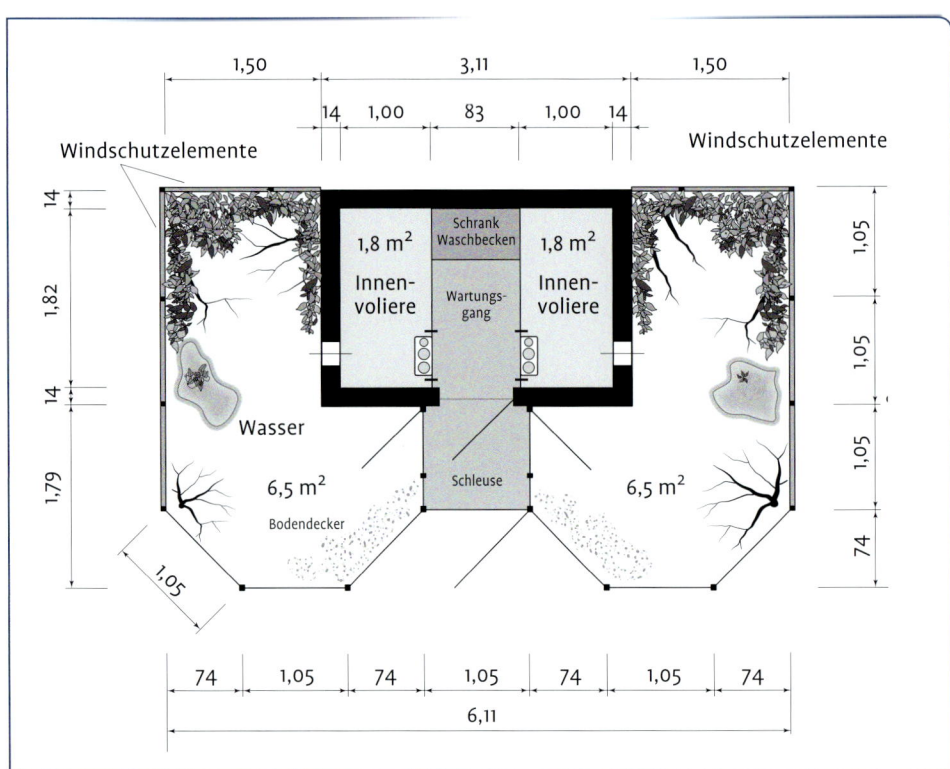

Eine weitere Variante für eine kombinierte Innen- und Außenanlage, für Weichfresser bestens geeignet.

empfohlen werden. Werden die Volieren viel höher gebaut, so wird es mit dem Fang der Vögel per Netz schwierig.

Unterteilungen

Je nachdem, welche Arten gehalten werden, kann es von Vorteil sein, wenn die Voliere zu unterteilen ist. Noch besser sind mehrere Volieren, die nebeneinander liegen und sich je nach Bedarf zusammenlegen lassen.

Neben einer entsprechenden **Bepflanzung** kann man auch **Sichtblenden** einbauen, damit sich die Vögel aus dem Blick oder aus dem Weg gehen können. Liegen die Volieren direkt nebeneinander, kann eine **Doppelverdrahtung** ratsam sein. Zwar ist die Gefahr, dass sich unsere Weichfresser durch den Draht hindurch bekämpfen und verletzen, geringer als bei Papageien, aber sie besteht dennoch.

Boden

Der Bodenbelag kann, je nachdem ob Innen- oder Außenvoliere, von Beton, über Fliesen bis hin zu Naturboden reichen. Wir empfehlen im Innenbereich einen **leicht zu reinigenden** Boden mit entsprechenden **Bodenabflüssen**. Ob der Betonboden gestrichen oder mit Fliesen versehen wird, bleibt jedem selbst überlassen. Im Außenbereich bevorzugen wir Naturboden.

Je nach Anspruch und Herkunft der Vögel können hier zusätzlich **Pflanzen** eingebracht oder Bereiche für **Sandbäder** angeboten werden. Auch Rasenbereiche und der Einsatz unterschiedlicher Bodensubstrate können angeboten werden.

Grundsätzlich ist es sinnvoll, die Fundamente oder die Blenden ringsum die Volieren so hoch zu bauen, dass vorbeilaufende Katzen, Marder oder Hunde nicht direkt an das Geflecht herankommen. Manche Halter setzen zu diesem Zweck auch Elektrodrähte ein.

> **Tipp**
> In den Volieren des Kölner Zoos haben wir stets das untere Drittel der Volierenwände mit undurchsichtigem Material abgeschirmt. Insbesondere bei Bodenvögeln verhindert dies aggressives Entlanglaufen und Attackieren an der Nachbargrenze.

> **Hinweis**
> Ganz wichtig ist, dass bei allen Baumaßnahmen die Fundamente mindestens 80 cm tief sind, so dass keine Schadnager eindringen können. Zusätzliche Sicherheit gegen Ratten bieten in den Volierenboden eingebrachte, schwer verrottbare Drahtgeflechte.

Besondere Einrichtungen

Vor die Außenvolieren sollte ein **Bediengang** oder zumindest eine **Schleuse** gebaut werden. Diese verhindert das Entweichen von Vögeln. Gang oder Schleuse müssen so gestaltet sein, dass man alle benötigten Utensilien, auch einmal eine Schubkarre, mit hinein nehmen kann.

Man kann in und an Volieren **zusätzlich Käfige** anbringen. Darin wird zumeist Futter angeboten und sie dienen, wenn nötig, zum Fangen oder Eingewöhnen neuer Vögel. P. Karsten, der ehemalige Direktor des Zoo von Calgary und bekannte Vogelbuchautor, verwendet zum Teil kleine Käfige als Verbindung zwischen Innen- und Außenvolieren. Die Vögel sind es gewohnt, diese zu nutzen und sie können hier leicht festgesetzt werden.

Vogelhaus/Tropenhaus

Vogelhäuser sind vom Wohnbereich separierte, große Vogelstuben. Diese kann man ganz nach den Bedürfnissen der darin zu haltenden Vögel einrichten. Oft verfügen sie auch noch über Außenvolieren.

Sind solche Vogelhäuser sehr groß, nennt man sie gerne auch Tropenhäuser. Im Kölner Zoo haben wir ein solches Tropenhaus, genannt „DER REGENWALD". Es ist mit einem Stegplattendach geschlossen. Die Stegplatten sollten einen hohen Wärmedämmwert haben und durchlässig für UV-Licht sein. Ansonsten sind entsprechend UV-Strahler oder -Lampen anzubringen.

Vorsicht Beim Einsatz von UV-Lichtstrahlern ist darauf zu achten, dass diese nicht zu lange angewendet werden und die Vögel einen Mindestabstand einhalten, ansonsten kann es zu Schädigungen führen.

Sofern Glas als Abgrenzung genutzt wird, ist darauf zu achten, dass die Vögel diese Barriere auch erkennen. Aufkleber oder das vorübergehende Abhängen mit Netzen oder Tüchern kann vor allem bei der Eingewöhnung neuer Vögel hilfreich sein.

Bei sub-/tropischen Weichfresserarten ist es möglich, sie ganzjährig dort bei entsprechender Beleuchtung zu halten. **Kunstlicht** sollte zusätzlich zum Tageslicht eingesetzt werden.

Stets ist bei solchen geschlossenen Häusern, die beheizt werden müssen, für eine gute **Dämmung** und

Vorsicht Bei mangelnder Belüftung im Sommer kann es durch die Aufheizung leicht zu Überhitzung im Inneren von tropischen Vogelhäusern kommen.

Wichtig Bei der Einrichtung des Vogelhauses sollte man Sitzgelegenheiten oder Anflüge so platzieren, dass möglichst weite Flugwege entstehen.

Blick in den Regenwald des Kölner Zoos mit üppiger Bepflanzung. Im Vordergrund sind Maronenbrust-Krontauben zu sehen.

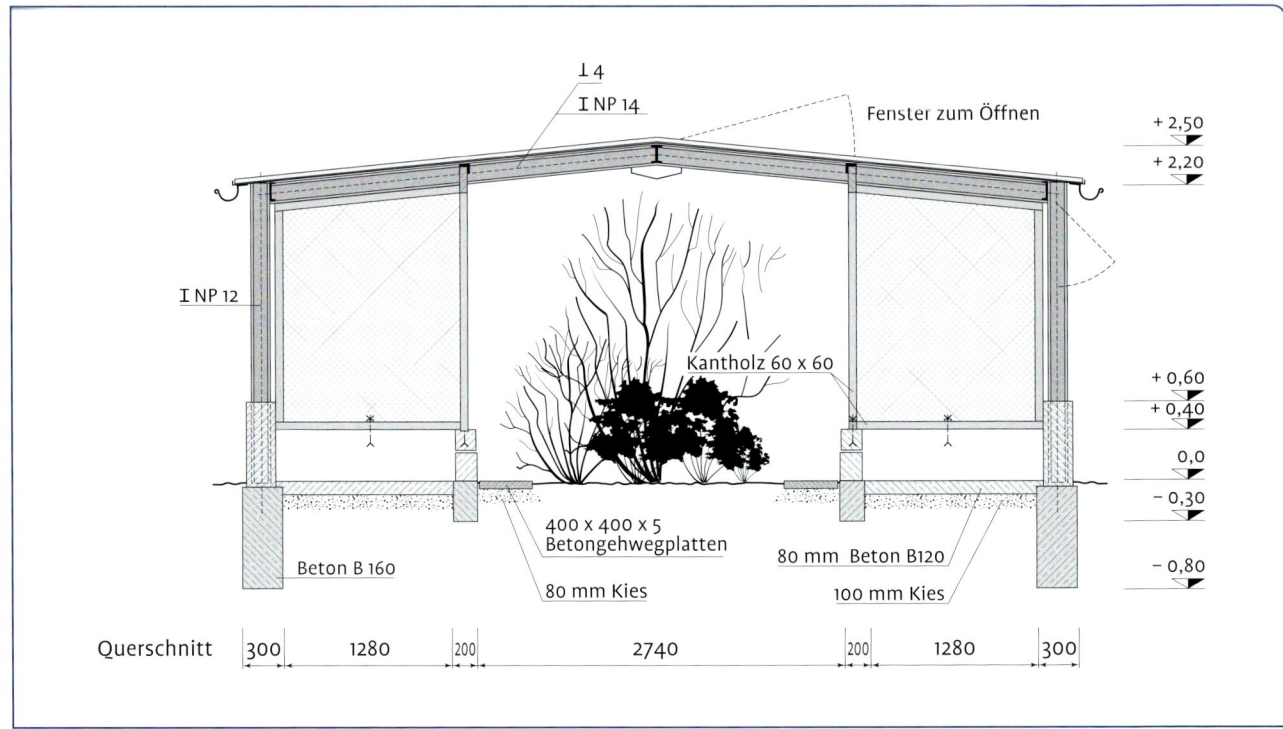

Schnitt durch ein Stahlskelett-Vogelhaus mit Stegplattendach.

damit für Energieeinsparung zu sorgen. Ebenso wichtig ist allerdings auch eine entsprechende **Lüftungsmöglichkeit**. Hier sind Fenster und adäquate Lüftungssysteme gleichermaßen zu empfehlen. **Temperatur** und **Luftfeuchte** sollten stets kontrolliert und reguliert werden. Mitunter sind, je nach Bedarf, Luftbe- oder -entfeuchter einzusetzen.

Ob eine automatische **Beregnungs-/Vernebelungsanlage** eingebaut wird, oder von Hand gesprüht wird, ist jedem selbst überlassen. Bepflanzt werden können solche Häuser direkt auf dem Baugrund oder in gemauerten Pflanzbereichen oder -kübeln.

Bepflanzung

Die Bepflanzung sollte so gestaltet sein, dass die Vögel entsprechend ihren Anforderungen ausreichend **Lauf- oder Flugraum** haben. Die Anzahl und Art der eingesetzten Pflanzen richtet sich daher nach Art der zu haltenden Vögel, der Größe der Unterbringung und den entsprechenden Klimaansprüchen. Bei der Wahl der Pflanzen ist zu bedenken, dass es auch giftige gibt.

Aufgrund ihrer Härte ist das **Holz** von Ahorn, Buche, Eiche, Esche, Ulme und Walnuss besonders gut zur Herstellung von **Sitzstangen** und **Klettergestellen** geeignet. Um den Vögeln **Beschäftigung** und gleichzei-

Alternative

Mittlerweile gibt es auch qualitativ hochwertige Kunststoffpflanzen. Sie haben den Vorteil, dass man sie regelmäßig säubern und sogar desinfizieren kann. Außerdem sind sie sehr haltbar. Wer allerdings Wert auf Natürlichkeit legt, für den sind sie das letzte Mittel der Wahl.

tig **Nahrung** zu bieten, können die Zweige folgender Bäume und Sträucher besonders, wenn sie Früchte tragen, angeboten werden: Holunder, Kastanie, Linde sowie sämtliche Obstbäume, Eberesche, Weide und Weißdorn.

Nichttropische Pflanzen

Die Pflanzen in nebenstehender Tabelle 1 eignen sich vornehmlich für die Bepflanzung von Außenvolieren. Auch vor den Volieren sind als natürliche Abgrenzung und Schutz für die Vögel Pflanzstreifen sinnvoll.

Sub-/Tropische Pflanzen

Subtropische und tropische Pflanzen sind für die Bedingungen in Warmhäusern zu empfehlen, da sie dort am besten gedeihen (Tabelle 2).

Tab. 1 Pflanzen für Außenvolieren

Deutscher Name	Wissenschaftlicher Name	Nutzung / Bemerkung
Apfelbaum	*Malvus silvestris* hort.	Rückschnitt wird gut vertragen
Bambus	*Bambusicola* ssp.	als Abpflanzung, Abgrenzung, Abstandsbepflanzung geeignet
Berberitze	*Berberis* ssp.	als Abstandsbepflanzung vor den Volieren gerne genutzt
Efeu	*Hedera helix*	immergrüne Kletterpflanze; selbstklimmend auch kriechend; Achtung giftig!
Hainbuche	*Carpinus betulus*	geeignet als Hecke oder Sichtschutz; bis 4 m Höhe
Knöterich	*Polygonum aubertii*	schlingende Kletterpflanze
Lebensbaum	*Thuja occidentalis*	solitär oder als Hecke; immergrün
Liguster	*Ligustrum vulgare*	Strauch oder als Hecke; (giftig für Säuger) immergrün
Wacholder	*Juniperus communis*	geeignet als Hecke oder Sichtschutz; bis 3 m Höhe
Waldrebe	*Clematis* ssp.	Kletterpflanze
Weißdorn	*Crataegus* ssp.	bietet gute Nistplätze, da sehr dicht; bis 4 m Höhe
Jungfernrebe	*Parthenocissus* ssp.	Kletterpflanze

Tab. 2 Pflanzen für Warmhäuser

Deutscher Name	Wissenschaftlicher Name	Nutzung / Bemerkung
Alokasie	*Alocasia cuprea*	Bodenpflanze
Banane	*Musa nana*	kann sehr groß werden
Birkenfeige	*Ficus bejamina*	„Der Klassiker" kann zu großen Bäumen heranwachsen
Chinesische Livistonie	*Livistonia chinensis*	Bodenpflanze
Scheidenblatt	*Spathiphyllum clevelandii*	Bodenpflanze
Falscher Jasmin	*Murraya paniculata*	schön blühender Strauch
Geranie	*Pelargonium × domesticum*	Bodendecker
Gummibaum	*Ficus elastica*	kann zu einem großen Baum heranwachsen
Kastanienwein (Amurrebe)	*Tetrastigma voinierianum*	wird gerne zur Berankung genutzt
Papaya (Melonenbaum)	*Carica papaia*	tropische Fruchtbäume wie die Papaya bieten gleichfalls Nahrung
Roseneibisch	*Hibiscus rosa-sinensis*	schön blühender Strauch
Strahlenaralie	*Schefflera actinophylla*	Bodenpflanze

Giftige Pflanzen

Es gibt natürlich auch für Vögel eine Vielzahl von Pflanzen, deren Verzehr für sie unverträglich oder gar giftig sein kann. Da wir aber meist nur die **toxische Wirkung** auf Menschen genau kennen und Vogelarten vermutlich unterschiedlich reagieren, muss man vor einer Verallgemeinerung warnen. So kommt es zum Beispiel darauf an, ob die Vögel die Samen zermahlen oder unverdaut wieder ausscheiden. Auch werden Pflanzen von vielen Arten überhaupt nicht befressen. Dennoch ist Vorsicht geboten.

In der Tabelle 3 sind einige problematische Pflanzen aufgeführt. Informieren Sie sich über Pflanzen stets genauer, bevor Sie sie in die Voliere einbringen. Weiterführende Informationen finden Sie im Internet und in der Literatur (siehe Seite 162).

Internet
www.giftpflanzencompendium.de

Tab. 3 Potenziell riskante Pflanzen für Vögel		
Deutscher Name	**Wissenschaftlicher Name**	**Problem / Giftigkeit**
Ackerwinde	*Convolvulus arvensis*	v. a. Samen
Aronstab	*Arum maculatum*	v. a. Samen
Becherprimel	*Primula obconica*	Primeln enthalten in allen Pflanzenteilen, vornehmlich jedoch im Kelch und Blütenstiel Primin, eines der stärksten Kontaktallergene.
Brechnussbaum	*Strychnos nux-vomica*	enthält in den Samen bis zu 3 % Indolalkaloide (die Rinde bis zu 8 %). Etwa die Hälfte davon ist Strychnin. Strychnin führt zu heftigen Krämpfen.
Buchsbaum	*Buxus sempervirens*	enthält in allen Organen rund 70 verschiedene Steroidalkaloide (u. a. Cyclobuxin D). Besonders große Mengen Alkaloide finden sich mit bis zu 3 % in den Blättern sowie in der Rinde.
Christuspalme	*Ricinus communis*	v. a. Samen
Christrose	*Helleoborus niger*	v. a. Wurzel
Dieffenbachie	*Dieffenbachia seguine*	Wie bei anderen Aronstabgewächsen, Vorhandensein von Kalziumoxalat-Kristallen sowie löslichen Salzen der Oxalsäure.
Efeu	*Hedera helix*	enthält in den Blättern bis zu 5 % Saponine. Erhebliche Mengen Saponine sind auch noch in den Beeren und im Holz enthalten.
Eibe	*Taxus baccata*	Zweige und Samen, Samenmantel nicht
Euphorbien	*Euphorbia* ssp.	Im Milchsaft der Blattlosen Wolfsmilch sind Phorbolester enthalten.
Fingerhut	*Digitalis purpurea*	v. a. Blätter
Goldregen	*Laburnum* ssp.	v. a. reife Samen
Tollkirsche	*Atropa bella-donna*	v. a. Früchte

Fang und Pflegemaßnahmen

Es lässt sich nicht verhindern, dass Sie, wenn Sie Vögel halten, diese hin und wieder kontrollieren, anfassen, behandeln, pflegen und dazu fangen müssen. Gleich wie man dies tut, es ist stets Vorsicht geboten, damit Mensch und Tier keinen Schaden nehmen. Ruhiges, bedachtes, aber auch entschlossenes Handeln verhindern Missgeschicke, und: Übung macht auch hier den Meister!

Fangen

Die häufigste Methode ist das Verwenden von **Netzkeschern**. Es ist wichtig, beim Fang Ruhe und Geduld walten zu lassen. Ob der Kescher von vorn über den Vogel oder ihm von hinten im Fluge übergestülpt wird, hängt vom Geschick und der Übung des Fängers ab.

Kescher unterscheiden sich in Größe und Material, meist bestehen sie aus Tuch oder Netz. Dabei ist die richtige **Maschengröße** wichtig, denn passt der Vogel mit dem Kopf durch, besteht ein erhöhtes Verletzungsrisiko. Manche Kescher haben mit Schaumstoff **gepolsterte Bügel**, um Verletzungen durch Schlageinwirkung zu vermindern.

Die **Größe** und **Stabilität** des Netzes, stehen in Abhängigkeit zur Größe der zu fangenden Vögel. Es ist sinnvoll, für **Käfige** kleinere und für **Volieren** größere, langstielige Kescher vorrätig zu haben.

In großen Volieren oder in Tropenhallen macht das Fangen mit dem Kescher keinen Sinn. Hier kann man sich aber helfen, indem man **Fangkäfige** oder **Fangschleusen** nutzt. Diese können entweder fest installiert oder transportabel sein. Die Größe richtet sich nach Anzahl und Art der zu fangenden Vögel.

In Zoologischen Gärten haben die Tropenhallen meist große Fangkäfige oder -schleusen, in denen regelmäßig **gefüttert** wird, damit die Tiere es gewohnt sind, diese zu benutzen. Muss dann ein Vogel gefangen werden, so braucht man nur zu warten, bis er zum Fressen kommt und dann im richtigen Moment die Klappe oder Tür des Käfigs schließen. Solche Einrichtungen sind auch für die **Eingewöhnung** neuer Vögel zu nutzen.

Senkrecht angebrachte Sitzstangen sind nicht für alle Vogelarten geeignet.

Krallen und Schnabel kürzen

Das Beschneiden von Krallen oder Schnäbeln bei Vögeln ist vergleichbar mit dem Fingernägelschneiden, sie wachsen nach und werden meist nicht gleichmäßig abgenutzt. Doch Vorsicht, schneidet man zu viel ab, so stößt man bei Vögeln auf Blutgefäße. **Prophylaxe** ist auch hier zu empfehlen: Bieten Sie Ihren Vögeln Äste und Sitzstangen unterschiedlicher Beschaffenheit und Durchmesser, Steine, Mineralsteine oder Sepiaschalen zum Abnutzen von Schnabel und Krallen an.

Gefiederschäden behandeln

Solche ergeben sich meist durch Transport. Federn können abgebrochen sein oder das Gefieder durch Futterreste verklebt sein. Abgebrochene Federn erneuern sich bei der nächsten Mauser. Mitunter kann man auch einige der abgebrochenen Federn ziehen, damit diese schneller nachwachsen.

Verklebtes Gefieder lässt sich im Allgemeinen durch vorsichtiges Abwaschen mit einem in lauwarmem Wasser und etwas Spülmittel getränkten Schwamm reinigen. Dabei darf kein „Spülwasser" in die Augen des Vogels gelangen. Achten Sie darauf, dass der Vogel sich anschließend nicht erkältet, trocknen Sie ihn und bringen Sie ihn in einen warmen Raum.

Erwerb, Quarantäne und Eingewöhnung

Wer sich für die Haltung lebender Tiere entscheidet, übernimmt eine große Verantwortung, der er stets gerecht werden muss, denn die gehaltenen Tiere sind auf Gedeih und Verderb auf die Unterbringung und Versorgung angewiesen, die man ihnen zukommen lässt.

Können Sie die erforderlichen Bedingungen erfüllen, so werden Sie sich Gedanken machen, welche Arten Sie halten möchten und wo man sie erwerben kann. Hierbei gibt es grundsätzlich zwei Möglichkeiten: beim Zoofachhändler/Importeur oder beim privaten Züchter.

Der Kauf **im Handel** wird zumeist im „Zoofachgeschäft Ihres Vertrauens" stattfinden. Informieren Sie sich ausführlich beim Fachpersonal. Es gibt keine „dummen" Fragen, nur „dumme" Antworten. Auch der **Züchter** kann Ihnen Auskünfte geben und vor allem können Sie bei ihm vor Ort direkt sehen, wie er die Vögel hält und versorgt.

Auf den sogenannten **Vogelbörsen**, wo die Züchter ihre Vögel ebenfalls anbieten, haben Sie eventuell die Möglichkeit, die Qualität der Vögel und die Preise zu **vergleichen**. Dies sollten Sie stets tun. Hinweise, wo Vogelbörsen abgehalten werden, finden Sie vor allem in entsprechenden Fachzeitschriften.

Importverbot

Wildvogelimporte sind seit Juli 2007 nur noch ausnahmsweise nach Europa möglich. Die Diskussion um ein Für und Wider von Wildvogelimporten wurde stets kontrovers geführt. Es lässt sich aber grundsätzlich

> **Gut zu wissen**
> Manche der in diesem Buch vorgestellten Vogelarten können relativ alt werden. Schamadrosseln (*Copsychus malabricus*) oder Beos (*Gracula religiosa*) leben bei guter Pflege über 20 Jahre.

> **Hinweis** Erwerben Sie gemeinsam mit befreundeten Vogelhaltern immer mehrere Tiere einer Art. Der Vorteil ist, dass Sie dann auch Vögel austauschen können und eine größere Gründerpopulation zur Verfügung haben.

> **Hinweis** Die Anhänge des Washingtoner Artenschutzübereinkommens werden regelmäßig von den entsprechenden Mitgliedsstaaten aktualisiert und angepasst. Die entsprechenden Vorschriften sind einzuhalten und zu beachten.

sagen, dass bei nicht bedrohten Arten die Einfuhr aus artenschutzrechtlichen Gründen nicht bedenklich war. Bei den anderen Arten trat das **Washingtoner Artenschutzübereinkommen** (CITES) mit den entsprechenden Bewilligungsverfahren für Ausfuhr und Einfuhr zum Schutze der Nachhaltigkeit ein. Es ist ein geeignetes Instrument, den Wildtierhandel von bedrohten Arten zu kontrollieren.

Bei allen Tierferntransporten, so auch bei Vögeln, sollten die international anerkannten IATA-**Richtlinien für den Transport** von Tieren beachtet werden (Live Animal Regulations, LAR). Diese haben sich grundsätzlich bewährt. Zwar kam es mitunter vor, dass einzelne Tiersendungen „verunglückten", insgesamt ist die Transportsterblichkeit der Tiere aber als sehr gering anzusehen, was eine unabhängige, wissenschaftliche Untersuchung des Bundesamtes für Naturschutz (BfN) aus dem Jahr 1998 über die Transportmortalität belegt.

Nachzuchten

Von Nachzuchten wird gesprochen, wenn es sich nicht um wild gefangene, sondern um bereits in menschlicher Obhut gezüchtete Vögel handelt. Der **Vorteil** beim Erwerb von Nachzuchten liegt vor allem darin, dass diese keine, mitunter schwierige, Akklimatisierung durchmachen müssen. Auch schreiten sie gewöhnlich leichter zur Zucht. Wo immer möglich ist daher der Erwerb von Nachzuchtvögeln anzuraten.

Schauen Sie sich die Vögel vor dem Erwerb möglichst immer selbst an. Holen Sie sie mit ihren eigenen sauberen Transportkisten ab. Erwerben Sie nur gesund aussehende Vögel, die futterfest sind.

Checkliste für die Auswahl

Grundsätzlich sollte man Folgendes beachten, gleichgültig wo man Vögel erwirbt
- Wie ist der Allgemeinzustand (Kondition)?
- Ist das Gefieder in Ordnung (abgebrochene Federn wachsen nach, können aber eine Behinderung sein)?
- Ist das Gefieder um die Kloake vielleicht verklebt (Hinweis auf Durchfall)?
- Sind die Augen klar und rund?
- Bewegt sich der Vogel einwandfrei (Hüpfen, Sitzen, Fliegen)?
- Schnieft der Vogel (Erkältung)?
- Sind alle Zehen und Krallen vorhanden und sehen die Füße gut aus (manche Weichfresser haben durch falsche Ernährung Gicht/dicke Zehen)?
- Kontrollieren Sie den Ernährungszustand, wenn Sie den Vogel in die Hand nehmen (Brustbein sollte noch so eben zu fühlen sein).
- Schauen Sie in den Schnabel, hier darf kein Belag (Pilz) zu sehen sein
- Sie sollten keine unnormalen Atemgeräusche vernehmen (Aspergillose/Luftröhrenwürmer).
- Schnuppern Sie am Schnabel und den Nasenlöchern, ob der Vogel einen säuerlichen oder sonst üblen Geruch hat, dies deutet oft auf eine Erkrankung hin.
- Schauen sie unter den Flügeln und im Gefieder nach Parasiten.
- Prüfen Sie die Kennzeichen und vergleichen Sie sie mit den eventuell vorgeschriebenen Papieren.
- Fragen Sie nach Alter, Geschlecht, Herkunft und Haltungsbedingungen, aus denen Sie den Vogel übernehmen.
- Erwerben Sie Zuchtvögel, fragen Sie auch nach besonderen Maßnahmen, die Sie eventuell für die Zucht ergreifen müssen. Fragen Sie auch, wie oft die Vögel bereits gebrütet haben, wann, wie, unter welchen Bedingungen?

Transport

Der beste Transport ist immer der, den man selbst durchführt. Man kann die Tiere selbst aussuchen, das Verpacken durchführen oder kontrollieren und den Transport selbst in die Hand nehmen. Ansonsten gibt es heute auch die Möglichkeit, Vögel zu versenden, allerdings deutlich eingeschränkter als vor Jahren, als die Post noch regelmäßig lebende Tiere beförderte. Dies wird nun von speziellen Transporteuren angeboten, die Sie in Fachzeitschriften oder im Branchenbuch finden können.

Pappfaltschachteln und Transportkartons eignen sich gut für kurze Transporte.

Hinweis Wehrhafte oder zänkische Arten sind stets einzeln zu transportieren. Grundsätzlich sollte man aber auch alle anderen Vögel einzeln in separaten Transportboxen befördern, da es ansonsten zu Verletzungen, gesteigertem Stress und Futterneid kommen kann.

Transportbehälter

Die Art der Transportbox richtet sich nach der Vogelart und der Zeitdauer des Transportes. Für **Kurzstrecken** haben sich nach wie vor die kleinen **Pappfaltschachteln** oder Pappkartons bewährt. Sie sind dunkel und verfügen weder über ein Wasser- noch über ein Futtergefäß und sollten daher nur für kurze Transporte genutzt werden. Der Vorteil ist, dass sich die Vögel darin nicht verletzen können.

Für **längere Transporte** sollte man spezielle **Transportboxen** nutzen. Hiervon gibt es unterschiedliche Typen. Bewährt haben sich für die hier besprochenen Vögel flache Kisten, die vorn eine abgeschrägte Gitterfläche haben. Diese gewährleistet, dass selbst, wenn diese Kisten ungeschickt gestapelt werden, eine **Luftzirkulation** gegeben ist und Licht einfällt (siehe Zeichnung Seite 26).

Größe und Ausstattung

Transportboxen sollten so groß sein, dass sie zwar die Bewegungsfreiheit des Vogels einschränken, damit sich dieser nicht durch Umherflattern verletzt, dennoch genügend Raum bieten, damit sich der Vogel umdrehen kann.

26 Erwerb, Quarantäne und Eingewöhnung

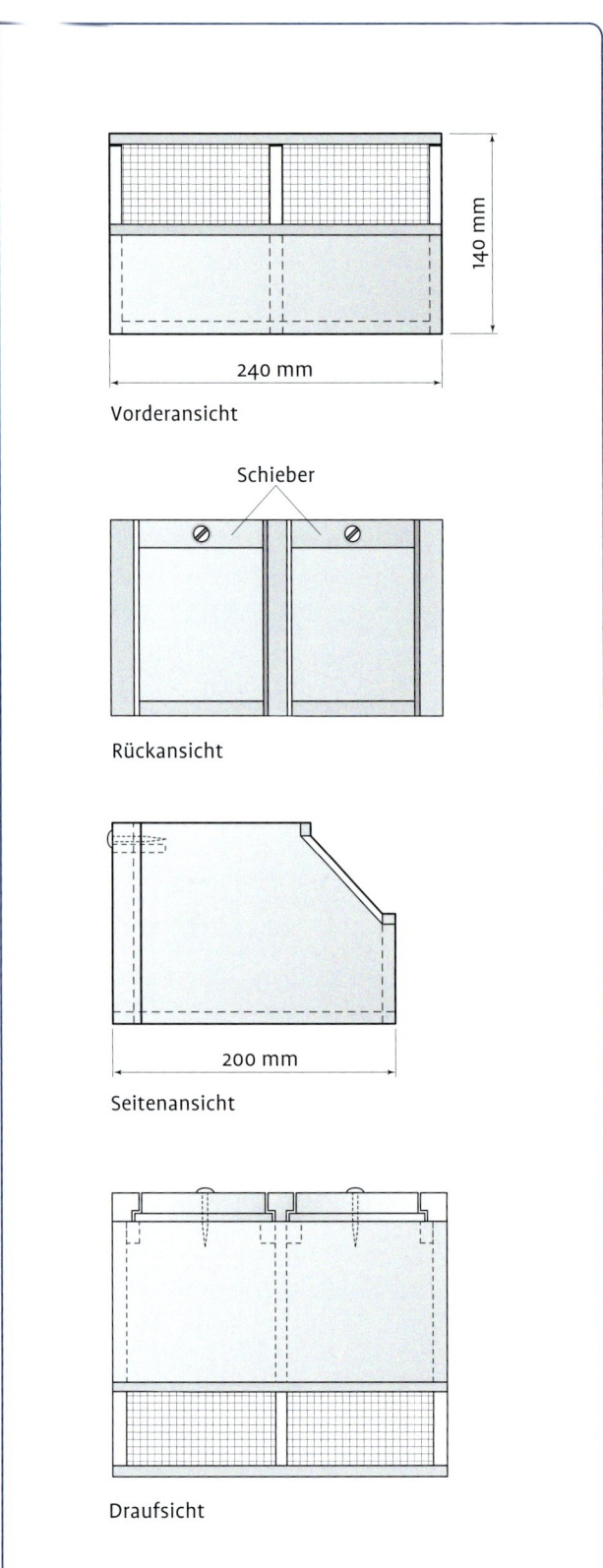

Bauanleitung für eine typische Kleinvogeltransportkiste mit abgeflachter Front.

In diesen Boxen sind dann auch **Wasser** und **Futter** zu reichen. Die Näpfe sind zu befestigen. Für andere Arten kann **Weichfutter** auf dem Boden angeboten werden. Ob eine Sitzstange angeboten wird, ist artspezifisch.

Nutzt man Wasserschälchen, so wird in der Regel ein Schwamm in den Napf gestopft, damit das Wasser nicht überschwappt, die Tiere aber trotzdem Feuchtigkeit aufnehmen können. Als **Wasserersatz** kann bei vielen Vogelarten auch Obst, vor allem Äpfel oder Orangen, eingesetzt werden, um den Flüssigkeitsbedarf auf kurzen Transporten zu decken.

Für **nectarivore Arten** bietet es sich an, ein Plastikfläschchen flach auf dem Boden der Transportkiste zu fixieren. Man schneidet ein kleines Loch hinein und markiert dieses noch mit rotem Nagellack, dann wird der Nektar in das Röhrchen gegeben. So können die Vögel trinken, ohne dass ihr Gefieder mit Nektarflüssigkeit verklebt.

Formulare, Formulare

Für internationale Transporte gelten die Luftfrachtregularien (IATA) für lebende Tiere (Live Animal Regulations). Der Besitzer eines zu transportierenden Tieres sollte immer eine **Transporterklärung** ausfüllen und darin eine **Notfallnummer** angeben, unter der ein Ansprechpartner bei unerwarteten Transportzwischenfällen ständig zu erreichen ist. Weiterhin enthält sie den Absender, den Adressaten, den Zeitpunkt des Verpackens, die Art- und Stückzahlangabe der transportierten Tiere, die vermutliche Reisedauer sowie eine Fütterungsanweisung. Bei **grenzüberschreitendem Transport** brauchen Sie auch eine von der zuständigen Veterinärbehörde ausgefüllte **Gesundheitsbescheinigung** (Gesundheitszeugnis).

Quarantäne

Alle erworbenen Vögel sollten grundsätzlich eine Quarantäne durchlaufen, aber auch bei Vögeln mit denen Sie auf Ausstellungen waren oder besser gesagt allen, die Ihren Bestand vorübergehend verlassen haben, sind Quarantänen anzuraten.

Diese dienen der Kontrolle auf mögliche **Krankheitserreger** und bei Wildfängen der **Akklimatisierung**

> **Tipp**
> Nehmen Sie jeden Vogel in Quarantäne, auch solche von Freunden oder aus hervorragenden Haltungen, machen Sie keine Ausnahme!

sowie der Vorbeugung einer Keimverschleppung und Ansteckung des vorhandenen Bestandes. Sollten Sie sich nämlich eine Erkrankung in den Bestand holen, dann ist der Ärger und Schaden groß.

Akklimatisierung neuer Vögel

Gewöhnen Sie neue, besonders Importvögel, **langsam** an die veränderten Klimaverhältnisse (Temperatur, Luftfeuchte, Lichtdauer). Gehen Sie hierbei sorgsam und umsichtig vor.

Gleiches gilt auch für die **Futterumstellung**. Erwerben Sie beim Vorbesitzer zusätzlich zum Vogel auch immer eine ausreichende Menge des gewohnten Futters, denn dies erleichtert die Quarantänezeit ungemein. Stellen Sie die Vögel möglichst erst nach einigen Tagen allmählich auf das Futter um, welches Sie verwenden wollen.

Notwendige Untersuchungen

Wir raten, alle Neuankömmlinge auf **Parasiten**, insbesondere Würmer und Kokzidien, untersuchen zu lassen. Aber auch eine Untersuchung auf **Bakterien**, vor allem Salmonellen ist sinnvoll. Die dazu notwendigen Tests werden in spezialisierten Laboren vorgenommen. Um die dafür benötigten Kotproben zu sammeln kann man Alufolie unter die Sitzstangen legen und den Kot so leicht aufnehmen. Achten Sie auf eine ordentliche Verpackung der Postsendung.

Im Kölner Zoo werden alle Neuankömmlinge darüber hinaus auch noch auf **aviäre Tuberkulose** untersucht. Dies geschieht über Blut- oder Kotproben, wobei die Blutabnahme von einem Tierarzt vorgenommen werden muss.

> **Tipp**
> Kommen Tiere von einem langen Transport in unsere Quarantäne in Köln, lassen wir das **Licht** für 24 Stunden an, damit die Tiere ausreichend Nahrung aufnehmen können und ihre neue Umgebung kennenlernen können.

> **Hinweis**
> Die Vögel bleiben so lange in Quarantäne, bis alle Tests negative Ergebnisse ergeben haben. Sollten Tests positiv ausfallen, sprechen Sie bitte notwendige Behandlungen mit einem spezialisierten Tierarzt ab.

Quarantänekäfige im Kölner Zoo, hier mit Rotkappen-Fruchttauben besetzt.

Allgemeine Quarantänemaßnahmen

Eine Quarantäne sollte mindestens drei bis vier Wochen dauern. Halten Sie die Vögel nach Möglichkeit, aber entsprechend ihrem Sozialverhalten, einzeln. Setzen Sie die Vögel selbst in die Käfige. Nehmen Sie sie hierzu in die Hand und **untersuchen** Sie sie auf Parasiten (zum Beispiel Federlinge), den Ernährungs- und Gefiederzustand.

Dabei können Sie auch die **Kennzeichen** (Ring/Transponder) **kontrollieren**. Wenn die Vögel nicht markiert sind, so holen Sie dies jetzt in der Quarantänezeit nach. Es erleichtert die Buchführung und eine gegebenenfalls notwendige Identifikation im Krankheitsfall.

Bei verstorbenen Vögeln sollte die **Todesursache** stets durch eine **Sektion** in einem pathologischen Labor geklärt werden. Wichtig ist, dass Sie einen entsprechend informativen Bericht mitsenden. Wenn Sie stets das gleiche Labor beauftragen, erleichtert dies den Vergleich und die Interpretation der Sektionsbefunde.

Anforderungen an Räumlichkeiten und Hygiene

- Ganz wichtig ist die räumliche Trennung zwischen Zucht- und Quarantäneabteilung.
- Ein gesondertes Krankenabteil ist wünschenswert.
- Die Quarantäne sollte über einen Vorraum mit eigenem Wasseranschluss (heißes Wasser!) sowie eigenem Abfluss und Luftfilter verfügen.
- Eine Hygieneschleuse sowie die regelmäßige Reinigung/Desinfektion der Kleidung/Schuhe sind wichtig.
- Die Quarantäne sollte aus leicht zu reinigenden Materialien bestehen: Metall-/Kunststoffkäfige oder -volieren, gefliest oder mit entsprechender Beschichtung, Licht- und Lüftungsvorrichtungen in ausreichendem Umfang, heizbar, abwaschbar (am besten Hochdruckreiniger geeignet).
- Für die Quarantäne eigene Gerätschaften wie Futterschalen etc. und Kleidung nutzen.
- Säubern Sie niemals Dinge aus der Quarantäne in ihrem Haltungsbereich!
- Die fachgerechte Reinigung und Desinfektion vor allem während der Quarantänezeit von Tieren ist wichtig.

Im Vogelbereich werden meist **Aldehyde** zur Desinfektion eingesetzt. Auch **Säuren** wie Essig- oder Zitronensäure sind denkbar. Bei **Laugen** und alkalischen Stoffen

Wie reinigt man am besten?

- Arbeiten Sie mechanisch vor mit Besen, Bürste oder Spachtel.
- Immer von oben nach unten arbeiten, bis sämtlicher Schmutz entfernt ist.
- Dann sind die zu säubernden Flächen, je nach Verschmutzungsgrad erst einzuweichen (Wasser 40°C mit Seifenlösung 3 %),
- dann abzuwaschen (am besten mit Schlauch oder Dampfstrahler: 50 bis 80 bar, bis 140°C).
- Das Ganze trocknen lassen und danach desinfizieren.

Was ist zur Desinfektion einzusetzen?

- Physikalisch betrachtet hilft kochendes Wasser versetzt mit 0,5 % Soda.
- Auch kann man Feuer (Abflämmen) oder den Dampfstrahler einsetzen.
- Chemisch gesehen gibt es Protein fällende Mittel (Eiweißzersetzung) wie Aldehyde (Acetaldehyd, Formaldehyd). Sie denaturieren Eiweiß. Unter 15 °C verlieren sie allerdings schon an Wirkung.
- Achten Sie bei der Auswahl des Reinigungs-/Desinfektionsmittels auf die angegebene antiparasitäre, bakterizide und fungizide Wirkung sowie die angegebene Gebrauchskonzentration und Einwirkzeit.

wie Natronlauge, Brannt- oder Löschkalk ist zu beachten, dass diese bei Mykobakterien unwirksam sind. **Alkohole** wie Äthanol, Isopropanol oder Propanol wirken nur kurz und nicht gegen Sporen. Dagegen sind **Phenole** gut wirksam bei Kokzidien und Wurmeiern. Achten Sie beim Einsatz dieser Mittel stets auf damit verbundene **gesundheitliche Risiken** und auf die Materialverträglichkeit. Lesen Sie die Sicherheitsdaten auf der Verpackung und halten Sie entsprechende **Anwendungsempfehlungen** unbedingt ein!

Warum das alles?

Die umfassende Hygiene dient dem Schutz Ihres Vogelbestandes, dem Wohl der Neuanschaffungen und Ihnen selbst, denn Vögel können auch auf den Menschen ansteckende Krankheiten wie Salmonellose oder Ornithose (Zoonosen) übertragen.

Ernährung

Es gibt die verschiedensten Futterrezepturen für die einzelnen Vogelgruppen. Auch die sogenannten Insekten- oder Weichfresserfuttermischungen sind oft sehr unterschiedlich. Es gibt Halter, die am liebsten eine **Fertigmischung** anbieten und andere, die das Futter selbst **individuell** herstellen. Befürworter von Pellets oder diejenigen, die natürliche Nahrungsmittel bevorzugen sind fast nicht unter einen Hut zu bringen. Wir denken, dass die **Mischung** von Pellets, Fertigfuttermischungen und natürlichen Nahrungsmitteln dem Halter und den Vögeln von allem die besten Optionen bietet.

Der Halter sollte versuchen, die **Nahrungsansprüche** seiner Pfleglinge zu kennen und genau dies ist vielfach noch ein Problem, denn es gibt kaum verlässliche und detaillierte Analysen von dem, was die verschiedenen Vogelarten im **Freiland** tatsächlich aufnehmen. Vielfach sind wir hier auf grobe Vorgaben und unzureichende Beobachtungen angewiesen.

Beschäftigungsfütterung

Vögel in menschlicher Obhut sollten eine angemessene Zeit mit der Nahrungssuche verbringen. Das heißt, sie sollen beschäftigt sein. Die ist auch in der Natur so.

In Zoologischen Gärten wird die Nahrungsaufnahme neben anderen Möglichkeiten der Beschäftigung auch gerne unter dem englischen Begriff „behavioural enrichment", was soviel wie „Bereicherung des Verhaltens" heißt, eingesetzt. Dazu kann Nahrung zum Beispiel versteckt oder Insektenfressern lebende Beute angeboten werden, die sie wie im Freiland **erjagen** müssen.

Vielen Vögeln in menschlicher Obhut „geht es zu gut", sie werden mit zu viel oder/und zu energiereichem Futter versorgt. Dies kann zu **Verfettung** und **Organschäden** führen. Füttern Sie ihre Vögel den Ansprüchen entsprechend, denn nur dies trägt zu Ihrer Gesunderhaltung bei.

> **Hinweis**
> Beachten Sie, dass der Speiseplan vieler Arten jahreszeitlich variiert, weil das Angebot an Nahrung verschieden ist. Dem ist auch unter Haltungsbedingungen Rechnung zu tragen. Geringere Ansprüche zur Ruhezeit und gehobene beispielsweise zur Balz- oder Brutzeit sollten berücksichtigt werden, um die Vögel bei bester Gesundheit zu halten.

Fütterung sollte den Vögeln immer zugleich Beschäftigung bieten.

Dem Bedarf angepasst

Bei der Haltung in Außenvolieren oder kombinierten Innen-/Außenanlagen ist es wichtig zu wissen, dass der Energiebedarf der Vögel während der kalten Jahreszeit deutlich erhöht ist. Als Faustregel gilt ein Wert von etwa 20 % mehr. Auch bestehen unter den verschiedenen Vogelgruppen erhebliche Unterschiede.

Grundumsatz

Darunter verstehen wir den geringsten Energiestoffwechsel des Tieres, also bei Ruhe. Zusammenfassend gesagt, benötigt ein kleiner oder heranwachsender Vogel zur Aufrechterhaltung seiner **Körpertemperatur**, bezogen auf sein Gewicht, mehr Energie als ein großer, beziehungsweise adulter Vogel.

Außerdem haben Vögel im Vergleich zu anderen Wirbeltieren eine hohe Körpertemperatur von etwa 40 °C und daher von vornherein einen relativ hohen Grundumsatz.

> **Beispiel**
> Ein Kolibri von 0.01 kg hat einen Grundumsatz von 2,2 kcal/24 Stunden was 220,0 kcal/24 Stunden je kg Körpermasse entspricht. Bei einem Huhn von etwa 2 kg Gewicht hingegen beträgt der Grundumsatz 120,0 kcal/24 Stunden, was 60,0 kcal/24 Stunden je kg Körpermasse entspricht.

> **Gut zu wissen**
> Gerade kleine Vögel sind anfällig gegen unzureichende Energieversorgung.

Erhaltungsbedarf

Zu dem Grundumsatz kommt noch der Erhaltungsbedarf. Das ist die Energiemenge, die der Vogel für seine sonstigen Leistungen benötigt; also Fliegen, Laufen, Futter suchen und Ähnliches. Der Erhaltungsbedarf wird grob mit dem **zwei- bis vierfachen** des Grundumsatzes kalkuliert – das gilt für Vögel **im Freiland**. Je nach Haltungsbedingungen reduziert sich dieser in menschlicher Obhut.

Leistungsbedarf

Für besondere Leistungen wie **Wachstum**, **Mauser** und so weiter kommt ein zusätzlicher Bedarf hinzu. Dies ist der sogenannte Leistungsbedarf. Im Allgemeinen gilt, dass Sperlingsvögel hierbei eine weitere Erhöhung des Bedarfs von 16 % aufweisen.

Eine weitere Regel ist, dass Vögel in **Stresssituationen**, also beispielsweise zur Jungenaufzucht, mehr Vitamine und Mineralstoffe benötigen, Weibchen unter anderem Kalzium zur Eibildung.

Die richtige Dosierung

Die Fütterung wird insofern kompliziert, als dass die genauen Dosen für **Vitamine** und die anderen **Inhaltsstoffe** für das einzelne Individuum, abhängig sind von der Vogelart, dem Körpergewicht, der Umsatzrate und dem jeweiligen Bedarf. Hinzu kommt die **Menge** an Nahrung, die ein Vogel aufnimmt, diese ist artspezifisch sehr unterschiedlich.

Meist orientiert man sich an Angaben aus der Nutzgeflügelzucht. Ein **Huhn** von 1750 bis 2500 g benötigt 65 bis 85 g Körnerfutter pro Tag für den täglichen Erhaltungsbedarf. Eine 400 g schwere **Taube** benötigt dazu etwa 35 g, also verhältnismäßig mehr!

> **Gut zu wissen**
> Die Trockensubstanz der Nahrung macht nur ein Drittel bis ein Fünftel ihres Gesamtgewichtes aus. Daher kann man davon ausgehen, dass **kleine Insektenfresser** eine Nahrungsmenge von etwa der Hälfte bis zum **vollen Eigengewicht** benötigen.

Rotkappenfruchttauben fressen viel und gerne frisches Obst, hier eine Blaubeere.

> **Hinweis**
> Ganz wichtig ist, dass nur einwandfreies Futter angeboten wird und sowohl für die Futternäpfe als auch die Lagerhaltung Hygiene höchste Priorität hat. Bei Vergesellschaftungen sind ausreichend viele Futterstellen einzurichten, damit alle Bewohner genügend Nahrung erhalten.

Von der Trockensubstanz ausgehend, beträgt die Nahrungsmenge bei **Greifvögeln** und **Eulen** von 5 bis 8 %, bei **Staren** sind es 10 bis 12 %, bei **Meisen** 20 bis 25 % und bei **Schwalben** bis zu 43 % des Eigengewichts.

Angepasste Darreichungsform

Natürlich sind kaum all die ursprünglichen Futtermittel anzubieten, die die Vögel im Freiland aufnehmen. Es muss also für eine entsprechende **Ersatznahrung** gesorgt werden. Wichtig hierbei scheint uns, darauf hinzuweisen, dass viele Spezialisten bestimmte Anpassungen an ihre Nahrung haben. Damit wird klar, dass besondere **Schnabelformen** auch bei Fütterung mit Ersatznahrung entsprechend den biologischen Bedingungen im Freiland eingesetzt werden sollten und müssen.

Inhaltsstoffe

Nahrungsmittel bestehen aus verschiedensten Inhaltsstoffen, die alle mehr oder weniger wichtig sind: Eiweiße, Fette, Kohlenhydrate, Mineralstoffe und Vitamine (Tabelle 4).

Tab. 4 Inhaltsstoffe verschieder Futtermittel (– = keine Angabe)

Futtermittel	Kcal	Protein %	Fett %	Kohlenhydrate %	Ca	P	Vit B1 mg	Vit B2 mg
Apfel	36	0.2	–	9.2	3.5	8.5	0.04	0.02
Banane	77	1.1	–	19.2	6.8	28.1	0.04	0.07
Birne	40	0.2	–	10.4	6.9	9.5	0.03	0.03
Dattel	248	2.0	–	63.9	67.9	63.8	0.07	0.04
Garnele	114	22.3	2.4	–	320	270	0.03	0.03
Hering	273	16.7	15.1	1.5	101	272	0.03	0.3
Honig	288	0.4	–	76.4	5.3	17.0	–	0.05
Honigmelone	24	1.0	–	5.3	19.1	30.4	0.05	–
Karotte	21	0.9	–	4.5	28.8	29.5	0.05	0.04
Käse	425	25.4	34.5	–	810	545	0.04	0.5
Orange	35	0.8	–	8.5	41.3	23.7	0.10	0.03
Rind	177	19.3	10.5	–	5.4	276	0.07	0.2
Sultanine	249	1.7	–	64.7	52.2	94.6	0.10	–
Tomate	14	0.9	–	2.8	13.3	21.3	0.06	0.04
Traube	60	0.6	–	15.5	4.2	16.1	0.04	0.02

Um die Sache noch komplizierter zu machen, haben die Inhaltsstoffe der verschiedenen Nahrungsmittel zu unterschiedlichen **Entwicklungszuständen** auch noch unterschiedliche **Zusammensetzungen**. Ein bekanntes Beispiel sind Samen im ungekeimten und im gekeimten Zustand, aber auch Insekten zeigen solche Änderungen.

Eiweiße (Proteine)

Eiweiße sind, chemisch gesehen, Makromoleküle und die **Grundbausteine** aller Zellen. Sie bestehen Untereinheiten, den **Aminosäuren**, und diese wiederum aus Kohlenstoff, Wasserstoff, Sauerstoff und Stickstoff. Sie enthalten aber auch andere Elemente wie Schwefel und Selen. Von den 22 Aminosäuren, die die Proteine bilden, kann der Körper nur etwa die Hälfte selbst herstellen. Alle anderen müssen zugeführt werden, sie sind „**essenziell**", lebensnotwendig für den Organismus. Vögel benötigen zehn essenzielle Aminosäuren. Tierisches Eiweiß enthält grundsätzlich mehr essenzielle Aminosäuren als pflanzliches.

Die Aminosäuren erfüllen vielfältige Aufgaben im Organismus, so ermöglichen und beschleunigen sie als **Enzyme** chemische Reaktionen oder dienen als **Antikörper** der Infektionsabwehr, zum **Aufbau** und zum Erhalt der Körperzellen, sowie zur **Heilung** von Wunden und Krankheiten. **Eiweißmangel** kann schlimme Folgen haben, wie Muskelschwäche, Fettleber oder Ödeme.

Proteinhaltige Nahrungsmittel sind bekanntermaßen Fleisch, Fisch, Eier sowie Insekten aller Art, aber auch Nüsse, Hülsenfrüchte wie Bohnen, Soja, Linsen und andere aus pflanzlicher Herkunft. Im Gegensatz zu Kohlenhydraten und Fetten, die gegeneinander ausgetauscht werden können, weil sie auch im Körper gegenseitig ineinander umgewandelt werden, gibt es keinen Stoff, der die Funktionen von Eiweiß übernehmen kann.

> **Info**
> Der Stickstoffanteil im Eiweiß ist grundsätzlich annähernd 16 %. Daher kann nach Bestimmung des Stickstoffgehaltes durch Multiplikation dieses Wertes mit dem Faktor 6,25 (100:16) der Gehalt an Eiweiß in einem Futter errechnet werden.

Fette (Lipide)

Dieser Begriff ist eine Sammelbezeichnung für Stoffe, die sich in ihrer chemischen Struktur teilweise erheblich unterscheiden und aus Fettsäuren bestehen. Fette

> **Info**
> Fette spielen eine wichtige Rolle in vielen Stoffwechselprozessen. Mängel oder Ungleichgewichte in der Aufnahme der essenziellen Fettsäuren bilden oft die Ursache verschiedener Krankheiten.

können fest, flüssig (Öl) oder sogar leicht flüchtig sein, je nach der Zusammensetzung der Fettsäuren.
Fette sind in Wasser unlöslich. In sogeannten hydrophoben oder lipophilen Lösungsmitteln, die chemisch gesehen selbst Fette sind wie beispielsweise Benzin, lösen sie sich.

Eine wesentliche Funktion für den Körper ist die als **Energiespeicher** – Fette liefern im Vergleich pro Gewichtseinheit mehr Energie als Eiweiße und Kohlenhydrate. Gerade Zugvögel und Vögel aus kalten Regionen, wie Pinguine, zehren von ihren **Fettreserven**. Fette dienen aber auch als **Hormone** und fettlösliche **Vitamine**: A – wichtig beim Sehvorgang, D – Knochenstabilität, E – antioxidative Wirkung, K – Blutgerinnung. Fette, die der Körper nicht selbst herstellen kann, sondern mit der Nahrung aufnehmen muss, werden als essenziell bezeichnet.

Kohlenhydrate (Saccharide)

Dies ist die Stoffgruppe der Zucker. Diese haben eine wesentliche Bedeutung im Körper als physiologische **Energieträger** sowie in biologischen Erkennungsprozessen, zum Beispiel der Blutgruppen oder Zelloberflächen.

Es werden gemeinhin **Einfachzucker**, Monosaccharide, wie beispielseise Traubenzucker, **Zweifachzucker**, Disaccharide, Milchzucker, und **Mehrfachzucker**, Oligosaccharide, zum Beispiel Raffinose, unterschieden. Kohlenhydrate finden sich vor allem in Samen, Gemüse, Obst als auch Honig.

Zucker sind in der Regel wasserlöslich. Allerdings nicht die **Vielfachzucker**, Polysaccharide, die als Speicherformen wie Stärke oder Zellulose dienen. Sie sind meist schlecht oder überhaupt nicht wasserlöslich und außerdem geschmacksneutral. Um Zellulose zu verdauen, benötigen Vögel große Blinddärme mit entsprechenden Bakterien, um die gebundenen Zucker daraus aufzuschließen. Dies ist beispielsweise bei den Raufußhühnern der Fall. Für die hier besprochenen **Weichfresser** ist **Zellulose** lediglich ein **Ballaststoff**, der bei der Darmpassage eine Rolle spielt.

> **Gut zu wissen**
> Um vom Organismus optimal verwertet zu werden, müssen Kalzium und Phosphor in einem bestimmten Verhältnis zueinander stehen. Beim Huhn ist dies in der Wachstumsphase 2:1. In der Legeperiode hingegen steigt das Verhältnis auf 6:1.

Mineralstoffe/Spurenelemente

Neben Kalzium (Kalk), welches essenziell für den Knochenaufbau ist, sind auch andere Mineralstoffe für den Stoffwechsel wichtig: Kalium, Magnesium, Natrium, Phosphor und viele Spurenelemente. Kalium wirkt als Gegenspieler von Natrium bei der Steuerung des Säure-Base-Haushalts. Natrium ist für den Wasserhaushalt unentbehrlich. Phosphor wird für Knochen, Muskeln, Nerven und Gehirn benötigt.

Weitere Stoffe sind: Chlor, das für die Verdauung benötigt wird, **Eisen** ist wichtig für den Sauerstoffgehalt, als wesentlicher Bestandteil des roten Blutfarbstoffes Hämoglobin. Ausschließlich mit Eintagsküken gefütterte Vögel, zum Beispiel Greife, sind weniger leistungsstark, denn Küken enthalten, verglichen mit Kleinsäugern nur wenig Eisen.

Andere für den Organismus wichtige Stoffe sind unter anderem Zink für das Immunwesen, Kupfer zur Bildung von roten Blutkörperchen, Mangan für die Krankheitsabwehr, Jod unterstützt die Schilddrüse und deren Funktionen und Chrom wird in der Zucker-/Fettverdauung benötigt.

Bekannte Mineralfutter sind der sogenannte **Vogelgrit** oder **Eierschalen** und es gibt eine Vielzahl von Mineralstoffprodukten im Handel, mit denen Sie dem Bedarf Ihrer Vögel gerecht werden können.

Vitamine

Bei dieser Gruppe von Substanzen handelt es sich um vielerlei verschiedene Stoffe, die lebenswichtig sind und in ihrer jeweiligen Wirkung und Funktion recht unterschiedlich sein können. Meistens müssen sie mit der Nahrung aufgenommen werden. Manche kann, je

> **Eisenspeicherkrankheit**
> Viele Autoren empfehlen für die für diese Krankheit empfänglichen Arten, wie unter anderem Stare und Tukane, einen Gehalt von nicht mehr als 40 bis 60 ppm Eisen im Futter.

> **Info** Tote Fische enthalten das Vitamin B_1 inaktivierende Enzym Thiaminase. Daher gibt man Fischfressern zusätzlich Vitamin B_1.

nach Tierart, der Organismus aus **Vorstufen** (Provitamine), die in der Nahrung enthalten sind, selbst herstellen. Es gibt auch synthetische Vitamine.

Neben ihrer Funktion kann man Vitamine auch danach klassifizieren, ob sie wasserlöslich sind wie der Vitamin-C- und -B-Komplex oder fettlöslich wie A, D, E und K. Erstere müssen dem Körper ständig zugeführt werden, sie können nicht gespeichert werden.

Vitamin A (Retinol)

Dieses wird auch „Augenvitamin" genannt und ist unter anderem wichtig für die Neubildung von Zellen. Es unterstützt die Embryonalentwicklung und das Knochenwachstum. Man findet es unter anderem in Eigelb und Lebertran. Pflanzliche Nahrung enthält nur A-Provitamine, zum Beispiel Karotinoide in Mohrrüben, die in der Leber zu Vitamin A umgewandelt werden.

Vitamin-B-Gruppe

Das Vitamin B_1 ist die reinste Nervennahrung, Vitamin B_2, Riboflavin, hat Hautschutzfunktion. Vitamin B_{12} ist an vielen Prozessen im Stoffwechsel beteiligt. Es wird durch Mikroorganismen gebildet und ist nicht in Pflanzen enthalten. B-Vitamine finden sich zumeist im Gewebe von Gehirn, Leber, Muskel und Niere. Auch in Hefe oder Nüssen sind sie zu finden.

Bei Unterversorgung mit Vitamin B_2 (Riboflavin) entstehen Eier mit **verringerter Schlupffähigkeit**. Die schlüpfenden Küken sind zumeist lebensschwach. Der B_2-Bedarf für Hühnerküken liegt bei 3.5 mg und bei Hennen bei 4 bis 5 mg pro kg Futter.

Vit. B_6, Adermin, findet sich vor allem in Hefe und Getreide. Defizite verursachen **Blutarmut** und Wachstumsverzögerungen, die Schlupfquote lässt nach. Der B_6-Bedarf liegt für Küken bei 3 bis 3.5 mg und für Hennen bei 4 bis 4,5 mg pro kg Futter.

Vitamin C

dient der Stabilisierung der Gefäße, beschleunigt die **Wundheilung** und steigert die **Abwehrkräfte**. Gesunde Vögel können es produzieren, jedoch nicht auf Vorrat einlagern. Man sollte es in Stresszeiten wie Brut, Transport und Ähnlichem zusätzlich reichen.

> **Info** Ohne die natürliche UV-Strahlung des Sonnenlichts erfolgt keine ausreichende Vitamin-D-Bildung, daher ist bei bei Innenhaltung von Vögeln für ausreichendes UV-Licht zu sorgen, durch entsprechende Beleuchtung oder zusätzliche Vitamin-D-Gaben.

Vitamin D

wirkt antirachitisch, hat also Wirkung auf den **Knochenbau**. Ein Vitamin-D-Defizit zeigt sich in schlechter **Fruchtbarkeit** und schlechten **Schlupfraten**. Manche Formen des Vitamin D benötigen UV-Licht um zu effektiveren Formen umgesetzt zu werden.

Vitamin D_3 findet sich in **Fischleber** und **Eigelb**. D_3 hat bei Vögeln eine bis zu 30 mal höhere Wirkung als D_2.

Vitamin E

ist wichtig für die Stabilisierung der **Zellmembranen**, die **Wundheilung** und den **Eisenstoffwechsel**. Außerdem ist es wichtig für die Zucht, denn es fördert die Funktion der **Reproduktionsorgane**. Der tierische Organismus kann Vitamin E beispielsweise in der Leber und im Fettgewebe speichern.

Vitamin H

mitunter auch Biotin genannt, unterstützt die zentralen **Stoffwechselfunktionen**. Es findet sich vor allem in Hefe und Getreide und wird benötigt um Nahrungsenergie in **Körperenergie** umzuwandeln.

Vitamin K

stoppt unter anderem Blutungen. Langfristige Antibiotika- und Sulfonamidgaben unterbinden die K_2-Synthese, daher soll begleitend Vitamin K gereicht werden.

Niacin

in Form von Nikotinsäure und Nikotinsäureamid ist wichtig für die Fitness, Funktionsfähigkeit von **Nervensystem** und **Magen-Darmtrakt**. Es erhält zudem die Sauerstoffkapazität des Blutes. Gemeinsam mit Vitamin B ist es Bestandteil vieler Enzyme, die im Stoffwechsel die **Energiegewinnung** und die **Energiebereitstellung** steuern.

> **Wichtig** Der Bedarf an Vitamin D_3 liegt bei wachsenden Vögeln zwischen 500 bis 1000 I.E. pro kg Futter. Wird dieser unterschritten, kommt es zur Störung des Kalzium-Phosphor-Verhältnisses und damit zu Rachitis und Knochenentkalkung.

Gut zu wissen

Grundsätzlich gilt, dass die vorgestellten Vogelarten aufgrund ihres schnellen Stoffwechsels einen erhöhten Vitaminbedarf, insbesondere an den Vitaminen A, D_3 und B_2, haben.

Vorsicht

Mitunter versuchen dominante Vögel die Futterstelle für sich allein zu beanspruchen. Hält man mehrere Vögel einer oder mehrerer Arten zusammen, muss durch mehrere Futterstellen dafür gesorgt werden, dass alle Vögel ausreichend Futter erhalten.

Zu wenig und zu viel

Das Fehlen bestimmter Vitamine führt zu **Mangelsituationen** (Avitaminosen). Dazu kommt es durch unausgewogene Fütterung oder überlagerte Futtermittel. Vitamine zerfallen unter Einwirkung von Licht und Sauerstoff.

Das Gegenteil einer Avitaminose ist eine überhöhte Vitaminzufuhr, dann spricht man von einer **Hypervitaminose**.

Fütterungsmethoden

Wichtig ist, dass das Futter grundsätzlich **sauber** ist und nicht verunreinigt wird. Stellen sie deshalb nie Näpfe unter Sitzäste. Futternäpfe können auch überdacht aufgestellt werden. Achten Sie bei der Auswahl der **Näpfe** darauf, dass diese leicht zu reinigen sind. Bewährt haben sich glasierte Keramikschalen oder Edelstahlnäpfe.

Wichtig ist es eine gewisse **Fütterungsroutine** beizubehalten. Je nach Art, Haltungsbedingungen und ob die Vögel brüten oder Junge haben, muss man mindestens einmal, aber mitunter auch mehrfach am Tag frisches Futter anbieten. Dazu gehört auch die **Kontrolle** und Reinigung der Futtergefäße und der Futterstelle.

Gut zu wissen

Viele Vögel gewöhnen sich schnell an den Zeitpunkt, sowie die Art und Weise der Fütterung. Die meisten Weichfresser können recht zahm werden und dem Halter „Leckerbissen" aus der Hand nehmen.

Tipp

Um dem Pfleger eine Kontrolle seiner Pfleglinge zu ermöglichen, sollten diese bei der Fütterung recht schnell zum Futter kommen, ohne natürlich ausgehungert zu sein! So hat der Pfleger die Möglichkeit den Gesundheitszustand der Tiere genau einzuschätzen.

Bei uns im Kölner Zoo werden alle Weichfresser mindestens **zwei Mal pro Tag** gefüttert, was der Situation im Freiland entspricht, denn auch hier gibt es früh morgens und kurz vor Sonnenuntergang Phasen, in denen die Vögel intensiv der Nahrungsaufnahme nachgehen.

Die **Futtermenge** wird dem Bedarf der Vögel angepasst, das heißt, die Tiere erhalten zwar eine abwechselungsreiche und vielseitige Nahrung, es wird aber darauf geachtet, dass das angebotene Futter bis zur nächsten Fütterung gänzlich verzehrt wird. Sind Jungtiere zu versorgen, erhöhen wir die Zahl der täglichen Fütterungen oder bieten lebende Insekten in großer Zahl an.

Satte Tiere haben kein Interesse daran, zum Futter zu kommen und bewegen sich meist nur so viel wie nötig. Der Pfleger kann also ihren Gesundheitszustand sehr schlecht bestimmen, ohne die Voliere zu betreten und die Vögel aufzuscheuchen. Bei einem Vogel, der bei gleicher Fütterung aber täglich erwartungsvoll zum Futter kommt, ist ein optischer Gesundheitscheck viel einfacher. Die Kunst besteht also darin, so zu füttern, dass die Vögel satt werden, trotzdem aber ihre Futterschalen zur nächsten Fütterung leer sind.

Wasser

Als Trinkgefäße können kleine **Näpfe** angeboten, aber auch handelsübliche **Trinkflaschen** verwendet werden. In großen Biotopanlagen sind meist auch kleine gemauerte **Wasserläufe** und **Teiche** vorhanden aus denen die Bewohner trinken. Wasserbecken/-behälter sollten leicht zu reinigen sein, denn Hygiene ist hier absolute Pflicht!

Wichtig

Wasser muss stets frisch und in ausreichender Menge zur Verfügung stehen. Schon der Verlust von 10 % der Körperflüssigkeit kann für Vögel gefährlich sein. Ein Huhn von 2 kg Körpergewicht benötigt bei -7 °C täglich rund 200 cm³ Wasser, bei 38 °C braucht es die dreifache Menge. Faustformel: Ein Vogel benötigt täglich etwa 50 ml Wasser pro kg Körpergewicht.

Futtermittel

Nachstehend folgt eine Reihe unterschiedlicher Futtermittelgruppen. Je nach gehaltener Art und deren Bedürfnissen ist das Futterangebot entsprechend anzupassen.

Lebendfutter

Ratten, Mäuse, Eintagsküken, Süßwasser- und Meeresfisch sind wohl die bekanntesten **Futterwirbeltiere**. Dazu kommen viele **Insektenarten** und deren Larven.

Grundsätzlich gilt, dass Futtertiere letztlich als Futter nur so gut sind, wie sie selbst behandelt wurden. Sie sollten stets frisch sein, **gefrostete Futtertiere** dürfen nicht überlagert sein. Dazu kommt, dass sie entsprechend gut genährt sein müssen. Mehlkäferlarven, auch als Mehlwürmer bezeichnet, oder die größeren Schwarzkäferlarven, auch als Zophobas bekannt, die selbst kein angemessenes Futter erhalten, sind weit weniger nahrhaft als solche, die vor der Verfütterung an die Vögel selbst eine Zeit lang gezielt und gut gefüttert wurden.

Wichtig ist zu wissen, dass auch die **diätetischen Eigenschaften** der Nahrung, also Aschegehalt, unver-

Vögel, hier ein Blaubrustpipra, muss stets frisches Wasser zum Trinken und Baden zur Verfügung stehen.

Das **Besprühen** der Pflanzen ist eine weitere Möglichkeit, den Vögeln Wasser anzubieten, einige Arten trinken bevorzugt von Blättern, andere können ihren Flüssigkeitsbedarf teilweise über die Gabe von **Obst** decken.

Man kann zwischen Trink- und **Badewasser** unterscheiden, wobei sich diese Differenzierung meist aus den Wassergefäßen herleitet. Bei den Badebecken muss man dafür Sorge tragen, dass diese nicht zu glatt und zu tief sind, da dies insbesondere für Jungvögel eine Gefahr des Ertrinkens darstellt.

Gut zu wissen

„Pinkies" ist ein Begriff für Futtermittel sowohl in der Terraristik als auch bei der Vogelhaltung. Dahinter verbirgt sich aber zweierlei. Erstens werden die Larven der Goldfliege so genannt, also Insektenmaden. Zweitens werden, vor allem im angelsächsischen Raum, auch Babymäuse, die zur Fütterung meiste von Reptilien verwendet werden, so genannt.

Tab. 5 Gehalt einer Auswahl an verschiedenem Lebendfutter

Gehalt an	Heimchen alt	Heimchen jung	Larve des Mehlkäfers	Larve der Wachsmotte
Asche %	1.1	1.1	0.9	1.2
Feuchtigkeit	70	77.1	61.9	58.5
Rohprotein	20.5	15.4	18.7-20.8	14.1
Fett	6.8	3.3	12 bis 13.4	24.9
Kalzium	0.041	0.027	0.017-0.02	0.024
Ca:P	1:7.2	1:1.93	1:16,8	1:8,1
Vit. A (IU/kg)	217	156	301	57
Vit. E IU/kg	22	24	11	194

(Nach KARSTEN et al. 2006)

Ernährung

Tab. 6 Eisengehalt verschiedener handelsüblicher Futtermittel (Internet/Packungsbeilage)

Hersteller und Futtername	Eisengehalt (ppm)
Beaphar Weichfutter für grobschnäblige Vögel	291,0
Beaphar/Bogena Beo-Futter	152,0
Bogena Beo-Weichfutter	121,0
CèDè Insekten-Mischung pur, trocken	1150,0
CèDè Lori-Handaufzuchtfutter, Ergänzungsfutter	46,9
CèDè Universal Weichfutter für Insekten und Fruchtfresser	86,4
Claus Beo-Weichfutter, eisenreduziert	65,7
Claus Honigalleinfutter Typ III braun, Weichfutter	683,0
Dr. Harrison Low Iron, Pellets	118,0
Hagen Softbill, Weichfutter	68,0
Kaytee Handfeeding Formula	485,0
Mazuri ZooLife Bird Gel 5 ME4, Weichfutter	67,0
Orlux Beo-Pellets	183,0
Orlux Beo-Weichfutter	1300,0
Sluis Classique, Weichfutter	249,0
Tovo Universeel, Weichfutter	76,0
Viatkraft Soft Mix Special Weichfutter für Beos	930,0
Vitakraft Beo Special Beoperlen	120,0
Vitakraft Softmix, Weichfutter	582,0
Witte Molen (Weichfutter mit Früchten)	42,2
Witte Molen Beoperlen	74,0
Witte Molen Universal, Weichfutter	116,6

Tab. 7 Eisengehalte von Einzelfuttermitteln

Nahrungsmittel	Fe-Gehalt in mg/kg (Ø)	Vitamin-C-Gehalt in mg/kg
Apfel	0,5	12
Bananen	0,3	11
Birnen	0,2	5
Datteln	1,9	2
Eier (hartgekocht)	2	0
Feigen	0,6	3
Fisch	0,9	+
Geflügel (Huhn)	1,8	3
Hüttenkäse	0,1	0
Kartoffel (gekocht)	0,8	14
Möhren (gekocht)	0,3	5
Pflaumen	0,4	5
Quark (mager)	0,4	1
Reis (gekocht)	2,3	0
Rindfleisch mager	2,2	+
Sojakäse (Tofu)	5,4	+
Wassermelonen	0,4	6
Weiche Beeren	1,3	36
Weintrauben	0,5	4

+ = in geringen Spuren vorhanden, Ø = durchschnittliche Werte
Trockenfrüchte enthalten prozentual gesehen eine höhere Eisenkonzentration als frische Früchte!

Ersatzfutter/Weichfutter

Vielfach bauen sich die dargebotenen Zusammenstellungen auf Fertigmischungen auf, die zusätzlich **angereichert** werden. Pollen, Bierhefe sowie Öle (ungesättigte Fettsäuren) sowie Magerquark sind hier nützliche Zutaten. Es gibt eine Vielzahl verschiedener Futtermittelhersteller, die auch **eisenarme** Futtersorten anbieten. Nachstehend ein Vergleich der Packungsangaben verschiedener Mischungen und Einzelfuttermittel bezüglich des Eisengehaltes (Stand 2007):

Gut zu wissen

Bei manchen, den Vögeln erstmalig angebotenen Früchten dauert es einige Tage, bis sie sich herantrauen. Man sollte deshalb geduldig und ausdauernd sein.

dauliche Substanzen und Ähnliches wesentlich sind. Füttert man Fleischfresser wie beispielsweise Greifvögel (Accipitridae) ausschließlich mit schierem Muskelfleisch, fehlen ihnen die gewöllbildenden Substanzen. **Gewölle** sind Zusammenballungen unverdaulicher Nahrungsbestandteile, die aus dem Schnabel gewürgt werden. Diese Vögel benötigen solche Ballaststoffe für die Aufrechterhaltung ihrer Verdauung. Auch viele Insektenfresser würgen unverdauliche Nahrungsreste hervor, die sogenannten **Speiballen**.

Obst/Gemüse

Die Palette an verschiedenen Obst- und Gemüsesorten, die bei der Fütterung verwendet werden könnten, ist groß. Neben den Klassikern wie Apfel, Birne und Banane gewinnen auch Papaya, Mango, Weintrauben und vor allen Dingen Blaubeeren an Bedeutung. Was der jeweilige Halter füttert, hängt natürlich in erster Linie von der Verfügbarkeit und von der Akzeptanz ab.

Farbfutter/Spezialfutter

Wichtig ist zu wissen, dass manche nectarivore Arten, wie Kolibris und Nektarvögel **Darmentzündungen** bekommen können, wenn der Nektarersatz über die natürlichen Bestandteile Frucht-, Rohr- und Traubenzucker hinaus noch **Milchzucker** (Laktose) enthält. Greift man auf die Vielzahl der vorhandenen Fertigprodukte zurück, so ist dies allgemein kein Problem, denn die Produzenten berücksichtigen dies.

Als Besonderheit sei hier noch **Farbfutter** angeführt. Hierbei handelt es sich meist um künstliche Stoffe, die dem Futter einiger Insektenfresser wie zum Beispiel Scharlachspinten, Papageibreitrachen und Jagdelstern zugesetzt werden, um dem Verblassen ihrer arttypischen Gefiederfarben entgegenzuwirken. Entsprechende Rot- und Gelbfarbstoffprodukte finden sich bei allen größeren Futtermittelherstellern.

Guirakuckucke, hier drei Jungtiere, sind sehr soziale Vögel.

Zucht

Die Zucht ist die Krönung einer jeden Haltung von Tieren. Weichfresser als Einzelvögel zum Selbstzweck oder als reine Erbauung ihres Gesanges oder ihrer Schönheit wegen zu halten, sollte mittlerweile zu den Ausnahmen gehören. Natürlich müssen Zuchten kontrolliert, gezielt und je nach Art in speziellen Zuchtprogrammen erfolgen. Heute zu Zeiten des Importverbotes für Wildvögel ist die Zucht das einzige Mittel, die Bestände zu erhalten. Doch zuerst müssen Sie sicher sein, ein Paar zu haben, mit dem Sie züchten können.

Geschlechtsbestimmung

Die einfachste Methode der Geschlechtsbestimmung ist die, bei der die Vögel an ihrer Färbung, mitunter auch der Größe, also äußerlich, zu unterscheiden sind. Man spricht von **Geschlechtsdimorphismus** wenn Weibchen und Männchen unterschiedlich aussehen. Ist dies bei der von Ihnen gepflegten Weichfresserart nicht der Fall, gibt es neben der Endoskopie die Methode der DNA-Analyse. Entsprechende Werbeanzeigen von Einrichtungen, die diesen Service anbieten, finden Sie in allen Vogel-Fachzeitschriften.

Endoskopie

Die Endoskopie (griechisch: endos = innen, darinnen; skopein = betrachten, untersuchen) wird mittels eines sogenannten Endoskops, eines dünnen Röhrchens, das über eine beleuchtete **Optik** verfügt, durchgeführt. Die Endoskopie stellt einen **minimal-invasiven** Eingriff dar, der nur vom Tierarzt vorgenommen werden darf. Bereits bei gerade flügge gewordenen Jungvögeln lassen sich Hoden oder Eierstock endoskopisch unterscheiden.

Der **Vorteil** der Endoskopie ist, dass der Halter neben der reinen **Geschlechtsinformation** auch noch eine Angabe über den **Gesundheitszustand** einiger innerer Organe erhält. Dabei kann mit einer Biopsiezange eine kleine Organprobe zur Untersuchung entnommen werden. Man spricht bei der Endoskopie auch gern von einer **Zuchttauglichkeitsuntersuchung**.

Für die endoskopische Untersuchunge wird der Vogel **narkotisiert**, heute oft mit der Isoflurannarkose, die sehr schnell eingeleitet werden kann und aus der der Vogel innerhalb von Minuten wieder erwacht. Durch einen Hautschnitt in die Körperhöhle von 3 bis

> **Info**
> Beim Menschen nennt man die Geschlechtschromosomen X und Y. Je nachdem, welche man besitzt, ist man eine Frau = XX oder ein Mann = XY. Bei den Vögeln bezeichnet man die Geschlechtschromosomen mit W und Z. Weibchen haben die Kombination WZ und Männchen die Kombination ZZ.

5 mm Länge wird das Endoskop geführt. Es gibt Geräte, an die man zur Dokumentation des Ergebnisses eine Kamera anschließen kann.

DNA-Analyse

Die DNA-Analyse aus einer **Feder** oder einer **Blutprobe** erlaubt eine tierfreundliche, schnelle und zuverlässige Geschlechtsbestimmung. Ein **Vorteil** gegenüber der Endoskopie ist, dass man diese Methode bereits im **frühen Nestlingsalter** anwenden kann.

Jeder Federkiel eines Vogels enthält eine gewisse Anzahl körpereigener Zellen. Jede Zelle beherbergt die Erbinformation des jeweiligen Tieres. Diese liegt im Zellkern gespeichert in den sogenannten Chromosomen vor. Vögel besitzen, ebenso wie Menschen, sogenannte **Geschlechtschromosomen** mit den für die Ausprägung der Geschlechtsmerkmale notwendigen Informationen.

Die Untersuchung der Erbinformation aus dem Federkiel oder einer Blutprobe wird über ein spezielles Verfahren, PCR genannt, durchgeführt. Es lassen sich damit die Geschlechtschromosomen identifizieren und so die Geschlechter unterscheiden.

Paarzusammenstellung und Zuchtauswahl

Je nach **Sozialverhalten** sind Vögel paarweise, im Schwarm oder zeitweise einzeln, zu halten. Entsprechend müssen Sie auch an die Paarzusammenstellung herangehen. Sinnvoll ist es, sich die Paare selbst finden/auswählen zu lassen. Da dies nicht immer möglich ist, ist die Paarzusammenstellung eine der entscheidenden Aufgaben auf dem Weg zu einer erfolgreichen Zucht.

Es reicht nicht, das Alter und die Abstammung seiner Vögel zu kennen und A mit B zu verpaaren, weil

> **Gut zu wissen**
> Der Umgang mit Computerprogrammen ist meist leicht zu erlernen und bietet viele Vorteile. Lassen Sie sich nicht abschrecken.

Sie glauben, dass die beiden genetisch gut zusammenpassen würden. Ein **Züchter** muss einschätzen können, ob die Paarung erfolgversprechend ist oder sich die Tiere vielleicht ein Leben lang aus dem Weg gehen würden. Genau hierin liegt die Kunst. Wie gut kenne ich meine Tiere und kann ich ihr Verhalten richtig einschätzen?

Datenverwaltung/Zuchtbuchführung

Die Entwicklung der Computertechnik und Software hat auch vor der Vogelhaltung nicht Halt gemacht. Die Europäischen Erhaltungszuchtprogramme (EEPs), die sich gezielt um die Erhaltung bedrohter Arten kümmern, sind ohne die entsprechende **Software** nicht durchzuführen.

Aber auch der Privathalter kann im Fachhandel verschiedene Programme für die Datenverwaltung und Zuchtbuchführung erwerben. Ob Sie damit arbeiten, entscheiden Sie selbst, doch für größere Bestände und langfristig angelegte Zuchten ist die Nutzung anzuraten. Sie **erleichtern** die Datenverwaltung und ermöglichen zumeist auch genetische Berechnungen. Außerdem sollten abzugebenden Tieren entsprechende Abstammungs- und Herkunftsnachweise beigefügt werden.

Nicht immer zeigen Vögel, wie hier der Von-der-Decken-Toko, einen Geschlechtsdimorphismus: das Weibchen hat einen schwarzen, das Männchen einen roten Schnabel.

> **Für folgende, in diesem Buch behandelte Arten gibt es Zuchtbücher**
> - Balistar (*Leucopsar rothschildi*) – Bernd Marcordes, Köln, Deutschland
> - Blaukappenhäherling (*Dryonastes courtoisi*) – Laura Gardner, Leeds Castle, England
> - Doppelhornvogel (*Buceros bicornis*) – Joost Lammers, Alphen, Niederlande
> - Kappenpitta (*Pitta sordida*) – Wineke Schoo, Arnheim, Niederlande
> - Königsparadiesvogel (*Cicinnurus regius*) – Dean Tugade, Alwabra, Katar
> - Omeihäherling (*Liocichla omeiensis*) – Nigel Hewston, Burford, England
> - Riesentukan (*Ramphastos toco*) – John A. Ellis, London, England
> - Rothaubenturako (*Tauraco erythrolophus*) – Louise Peat, Burford, England
> - Schildturako (*Musophaga violacea*) – Andrzej Kruszewicz, Warschau, Polen
> - Sumbawadrossel (*Zoothera dohertyi*) – Jamie Graham, Whipsnade, England
> - Von-der-Decken-Toko (*Tockus deckeni*) – Cathy King, Fuengirola, Spanien

Erhaltungszuchtprogramme

Ursprünglich von Zoologischen Gärten initiiert, sorgen Erhaltungszuchtprogramme heute in der ganzen Welt dafür, einen **stabilen**, gesunden **Bestand**, nicht nur bedrohter Tierarten, zu erhalten. Damit das funktioniert, muss man über jedes Tier genaue Daten haben. In Europa gibt es vom Europäischen Zooverband (EAZA) die sogenannten Europäischen Erhaltungszuchtprogramme (EEPs).

Die Daten werden von jeweils einem **Koordinator** zusammengefasst. Dieser verwaltet über ein spezielles Computerprogramm Informationen, wie Schlupfdatum, Züchter, Eltern, Kennzeichen und Halter der einzelnen Vögel sowie der gesamten Population. Ihm zur Seite steht eine sogenannte **Artkommission**, die beratende Funktion hat.

Der Koordinator erstellt **Zuchtbücher**, gibt **Zuchtempfehlungen**, vermittelt **Nachwuchs** und stellt **neue Gruppen** zusammen. So wird dafür gesorgt, dass, trotz begrenzter Tierzahl im Bestand in Menschenhand, eine **größtmögliche genetische Vielfalt** erhalten bleibt.

Auch in den **Vereinen** wächst die Zahl der Zuchtprojekte.

Markierung und Kennzeichnung

Grundsätzlich muss man zwischen einer Markierung und einer Kennzeichnung unterscheiden. Die Markierung dient der Unterscheidung, wogegen die Kennzeichnung amtlich vorgeschrieben wird. Technisch gesehen, gibt es verschiedene Markierungs- und Kennzeichnungsmöglichkeiten.

Fußring

Zur Markierung von Vögeln nutzt man gemeinhin Fußringe. Fußringe können aus Kunststoff, Aluminium oder Edelstahl bestehen. Diese können **offen** oder **geschlossen** sein. Letztere lassen sich den Jungvögeln nur in den ersten Lebenstagen überstreifen. Offene Ringe hingegen kann man auch erwachsenen (adulten) Vögeln anlegen.

Am einfachsten ist der **Ringbezug** über den Fachhandel, zum Beispiel bei farbigen, offenen Plastikringen zur Markierung, oder geschlossenen Ringen, die als **Selbstzuchtnachweis** gelten. Bei Zuchtvereinen wie der AZ sind die **Mitgliedsnummer**, das **Geburtsjahr** des Vogels und eine laufende **Ringnummer** eingeprägt.

Transponder (Mikrochip)

Die Kennzeichnung ist für bestimmte Arten vorgeschrieben. Dies nennt man Kennzeichnungspflicht. Sie ist in der Bundesartenschutzverordnung (BartSchV) vom 14. Oktober 1999 verankert. Die BartSchV sieht vor, dass die Ringe und Transponder nur durch bestimmte Verbände vergeben werden dürfen, siehe dazu Seite 13.

Zur Kennzeichnung sind nur **bestimmte Ringe** sowie **Transponder** zugelassen. Der Transponder ist ein Mikrochip, der Signale aussendet, die mit Hilfe eines speziellen Lesegerätes empfangen werden können. Jeder Chip sendet ein spezifisches, **einmaliges Signal** aus.

Der größte **Vorteil** des Transponders liegt in der relativen Fälschungssicherheit, das heißt, ein einmal implantierter Chip kann nur unter sehr großen

Gut zu wissen

Da die Ringfarbe jedes Jahr gewechselt wird, kann das Alter der Vögel auch auf größere Entfernung leicht festgestellt werden. Um Individuen einer Gruppe unterscheiden zu können, ist es sinnvoll jedes Tier zusätzlich mit verschiedenfarbigen Ringen zu kennzeichnen. Dies kann besonders dann nützlich sein, wenn man wissen will, wer mit wem verpaart ist.

Gut zu wissen

Der Chip wird dem Vogel meist unter Inhalationsnarkose mit einem speziellen Implanter eingesetzt. Die Daten können bei Bedarf mit einem speziellen Lesegerät berührungslos aus etwa 10 bis 20 cm Entfernung ausgelesen werden.

Schwierigkeiten wieder entfernt werden. Bei Diebstählen kann man jederzeit die **Identität des Tieres** feststellen.

Der **Nachteil** liegt in der **Unsichtbarkeit**. Nur auf dem Röntgenbild oder natürlich mit dem Chipleser kann festgestellt werden, ob ein Vogel einen Transponder trägt und es sich um das entsprechende Individuum handelt.

Unterbringung zur Zucht

Manche Arten sollte man zur Zucht **nur paarweise** halten, denn es kann Streitigkeiten um Nistplätze geben und viele Arten sind während der Brutzeit aggressiver und verteidigen vehement ihr **Territorium**.

Viele andere Vogelarten hingegen können bei **geräumiger** und **gut strukturierter** Unterbringung auch weiterhin vergesellschaftet werden. Anzuraten ist es, nur sehr unterschiedliche Vogelarten zur Brutzeit zu vergesellschaften, die keine Nesträuber sind.

Bewährt hat sich zum **Beispiel**, einen relativ kleinen Insektenfresser und Höhlenbrüter, wie etwa den Pagodenstar, mit verschiedenen Fruchttauben zu vergesellschaften. Am Boden kann man dann oft noch eine Hühnervogelart halten, ohne dass sich die unterschiedlichen Vogelarten beim Brutgeschäft stören. Vorsicht ist aber dann geboten, wenn die Jungtiere der kleineren Arten das Nest verlassen und vielleicht schutzlos am Boden herumhüpfen.

Gut zu wissen

Bei uns im Kölner Zoo versuchen wir stets, verschieden große Vögel, die sich am besten auch noch in ihren Nahrungsansprüchen und der Brutbiologie unterscheiden, zu vergesellschaften.

> **Wichtig** Sie sollten als Halter die biologischen Daten der von Ihnen gehaltenen Vögel kennen, denn einen Höhlenbrüter kann man nur dann nachziehen, wenn ihm auch eine geeignete Nisthöhle zur Verfügung steht.

Ernährung zur Zucht

Grundsätzlich muss während der Jungenaufzucht der Anteil an eiweißreicher Nahrung erhöht werden. Viele Weichfresser, auch nectarivore und frugivore Arten, verfüttern dann im Freiland **überwiegend tierische Nahrung** an die Jungen. Unter Haltungsbedingungen ist dem Rechnung zu tragen. Details dazu finden Sie bei den einzelnen Arten und im Kapitel Ernährung.

Nistmöglichkeiten und Nistmaterial

Die Nistplätze, die Nester sowie das verwendete Nistmaterial variieren innerhalb der Gruppe der Weichfresser schon auf Grund der großen Artenvielfalt und bewohnten Habitate immens. So gibt es **Höhlenbrüter** in Bäumen, aber auch in Felsnischen, **Offenbrüter**, die Napfnester bauen oder auch solche, die geschlossene Nester bauen. Nicht alle Bienenfresserarten brüten in Ufersteilwänden, manche brüten auch in Erdhöhlen auf dem flachen Boden.

Elternaufzucht

Haben Sie ein gutes Zuchtpaar, so zieht dies die Jungen in der Regel problemlos auf. Dann spricht man von **Naturbrut** oder Elternaufzucht.

Sollte es zu Problemen bei der Brut oder Aufzucht kommen, kann der Halter zur Rettung der Brut einschreiten und Eier zur **Kunstbrut** oder Jungvögel zur **Handaufzucht** entnehmen. Grundsätzlich gilt es, die Naturbrut vorzuziehen.

Kunstbrut

Das Ausbrüten von Eiern in der Brutmaschine sollte nur als absolute Ausnahme, Notfällen oder bei bedrohten Arten, praktiziert werden. Man unterscheidet zwischen **Inkubator** und **Schlupfbrüter**. Hier herrschen unterschiedliche Bedingungen. Grundsätzlich sollte der

Brutmaschinen im Kölner Zoo; unten der Inkubator mit den Rollkarden und oben der kleinere Schlupfbrüter.

Inkubator leicht und gut zu reinigen und zu desinfizieren sein.

Ein **Inkubator** mit Belüftungssystem und Luftfeuchtigkeitskontrolle ist eine große Hilfe bei der Aufrechterhaltung der idealen Bedingungen während der Eientwicklung.

Typ oder Markenname sind nicht von Belang, solange das Gerät die wichtigen Voraussetzungen für eine erfolgreiche Entwicklung der Embryonen gewährleistet:
- Aufrechterhaltung einer konstanten Temperatur,
- korrektes Wenden der Eier während der Inkubationszeit, bei einfachen Geräten geschieht dies noch per Hand,
- Aufrechterhaltung der erforderlichen Luftfeuchtigkeit.

> **Wichtig**
> Vor Inbetriebnahme sollte man das Brutgerät stets auf seine Funktionstüchtigkeit überprüfen. Reinigen Sie die Maschine nach jeder Brut gründlich. Besonders nach dem Schlupf ist eine Desinfektion mit den entsprechend geeigneten Mitteln unerlässlich.

Umgang mit der Brutmaschine

Am besten stellt man die Brutmaschine in einen dunklen, ruhigen Kellerraum mit **konstanter Temperatur** zwischen 15 und 20 °C, denn ändert sich die Raumtemperatur, muss die Maschine ständig korrigierend einwirken.

Es ist sinnvoll, wenn möglichst immer die **gleichen Personen** die Maschine bedienen.

Um eine ausreichende Hygiene zu gewährleisten sollte der Raum so ausgestattet sein, dass alle Oberflächen (Boden, Wände, Einrichtungsgegenstände) regelmäßig und leicht zu reinigen und desinfizieren sind.

Bis das Ei in einen speziellen Schlupfbrüter überführt wird, muss man den Inkubator mit einer konstanten Temperatur fahren.

Das Einlegen der Eier

Das oder die Eier sollten zunächst genau auf **Schäden** untersucht werden. Dabei dreht man die Eier vorsichtig. Das **Durchleuchten** des Eies kann bei der Überprüfung helfen und ermöglicht eine ungefähre Einschätzung des **Alters** und **Entwicklungsstadiums** des **Embryos**. Erweisen sich die Eier als **unbefruchtet**, erübrigt sich das Einlegen.

Eine Reihe von Züchtern **desinfizieren** die Eier, bevor sie diese in den Inkubator überführen. Dies sollte vor allem dann geschehen, wenn mehrere Eier aus **unterschiedlichen Nestern** eingelegt werden. Brutdesinfektionsmittel erhalten Sie im Fachhandel. Sie sollten aber nur nach Anweisung des Herstellers verwendet werden.

Es ist von Vorteil, wenn die Eier durch die Altvögel **bereits** einige Tage **bebrütet** wurden, dann ist der Emb-

> **Info**
> Die ideale Bruttemperatur und die notwendige Luftfeuchtigkeit variiert je nach Vogelart, aber eine Inkubationstemperatur von 37,3-37,5°C kann als Leitwert angenommen werden.

> **Gut zu wissen**
> Entdeckt man Risse in den Eiern, welche die Schalenhaut nicht durchdringen, so kann man diese mit Nagellack oder einem wasserfesten Kleber versiegeln. Die Risiken, die von solchen Schäden ausgehen, sind die Austrocknung des Eies und das Eindringen von Bakterien.

ryo schon gut entwickelt. Häufig handelt es sich aber um **Notfälle**, die Altvögel brüten nicht gleichmäßig oder man hat gar einen der Altvögel verloren. Dann muss man die Eier so **schnell** wie möglich **in den Brutapparat** überführen. Kühlen die Eier zu stark aus, kann der Embryo absterben.

Wenden

Im Nest werden die Eier regelmäßig von den Altvögeln gewendet. Das Wenden verhindert, dass der Embryo an der Eihaut festklebt. In der Brutmaschine muss dies manuell oder automatisch über einen Eiwendemechanismus geschehen. Bei natürlicher Bebrütung werden die Eier **zufällig** und in **verschiedene Richtungen** gewendet. Dies muss möglichst auch bei der künstlichen Bebrütung in der Brutmaschine geschehen. Jedes Ei sollte etwa 5- bis 7-mal täglich jeweils um 180° gewendet werden.

Bei einigen Vogelarten ist es erforderlich, die **Eier** während der Brut **abzukühlen**, bei **Wassergeflügel** ist dies zwingend. Bei der Naturbrut geschieht dies auch, wenn die Altvögel zur Futteraufnahme das Nest verlassen.

Luftfeuchtigkeit

Während der Entwicklung des Embryos verdunstet stetig Wasser, das Ei verliert an Gewicht. Der **Gewichtsverlust** liegt normalerweise zwischen 13 und 18%. Daher bedarf es einer, je nach Vogelart, unterschiedlich hohen Luftfeuchtigkeit.

Bei **zu geringer** Luftfeuchtigkeit kann der Gewichtsverlust durch Wasserverdunstung zu schnell ablaufen. Das führt zu einer übergroßen Luftkammer und zur

> **Gut zu wissen**
> Dreht man das Ei nur in dieselbe Richtung, so wickelt sich die Hagelschnur, das Aufhängeband des Eigelbs, mitunter auf einer Seite ab und auf der anderen soweit auf, dass sie schließlich reißt. Das hat den Tod des Embryos zur Folge.

> **Wichtig**
> Wiederholen Sie das Schieren der Bruteier in regelmäßigen Abständen, um abgestorbene Eier rechtzeitig aus der Maschine nehmen zu können. Sonst besteht die Gefahr, dass sich krankmachende (pathogene) Keime in der Brutmaschine vermehren und andere Eier infizieren und zum Absterben bringen.

Schrumpfung des restlichen Eiinhaltes. Aus solchen Eiern entwickeln sich oft nur kleine, schwache Jungvögel, die meist schon beim Schlupf sterben.

Bei **zu hoher** Luftfeuchtigkeit kann die Wasserverdunstung aus dem Ei zu gering sein. Dann entwickelt sich die Luftkammer nicht ausreichend, das Ei enthält zuviel Eiklar. Jungvögel aus solchen Eiern sind oft schlaff und müssen wegen des Luftmangels verfrüht schlüpfen.

Kontrollen

Um den Gewichtsverlust eines Eies zu überprüfen, führen manche Züchter täglich zur gleichen Zeit **Gewichtskontrollen** durch. Die grafische Aufzeichnung der Messwerte erleichtert die Interpretation. In diesen Kurven können auch die erwarteten Werte von 13 bis 18 % Gewichtsverlust eingetragen werden, sodass die Entwicklung des Eies im Vergleich zur Norm genau verfolgt werden kann.

Eine weitere Methode der Kontrolle der **Eientwicklung** ist das **Durchleuchten** des Eies, auch „Schieren" genannt. Bei diesem Vorgang wird eine Lichtquelle direkt an das Ei gehalten. Vorsicht vor Überhitzung des Eies, es wird empfohlen spezielle Kaltlicht-Schierlampen zu benutzen!

- Meist kann man ab dem 5. Tag deutliche Anzeichen einer **Befruchtung** erkennen, ein kleiner roter Kreis mit einer dünnen Linie in der Mitte des Eies.
- Ab dem 10. Tag sind dann schon Äderchen und Blutgefäße zu sehen. Danach füllt der **Embryo** das Ei immer mehr aus. Auch die Entwicklung der **Luftblase** lässt sich so beobachten.
- Ein **unbefruchtetes Ei** ist meist klar und sollte nach einigen Tagen aus der Brutmaschine entfernt werden.

Schlupf

Ein bis zwei Tage vor dem erwarteten Schlupf überführt man das Ei in den **Schlupfbrüter**. Hier wird das Ei nicht mehr gewendet. Die **Luftfeuchtigkeit** wird **erhöht**, um das Austrocknen der Küken und Festkleben an den Eihäuten während des Schlupfvorganges zu vermeiden. Die **Temperatur** sollte um etwa 0,5 °C **reduziert** werden, denn der schlüpfende Jungvogel ist nun voll entwickelt und produziert schon eigene Körperwärme. Ist die Temperatur **zu hoch** ist, kann es bei der hohen Luftfeuchtigkeit leicht zur **Überhitzung** des Jungvogels kommen.

Hat das Küken beim Schlupf die **Eischale durchbrochen**, verfällt es oft in eine **Ruheperiode**. In dieser wird der restliche Dotter aufgenommen, was bis zu 24 Stunden dauern kann. Danach wird der Schlupfprozess fortgeführt. Das Küken beginnt mit **Drehbewegungen** und klopft während dieser mit Hilfe des **Eizahns**, einem harten Fortsatz an der Schnabelspitze, ringförmig Risse in die Eischale. Dann stemmt es sich mit den Füßen dagegen und sprengt so den oberen Teil der Schale deckelförmig ab.

Handaufzucht

Bei in der Brutmaschine erbrüteten Jungen oder wenn die Altvögel nicht mehr füttern, beziehungsweise verstorben sind, kann eine Handaufzucht vorgenommen werden. Dabei ist es von Vorteil, mehrere Tiere gleichzeitig aufzuziehen. Dies und eine auf das Notwendigste reduzierte Beschäftigung mit den Tieren verringern das Risiko einer Fehlprägung.

Aufzuchtraum im Kölner Zoo. In den Einzelboxen können die flüggen Jungvögel untergebracht werden.

Zur Fütterung kleiner Jungvögel ist eine Pinzette sehr hilfreich.

Faustregeln
- Die Futtermenge sollte rund 10 % des Körpergewichts betragen.
- Gefüttert werden sollte erst dann, wenn der Jungvogel das Futter der vorherigen Fütterung gut verdaut hat. Bei den meisten Insektenfressern kann man ein Fütterungsintervall von zwei Stunden ansetzen.
- Das Futter sollte stets auf Körpertemperatur des Jungvogels erwärmt werden, sonst kann es zu Verdauungsstörungen oder gar Unterkühlungen kommen.

Wichtig
- Vor der Fütterung sollte man den Jungvogel wiegen, um nachvollziehbare und vergleichbare Daten zu seiner Entwicklung zu erhalten.
- Nach jeder Fütterung muss der Vogel gründlich von Futterresten gereinigt werden.

Hinweis Zur Anregung und Regulierung der Verdauungstätigkeit und Unterstützung der physiologischen Dünndarmflora sollten den künstlich aufgezogenen Jungvögeln Laktobazillen verabreicht werden.

Fütterung

Füttern Sie frisch geschlüpfte Junge erst mehrere Stunden nach dem Schlupf zum ersten Mal. Erst dann ist der Dotterrest im Abdomen (Bauch) vollständig aufgenommen. Generell gilt für die Handfütterung am Anfang: Weniger ist mehr! Ein häufiger Anfängerfehler ist, dass zu viel gefüttert wird.

Für die Fütterung gibt es verschiedene **Hilfsmittel**: Löffel, Futterspritze, Pinzette oder Kropfsonde.

Spritze

Bei einigen Vogelarten setzt man statt einer Pinzette, mit der häufig Insekten oder Mäusebabys gegeben werden, die Futterspritze ein. Dies ist in der Regel eine handelsübliche Spritze, auf deren Spitze man einen kurzen Gummischlauch stülpt. Die Größe der Futterspritze sollte nach der Menge des zu fütternden Breis und der Körpergröße des Jungvogels gewählt werden. Der Brei sollte von feiner Konsistenz sein, sonst besteht Gefahr, dass die Futterspritze verstopft.

Beim Füttern muss man vorsichtig sein, damit sich die Vögel nicht **verschlucken**. Die Spritze soll **abwechselnd** von jeder Seite des Schnabels benutzt werden. Das beugt einer **Fehlstellung** des Schnabels vor. Keinesfalls darf man mit größerem Druck versuchen, den Inhalt aus der Spritze zu bekommen, denn dann kann der Brei ungewollt in die Luftröhre des Vogels gelangen, unter Umständen mit tödlichen Folgen.

Löffel

Bei der Handaufzucht mit dem Löffel ist man darauf angewiesen, dass der **Jungvogel aktiv** am Fütterungsvorgang **teilnimmt**. Dabei wird die Löffelspitze direkt vor den Schnabel des Jungvogels gehalten. Diese Fütterungsform bietet sich bei **größeren** Arten und **älteren** Jungvögeln an.

Kropfsonde

Die Fütterung über die Sonde ist nur dem versierten Züchter zu empfehlen. Hierbei wird durch einen Schlauches oder eine Kropfsonde das Futter direkt in den Kropf des Vogels verabreicht. Der Vorteil bei dieser Methode ist, dass man den Schluckreflex überbrückt und damit die Fütterung wesentlich schneller geht.

Wichtig Die Sonde darf niemals, auch nicht versehentlich, in die Luftröhre gelangen. Dies kann zu Verletzungen oder Ersticken führen und für den Vogel tödlich enden!

Krankheiten und Verletzungen

Eine **fachgerechte Unterbringung, Ernährung, Kontrolle** und **Hygiene** beugt vielen möglichen Verletzungen und Erkrankungen bei Vögeln in Menschenobhut vor. Die Bekämpfung von **Schadnagern** oder -insekten, wie Mäusen und Schaben, ist wichtig, können diese doch Krankheiten von Voliere zu Voliere tragen. Die Verwendung ungiftiger **Baumaterialien**, ungiftiger **Pflanzen** und Ähnlichen sollte selbstverständlich sein.

Prophylaktische Maßnahmen wie beispielsweise **Wurmkuren** zweimal jährlich, im Frühjahr und im Herbst, sind leicht selbst durchzuführen. Die Behandlung von Vögeln im Krankheitsfall und bei Verletzungen sollte dem fachkundigen **Tierarzt** vorbehalten bleiben. Aus diesem Grunde ist das Kapitel über Krankheiten recht kurz gehalten.

Vorbeugung

Zu den vorbeugenden Maßnahmen gehört die regelmäßige **Säuberung** und **Desinfektion** der Vogelanlagen. In Außenvolieren ist hin und wieder der **Bodengrund** mit einem Desinfektionsmittel zu besprühen, abzuflammen oder auszutauschen. Anzuraten sind regelmäßige **Kotuntersuchungen** bei den Vögeln. Bei positiven Befunden zum Beispiel von Parasiten- oder Bakterienbefall, muss gezielt behandelt werden.

Verletzungen

Verletzungen können Vögel durch andere Gehegemitbewohner, Raubfeinde oder sich selbst erfahren. Je nach Schwere kann eine Verletzung selbst versorgt und vor allem desinfiziert werden, sonst sollten Sie einen fachkundigen Tierarzt aufzusuchen.

Bei **Knochenbrüchen** sollte nur Erste Hilfe geleistet werden, indem der Vogel ruhig gestellt wird, zum Beispiel durch Einwickeln in ein Tuch, um eine weitere Verschlimmerung der Verletzung durch sein Umherflattern zu verhindern. Das Schienen und Verbinden überlassen Sie besser dem Fachmann, also dem Tierarzt, sonst kann es zu Schiefstellungen der behandelten Extremitäten kommen. Allgemein gilt, dass Brüche bei Vögeln relativ schnell heilen. Im Zweifelsfall kann nur der Tierarzt die genaue Diagnose über eine Röntgenaufnahme stellen und die notwendige Behandlung einleiten.

Infektionskrankheiten durch Pilze und Bakterien

Bei den Infektionskrankheiten wird unter anderem zwischen Pilz- und Bakterieninfektionen unterschieden. Die beiden häufigsten Pilzinfektionen, die bei Weichfressern auftreten, sind die Aspergillose und Kandidose (Soor). Bekannte bakterielle Infektionen sind die Ornithose, Salmonellose und Koliinfektion (*Escherichia coli*).

Aspergillose

Sie wird durch Schimmelpilze hervorgerufen und meist sind die **Atmungsorgane** (Lunge, Luftsäcke) befallen. Kurzatmigkeit, Hecheln oder Schwanzwippen sind die Symptome. Die namensgebenden Schimmelpilze gehören zur Gattung *Aspergillus* (*flavus, niger, fumigatus*). Doch auch *Mukor*, *Penicillium* und andere Schimmelpilze verursachen die gleichen Symptome.

Infektionen können auf **andere Organe** übergreifen. Ein weiteres Problem stellt die Produktion von je nach Pilz unterschiedlichen Giftstoffen dar, die zu einer Beeinträchtigung von Leber und Niere führen können. Abmagerung, Durchfall, Erbrechen, Flugunlust, schlechtes Gefieder, Teilnahmslosigkeit und zentralnervöse Symptome sind oft die Auswirkungen.

Gerade bei Vögeln und hierbei Importen, die nicht aus unseren Breiten stammen und daher normalerweise nicht mit den bei uns üblichen Staubpartikeln, also auch Pilzsporen, in Kontakt gekommen sind, finden wir dieses Krankheitsbild.

Durch **geringe Luftfeuchte** wird dies noch begünstigt. Die in unseren Breiten geringere Luftfeuchte führt bei Tropenvögeln dazu, dass ihre Atemwege nicht genügend gereinigt werden. Dies ist vergleichbar mit der trockenen Luft klimatisierter Räume, die bei uns zu Erkältungen führt. Außerdem belüften Vögel, die **wenig fliegen** ihren Atmungstrakt weniger, mitunter nur zu 20 % (!), sodass sich Pilzsporen anreichern können.

Vorbeugung

- gutes Raumklima mit rund 60 % Luftfeuchte,
- regelmäßiges Lüften,
- gute Durchlüftung,
- das Besprühen mit Wasser.

Eine **einseitige Ernährung** mit fettreichen Sämereien wie beispielsweise Sonnenblumenkernen führt zum Mangel an essenziellen Aminosäuren, darunter Vitamin E und A. Dies wirkt sich ebenfalls negativ auf das **Immunsystem** der Tiere aus. **Pilzsporenreiche Nahrung**, wie Erdnüsse und andere Hülsenfrüchte tun das ihrige dazu.

Wird die Erkrankung frühzeitig erkannt, reicht mitunter eine Inhalationstherapie. Je nach Schwere ist auch eine Unterstützung von Leber und Niere erforderlich. Futterumstellung beziehungsweise die Ergänzung des Futters mit Vitamin-, Spurenelement- oder Leberschutzpräparaten kann sinnvoll sein.

Kandidose

Sie wird durch einen Hefepilz, zumeist *Candida albicans*, verursacht. Auch der gesunde Vogel beherbergt stets einige Pilze und Sporen. Diese werden normalerweise aber von gutartigen Bakterien kontrolliert.

Durch eine allgemeine **Schwäche** des Immunsystems, zum Beispiel Fehlernährung, lang andauernden Stress, Brut oder durch die Gabe von Antibiotika sterben diese gutartigen Bakterien mitunter ab. Dann können sich die Pilze besonders im Darm, Kropf sowie Rachen der Vögel ausbreiten. Liegt die Hauptbesiedlung mit Hefepilzen im **Rachenraum**, so spricht man im Allgemeinen von Soor, ist vornehmlich die **Darmschleimhaut** befallen, von einer Darmmykose.

Meistens besiedeln Hefepilze bei Vögeln den Kropf und sie können dem Organismus durch ihre giftigen Stoffwechselprodukte, die Mykotoxine, großen Schaden zufügen. So führen sie nicht nur zu Erbrechen und Durchfällen, sondern auch zu Schädigungen der Leber. Zur **Behandlung** wird häufig der Wirkstoff Ketoconazol eingesetzt.

Ornithose

Die bei Papageien als „Psittakose" auftretende Krankheit wird durch Chlamydien (*Chlamydophila psittaci*), gramnegative Bakterien, hervorgerufen. Die Ornithose ist eine **Zoonose**, beim Menschen tritt sie als akute, fieberhaft verlaufende, grippeähnliche Erkrankung auf, die auch Atembeschwerden verursachen kann. Bei Vögeln sind die **Symptome** Abmagerung, Augen- und Nasenausfluss und ein gesträubtes Gefieder. Der Kot ist häufig hellgrün verfärbt.

Es gibt auch **latent** infizierte Vögel. Das sind solche, denen man äußerlich nichts anmerkt, die aber ein Erregerreservoir darstellen. Chlamydien werden vor allem über Kot und Nasensekret ausgeschieden, mitunter monatelang nach der ersten Infektion. Die **Verbreitung** findet hauptsächlich über die Luft, Staub- und Tröpfchenaerosole statt.

Demzufolge ist die Ansteckungsgefahr bei der Haltung vieler Tiere in geschlossenen Räumen wie beispielsweise in Quarantänehallen am größten.

> **Wichtig** Bei Papageien führt die Psittakose unbehandelt meist zum Tode. Da auch Menschen an der Krankheit sterben können, ist diese beim zuständigen Veterinäramt anzeigepflichtig und muss unbedingt den Bestimmungen entsprechend behandelt werden.

> **Wichtig** Salmonellose ist meldepflichtig beim zuständigen Veterinäramt und gehört in Deutschland zur am häufigsten registrierten, meist lebensmittelbedingten Infektionskrankheit.

Salmonellose

Sie ist eine durch Bakterien der Gattung *Salmonella*, und zwar vor allem *S. enteridis* und *S. typhimurium* verursachte Erkrankung, die vorwiegend den **Darm** betrifft. Salmonellen kommen weltweit in Reptilien, Geflügel, Schweinen, Rindern, aber auch beim Menschen vor.

Die **Verbreitung** der Krankheit kann durch verunreinigte Eier oder Fleisch, verunreinigte Materialien wie Boden, Futtermittel, Pflanzen, Wasser, oder durch direkten Kontakt mit ausscheidenden Tieren erfolgen.

Die Übertragung erfolgt als sogenannte Schmierinfektion, fäkal-oral. Das **Krankheitsbild** zeigt oft Durchfall, Erbrechen, Fieber und Übelkeit. Die Symptome dauern in der Regel nur wenige Stunden oder Tage an. Die **Behandlung** erfolgt durch ein geeignetes Antibiotikum.

Koliinfektionen

Diese sind relativ häufig und werden durch das Bakterium *Escherichia coli* hervorgerufen, gramnegative Stäbchen, die sich im Darm ansiedeln. Über das Blut können sie sich auf den Atmungstrakt, die Geschlechtsorgane oder die Leber ausbreiten. Über die Kloake gelangen sie auch in den Eileiter der Vögel.

Die möglichen **Symptome** sind Schwäche, Müdigkeit und Durchfall, was zu Appetitlosigkeit, Abmagerung und Dehydration, also Austrocknung führen kann.

Besonders Jungvögel, wie dieser fast flügge Kappenblaurabe, sind anfällig für Infektionskrankheiten.

Die Infektion erfolgt meistens über verschmutztes **Trinkwasser** oder **Futter**, das zum Beispiel durch falsche Lagerung mit dem Kot von Nagern verschmutzt wurde. Seltener findet man die Ansteckung durch das Einatmen von infiziertem Staub. Dies betrifft meist Jungvögel.

Die Bakterien können mehrere Monate infektiös bleiben. Die **Behandlung** erfolgt durch Antibiotika. Wichtig ist ein Resistenztest zuvor, denn *E. coli* ist gegenüber vielen Antibiotika resistent.

Parasiten

Bei den Parasiten unterscheidet man grundsätzlich zwischen äußeren Parasiten, auch Ektoparasiten genannt, und inneren Parasigen, den als Endoparasiten.

Ektoparasiten

Hierzu zählen vor allem Milben, Zecken und Federlinge.

Die **Milben** sind mechanisch, also durch Zerdrücken sowie chemisch zu bekämpfen. Bei der Behandlung ist darauf zu achten, dass die Mittel nicht in Augen und Schnabel gelangen. Unbehandelt zerstören Milben die Federn, führen zu Nervosität und saugen teilweise sogar Blut.

> **Wichtig**
> Bei Befall mit Ektoparasiten müssen die Vögel unbedingt von den anderen Vögeln getrennt werden.

Federlinge sind etwa 3 mm lang, abgeflacht und bräunlich. Sie ernähren sich von Hautschuppen. Sie bewirken lediglich Irritationen. Da sie auf Milbenpräparate kaum ansprechen, ist ihre Bekämpfung schwierig. Mit einem feuchten, weichen Borstenpinsel, lassen sie sich manchmal „herauskämmen".

Zecken unterteilt man grob in Schild- und Lederzecken. Meist finden sich Schildzecken, die sich mit ihren Mundwerkzeugen für mehrere Tage in der Haut festbeißen und dabei ein Mehrfaches ihrer Größe und ihres Gewichts durch Blutsaugen zunehmen. Die Entfernung erfolgt mit einer Pinzette, dabei werden die Zecken, ohne dabei den Körper zu zerdrücken, durch leichtes Drehen entfernt. Bei Vögeln ist dies oft schwierig, weshalb man warten sollte, bis sich die Zecke selbst löst.

Endoparasiten

Dazu gehören vor allem die Würmer und Kokzidien. Man unterscheidet Spul-, Faden- und Bandwürmer. Diese können den Organismus kurz- oder langfristig schädigen. Im Frühjahr und Herbst wird daher von vielen Haltern eine **Wurmkur** bei ihren Vögeln vorgenommen.

> **Info**
> Regelmäßige Kotuntersuchungen sind anzuraten, um bei Feststellung eines Befalls mit dem geeigneten Medikament behandeln zu können. Wechseln Sie den Wirkstoff bei den regelmäßigen Wurmbehandlungen und achten Sie darauf, dass nicht jedes Wurmmittel gegen jede Wurmart hilft.

Die **Kokzidiose**, hervorgerufen durch Sporentierchen, ist die am häufigsten auftretende Krankheit bei der Eingewöhnung von Wildfängen! Kokzidien zerstören Darmzellen und schädigen Organe wie Leber, Milz und Lunge.

Zu ihrer Entwicklung benötigen die Kokzidien das Vitamin B, welches zum Teil im Darmtrakt der Vögel produziert wird. Bei starkem Befall kann somit dem Wirt das Vitamin B entzogen werden und er kann mit **zentralnervösen Störungen** wie Kopfzittern, verdrehen, wackliger Gang und Flug, die Symptome eines Vitamin B Mangels aufweisen.

Die Parasiten produzieren in der Darmschleimhaut sogenannte Oozysten, die mit dem Kot infizierter Tiere ausgeschieden werden. Wegen ihrer dicken Hülle sind diese **Dauerstadien** gegen äußere Einflüsse höchst widerstandsfähig. Unter optimalen Umweltbedingungen, das heißt Wärme, hohe Luftfeuchtigkeit, benötigen diese Stadien mindestens zwei Tage in der **Außenwelt** für eine Entwicklung, um wieder infektionsfähig zu werden. Die **Entwicklung im Wirt** erfolgt so schnell, dass bereits vier bis sieben Tage nach der Infektion die ersten Oozysten ausgeschieden werden.

Das **Krankheitsbild** stellt sich wie folgt dar, die Vögel plustern vorübergehend oder ständig das Gefieder. Die Vögel fressen ständig, magern dabei aber zusehends ab. Der Kot ist meist breiig bis wässrig, oft blutig.

Eisenspeichererkrankung

Unter **Hämosiderose** versteht man die Eisenspeicherkrankheit, eine übermäßige Einlagerung von Eisen (Ferritin) in der Leber. Da Eisen im natürlichen Habitat der meisten Fruchtfresser nur in geringen Mengen vorkommt, haben viele Vögel Methoden entwickelt, möglichst viel Eisen aus Ihrer Nahrung aufzunehmen.

> **Info**
> Wir raten dazu, frugivore Vögel wie Paradiesvögel, Tukane, Stare und Hornvögel möglichst eisenarm zu ernähren. Ihr Futterfachhändler sollte Sie hierbei beraten können.

Die Krankheit wird häufig bei Paradiesvögeln und anderen hauptsächlich **frugivoren Vögeln** beschrieben, ihre Ursache jedoch ist bis heute nicht gänzlich geklärt.

In menschlicher Obhut führt dies zu großen Problemen, denn die angebotene Nahrung, neben Obst und Gemüse wird oft zu viel handelsübliches Insektenfresserfutter gereicht, ist oft zu eisenreich. Diese Erkrankung führt fast immer zum Tod, da das überschüssige Eisen nur sehr langsam wieder aus der Leber entfernt wird und auch nur dann, wenn die Nahrung auf Dauer eisenarm ist.

Sonstige Erkrankungen

Vitaminmangel

Dieser führt bei Vögeln zu unterschiedlichen Erkrankungen und Störungen. Er beruht meist auf einer unausgewogenen Ernährung oder bei Vitamin D auch auf UV-Lichtmangel.

- **Vitamin-A**-Mangel kann zu Schnupfen führen oder Aspergillose begünstigen. Chronischer Vitamin-A-Mangel äußert sich durch erbsen- bis haselnussgroße Vergrößerungen im Hautbereich um den Unterschnabel, weil die Speicheldrüse anschwillt.
- Bei **Vitamin-B**-Mangel kommt es zu Lähmungen in den Beinen. Diese setzen meist sehr plötzlich ein.
- **Vitamin-D**-Mangel führt zu Störungen im Kalzium-Stoffwechsel, bekannt ist die Rachitis bei Jungvögeln. Siehe auch Seite 32 bei Ernährung-Vitamine.
- **Vitamin-E**-Mangel kann zu Taumeln, Zittern oder Krämpfen führen. Das Sehvermögen der betroffenen Vögel ist stark eingeschränkt und Erblindung ist mitunter die Folge.

Legenot

Dies ist die Bezeichnung für den Zustand, bei dem das Weibchen Schwierigkeiten bei der Eiablage hat, beziehungweise das Ei im Eileiter oder der Kloake feststeckt.

Es zeigt zunächst heftiges Pressen. Meist wird Kot von dünner Beschaffenheit ausgeschieden, mitunter mit Blut. Mit zunehmender Dauer wird das Weibchen unruhig, wechselt die Stellung und bleibt letztlich breitbeinig sitzen. Das Atmen wirkt schwerfällig. Eine Wölbung des Unterleibes ist meist deutlich zu sehen.

Jetzt muss man helfen. Dies kann auf verschiedene Weise geschehen. Im einfachsten Fall hilft **Wärme** über

Sonstige Erkrankungen

> **Was sind die Ursachen für Legenot?**
> - Zu niedrige Körpertemperatur,
> - Vitamin- und Mineralstoffmangel,
> - das noch nicht gelegte Ei ist zu groß oder deformiert.

eine Infrarotlampe beispielsweise sowie höhere Luftfeuchtigkeit. Auch das Beträufeln der Kloake mit **Speiseöl** sowie leichte **Massage** des Unterleibs kann helfen – Vorsicht, das Ei im Eileiter nicht beschädigen! Nützt all dies nicht, müssen Sie einen **Tierarzt** konsultieren.

Gute **Haltungs- und Ernährungsbedingungen** sowie die Vermeidung von zu vielen Gelegen sind Voraussetzungen, dieses Problem zu vermeiden.

Lungenentzündung

Die häufigsten **Symptome** einer Lungenentzündung sind Atemnot, meist mit offenem Schnabel, Appetitlosigkeit und Schwanzwippen. Dabei ist das Gefieder der Vögel oft aufgeplustert. Lungenentzündungen entstehen durch **Unterkühlung** oder **Infektionskrankheiten**/Parasiten. Die Behandlung durch einen Tierarzt ist anzuraten.

Nierenentzündung

Bei einer Nierenentzündung sind meist durchfallähnliche Ausscheidungen zu finden. Dabei ist der weiße Harnanteil recht flüssig (Polyurie), der dunkle Teil des Kots kann aber normal geformt sein. Die Vögel trinken meist sehr viel.

Es wird unterschieden zwischen einer **akuten** und einer **chronischen** Nierenentzündung. Bei letzterer treten die Störungen immer wieder auf, also periodisch. Die Ursache kann in falscher Ernährung, beispielsweise zu salzhaltig, Vitamin-A-Mangel, an langfristiger Medikamenteneinnahme, aber auch an Bakterien, Schimmelpilzen und andere Infektionskrankheiten liegen. Ziehen Sie zur Behandlung unbedingt einen Fachtierarzt hinzu.

Tumorerkrankungen

Tumore treten meist im Bereich von **Leber** und **Niere** auf. Die **Symptome** sind Mattigkeit, der Vogel ist teilnahmslos und frisst und bewegt sich wenig. Auch hier bekommt der Kot eine leicht grünliche Färbung und ist dünnflüssiger als normal. Der schwarze Bestandteil fehlt in späteren Stadien meist völlig. Die **Erkennung** erfolgt meist mittels Röntgenbild, manchmal sind die Tumore aber auch zu erfühlen. Die Prognose ist meist ungünstig.

Die Arten im Porträt

Es werden im Folgenden rund 80 ausgewählte Vogelarten detailliert vorgestellt, die für eine Reihe von außereuropäischen Weichfresser-Familien stehen. Die Kolibris und Nektarvögel haben wir beispielhaft mit hineingenommen, da sie ebenfalls das Interesse der Weichfresserhalter genießen, auch wenn sie nur noch selten gehalten werden.

Systematik

Die Systematik in der Biologie, auch **Taxonomie** genannt, stützt sich maßgeblich auf die Arbeiten von Carl von Linné (*Systema Naturae*, 1735). Er hat eine Klassifikation zur Einteilung der Organismen erarbeitet, die bis heute ihre Gültigkeit hat.

Die klassischen Taxa sind: Reich, Abteilung, Stamm. Diese werden in die für uns interessanten Gruppen Klasse (Aves – Vögel), Ordnung (z. B. Passeriformes – Sperlingsvögel), Familie (z. B. Sturnidae – Stare), Gattung (z. B. *Leucopsar*) und Art (z. B. *Leucopsar rothschildi* – Balistar) untergliedert.

Der erste Name einer Art stellt die **Gattung** dar, der zweite die **Art** und mitunter ein dritter die entsprechende **Unterart**. Zusätzlich fügen wir den Namen des Erstbeschreibers und das entsprechende Jahr an.

Ausgewählte Arten

Wir haben einen Querschnitt der verschiedenen Vogelgruppen und -arten zusammengestellt, die mehr oder weniger regelmäßig in **Mitteleuropa** gehalten und gezüchtet werden. Dabei haben wir uns durch die von verschiedenen Fachgruppen, den **Taxon Advisory Groups** (TAGs) des **Europäischen Zooverbandes** (EAZA), gemachten Vorschläge, sowie durch Daten, die wir aus den Reihen der Privathalter bekommen haben, leiten lassen.

Es handelt sich bei den ausgewählten Arten um **Stellvertreter** ihrer jeweiligen **Familien/Vogelgruppen**, die auf Grund ihres Bestandes in menschlicher Obhut hoffen lassen, dass auf längere Sicht sich selbsterhaltende Populationen in unseren Volieren aufgebaut werden können.

Aufbau der Beschreibungen

Für jede vorgestellte Art wird neben dem **deutschen Namen**, zum Teil mit **Synonymen**, der **wissenschaftliche** als auch der **englische** Name angegeben. Bei den Arten, wo es **Unterarten** gibt, werden diese, sofern sie **haltungsrelevant** sind, aufgeführt, wo möglich mit den **Unterscheidungsmerkmalen** und der entsprechenden **Verbreitung**. Unter Status werden der Bestand und die mögliche **Gefährdung** im Freiland beschrieben.

Unter Haltung haben wir **Bestandsgrößen** in Zoos und bei Privathaltern in Kategorien eingeteilt. Für die Vereinigung für Artenschutz, Vogelhaltung und Vogelzucht gibt es seit mehr als 25 Jahren Nachzuchtstatistiken. Sie stellen nur die „Spitze des Eisberges dar", da sich bei weitem nicht alle Halter daran beteiligen. Eingeflossen sind hier die Statistik 2006 (teilnehmende Züchter 3073, 670 Arten/Unterarten), 2007 (teilnehmende Züchter 3054, 685 Arten/Unterarten) und 2008 (teilnehmende Züchter 1693, 435 Arten/Unterarten). Die IG Weichfresser der VZE gibt mittlerweile auch ähnliche Daten heraus, die wir auch teilweise angegeben haben. Die ISIS-Daten beziehen sich auf eine Zoodatenbank für den Bereich Europa. Leider sind alle vorliegenden Datenbanken unvollständig.

Es folgt eine Beschreibung der Art sowie **Informationen** über **Herkunft** und **Lebensweise**. Unter der Überschrift **Unterbringung** erfahren Sie in Kurzform etwas über Behältermindestgröße, Ausstattung und Temperaturanforderungen der jeweiligen Art. Hinweise über **Ernährung**, **Haltung** und **Zucht**, Kennzeichnung und Literatur runden die Informationen ab.

Gruiformes – Kranichvögel

Kranichvögel sind eine Vogelordnung mit acht Unterordnungen und einer Vielzahl unterschiedlichster Arten. Etliche dieser Vogelarten sind langbeinig. Die Familie der Rallen gehört zusammen mit den eigentlichen Kranichen, dem Rallenkranich und den Trompetervögeln zur Unterordnung Grues.

Rallidae – Rallen

Von den Rallen kennt man je nach Systematik etwa 33 Gattungen mit 133 Arten, davon sind über 30 bedroht! Rallen sind bis auf Antarktis und Arktis weltweit verbreitet. Hierbei liegt der Schwerpunkt in den **tropischen- und subtropischen Gebieten** Afrikas und Asiens. Es gibt zahlreiche endemische Arten auf extrem küstenfernen Inseln in allen Ozeanen der Welt.

Rallen leben recht **versteckt**. Viele Arten sind dämmerungs- oder nachtaktiv. Ihre Anwesenheit ist oft nur über die Rufe festzustellen. Es sind kleine bis hühnergroße, bodenbewohnende Vögel mit mittellangen, meist sehr kräftigen Beinen. Ihr Körper ist schmal und wirkt zusammengedrückt. Mit ihren langen Zehen, sind sie hervorragend an ihre Lebensweise auf oft wenig tragfähigem Untergrund angepasst. Einige Arten haben sogar sogenannte Schwimmlappen an den Zehen (Hautwülste) ausgebildet, andere ihre Flugfähigkeit verloren.

Männchen und **Weibchen** sind bei den meisten Arten ähnlich bis gleich gefärbt. Es gibt sowohl unscheinbar als auch sehr prächtig gefärbte Arten. Das wasserabweisende Gefieder ist weich und locker. Der kurze Schwanz weist zwischen 8 und 14 Steuerfedern auf.

Einige Gattungen zeichnen sich durch ein meist grell gefärbtes Stirnschild, ähnlich dem der Blatthühnchen, und bunte Beine aus. Die Flügel sind relativ kurz und abgerundet.

Rallen fliegen allgemein nicht gerne. Sie **flüchten** meist **laufend** und verstecken sich im dichten Unterwuchs. Fliegen sie durch Störungen auf, so landen sie meist schnell wieder in Deckung. Die **Ernährungsgewohnheiten** sind sehr variabel. Es gibt carnivore und omnivore Arten sowie solche, die sich bevorzugt vegetarisch ernähren.

Die Nester werden oft durch zusammengezogene Halme überdacht. Je nach Art werden zwei bis 15, selten mehr, Eier gelegt. Diese sind meist hellgrundig mit dunkler Zeichnung. Die **Brutdauer** variiert zwischen 17 und 28 Tagen. Die Jungvögel sind **Nestflüchter** und in der Regel nach vier bis neun Wochen selbstständig. Ältere Jungtiere betätigen sich bei einigen Arten als Helfer und versorgen jüngere Geschwister gemeinsam mit den Eltern.

Weißbrustralle
Weißbauchralle, Brasilianische Zwergralle
Laterallus leucopyrrhus (Vieillot, 1819)
GB: Red-and-white Crake, Rail

Unterarten: Keine
Status: Weit verbreitet, nicht gefährdet.
Haltung: < 10 in Zoos; < 50 in Privathand
Beschreibung: Länge etwa 14 bis 16 cm; Gewicht etwa 45 g; kurzer Schwanz; oberseits braun, unterseits silberweiß; die Unterschwanzdecken der Männchen sind leuchtender weiß; Flanken dunkelbraun-weiß gestreift, Schnabel gelb-grün; Füße rot, Iris rot; Geschlechter gleichen sich; Jungvögel braun übertönt; Beine, Füße und Schnabel anfangs schwarz-braun
Herkunft und Lebensweise: Weißbrustrallen bewohnen das südliche Brasilien, Paraguay, Uruguay bis in das nördliche Argentinien. Die offenen Feuchtgebiete im Tiefland sind ihr Lebensraum. Sie sind aber auch in hohen Gras- und Schilfbeständen anzutreffen. Oft huschen sie durch die dichte Ufervegetation. Am leichtesten sieht man sie auf und an offenen Wasserflächen. Die langen Zehen ermöglichen es ihnen sich auf Wasserpflanzen fortzubewegen. Sie sind aber auch geschickte Kletterer im Uferbewuchs.

Weißbrustralle in typischer Haltung bei der Nahrungssuche.

Während der Fortpflanzungszeit sind sie besonders territorial. Das Brutrevier wird gegen Eindringlinge vehement verteidigt. Die Brutzeit variiert je nach Herkunft, in Argentinien liegt sie zwischen Oktober und Februar. Als Nahrung nehmen sie von kleinen Krebstieren über Insekten und kleinen Mollusken auch Sämereien auf.
Unterbringung: Ganzjährig nur innen oder Sommer Innen-/Außenvoliere; mind. 4 × 2 × 2 m; mind. 15 °C; größeres, flaches Wasserbecken; dichte Bodenbepflanzung
Ernährung: Ein mittelfeines Weichfutter, welches mit Magerquark angereichert wird, wird gerne genommen. Insekten, kleine Fische oder auch Tubifex und Wasserflöhe sollten den Speiseplan, insbesondere zur Jungenaufzucht, ergänzen. Bei der Suche nach Nahrung drehen sie regelmäßig auch Blätter und andere Pflanzenteile um, daher sollte der Boden entsprechend eingerichtet sein. Die Nahrung kann in einer flachen Wasserschale oder auch einem größeren, bepflanzten Wasserbereich angeboten werden.
Haltung und Zucht: Am besten hält man diese Rallen in einer bepflanzten Innen- und Außenvolierenanlage oder in einem Tropenhaus. Ein größerer Wasserbereich mit entsprechendem Pflanzenwuchs ist sinnvoll, allerdings leben die Weißbrustrallen dann auch entsprechend versteckt. Diese, wie auch andere Rallenarten,

Haltungs- und Zuchtbedingungen ähnlich
- Allen's Riedhuhn
- Bänderralle
- Mohrenralle
- Purpurhuhn
- Ypeca-Ralle

> **Gut zu wissen**
>
> Weißbrustrallen sind monogam und sollten nur paarweise gehalten werden. Achtung bei der Vergesellschaftung! So schön Weißbauchrallen sind, es sind manchmal auch Neströber.

klettern gern und sind quasi ständig in Bewegung. Gerne nehmen sie einen halboffenen Nistkasten als Neststandort an, bauen aber auch kugelförmige freistehende Nester Gräsern oder anderen Pflanzenteilen.

Die Niststandorte können in Höhe und Lage variieren. Es werden bis zu sechs Eier gelegt. Die Brutzeit beträgt 21 bis 25, meist 24 Tage. Die Jungvögel wiegen beim Schlupf knapp 8 g und sind Nestflüchter. Zum Übernachten kehren sie aber gerne ins Nest zurück.

Mitunter kann es schnell zu Folgebruten kommen. Gelegentlich helfen die älteren Jungen bei der Versorgung der jüngeren Geschwister. Ein reichhaltiges Lebendfutterangebot ist unabdingbar für eine erfolgreiche Zucht. Die Jungen sind anfänglich pechschwarz gefärbt. Nach etwa drei Wochen verschwindet das Dunenkleid. Mit etwa vier Wochen sind die Jungen selbstständig. Die Jungvögel sind mit rund acht Wochen ausgefärbt. Da die Geschlechter nicht zu unterscheiden sind empfiehlt sich eine DNA-Analyse über eine Feder.
Kennzeichnung: Junge Weißbrustrallen können etwa sieben Tage nach dem Schlupf mit einem Ring der Größe 4,0 mm beringt werden.

Charadriiformes – Watvögel

Diese Vogelordnung umfasst 18 Vogelfamilien, die nur zum Teil eine Rolle in der Vogelhaltung spielen. Vertreter aus drei Familien werden hier behandelt.

Jacanidae – Blatthühnchen

Sie werden in sechs Gattungen (*Jacana, Actinophilornis, Hydrophasianus, Irediparra, Microparra*) und acht Arten unterteilt. Sie kommen in den **tropischen und subtropischen Gebieten** des südlichen Nordamerikas, in Mittel- und Südamerika, auf den Antillen, in Afrika, auf Madagaskar, in Südasien, auf den Philippinen, in Australien und auf Neuguinea vor.

Keine der bekannten Arten gilt derzeit als bedroht. Die Größe reicht von 15 bis 60 cm beim Wasserfasan (*Hydrophasianus chirurgus*) mit seinen verlängerten Schwanzfedern.

Blatthühnchen leben vornehmlich **an ruhigen Gewässern**. Ihr Körperbau wirkt zierlich, die Beine weisen besonders stark verlängerte Zehen (bis zu 10 cm) auf. Mit Hilfe der Zehen und Krallen verteilen sie ihr Gewicht auf eine große Fläche, sodass sie über die auf der Wasseroberfläche schwimmenden Pflanzen laufen können, quasi nach dem „Schneeschuhprinzip".

Man nennt sie mitunter auch „Lotusvögel" oder „Lilienvögel". Einige Arten besitzen ein Stirnschild. Sie sind keine, mit Ausnahme des Zwergblatthühnchens, guten Flieger, können aber sehr gut schwimmen und tauchen. Die **Stimme** ist je nach Art laut, schrill, manchmal katzenähnlich miauend.

Sie fressen Insekten, Fische, Amphibien, aber auch Samen und Wasserpflanzen. Ihr **Nest** wird auf Schwimmblättern angelegt. Es werden bis zu vier gelbliche und schwarz gefleckte Eier gelegt. Die **Brutdauer** variiert zwischen 22 bis 24 Tagen. Ihre **Brutbiologie** ist speziell! Die Weibchen versorgen mehrere Männchen mit Gelegen. Die Männchen brüten allein und ziehen die Jungen auf. Nach der Brutzeit finden sie sich meist zu größeren Scharen zusammen.

Rotstirn-Blatthühnchen
Rotstirn-Jassana
Jacana jacana (Linnaeus, 1766)
GB: Wattled Jacana

Unterarten: *J. j. hypomelaena* – Panama bis Nordkolumbien; *J. j. melanopyga* – Westkolumbien bis Westvenezuela; *J. j. intermedia* – Nord- und Zentralvenezuela; *J. j. scapularis* – Westecuador bis Nordwestperu; *J. j. peruviana* – Nordostperu und Nordwestbrasilien; *J. j. jacana* – Südostkolumbien über Südvenezuela, Brasilien bis nach Nordargentinien und Uruguay. Die Unterarten unterscheiden sich unter anderem in der Färbung, so ist *J. j. hypomelaena* fast komplett schwarz.
Status: Nicht gefährdet, mitunter häufig.
Haltung: < 10 in Zoos; < 50 in Privathand
Beschreibung: Länge 21 bis 25 cm; Gewicht Männchen 89 bis 118 g und Weibchen 140 bis 151 g: Kopf, Nackenbereich, Hals, Brust und Bauch schwärzlich; Rücken und Flügel braun; Flügelunterseite gelb; auffallend roter nackter Hautlappen am Schnabel; Schnabel gelb; Füße grau
Herkunft und Lebensweise: Rotstirn-Blatthühnchen leben in permanent oder saisonal vorhandenen Feuchtgebieten sowie angrenzenden Graslandern, auch auf Reisfeldern in der Nähe des Menschen findet man sie. Die Nester werden als sogenannte Floßnester bezeichnet, da sie auf dem Wasser treiben. Sie bestehen aus aufgeschichteten Pflanzenteilen, die auf Wasserpflan-

Charadriidae – Regenpfeifer 55

Rotstirn-Blatthühnchen, man achte auf die Art der Beringung.

> **Info**
> Bei einer Gruppenhaltung ist es sinnvoll, pro Männchen ein entsprechendes Gewässer anzubieten, dazu benötigt man aber viel Platz. Von einer Vergesellschaftung mit verwandten Vögeln ist wegen der Territorialität abzuraten. Mit anderen Vogelarten hingegen kann man die Blatthühnchen problemlos vergesellschaften, zum Beispiel Tangaren oder Bülbüls.

wiegend von Insekten, Weichtieren und von den Samen der Wasserpflanzen. Es sind Untersuchungen bekannt, wonach, bei Tieren, die auf entsprechendem Gelände leben, bis zu 20 % ihrer Nahrung aus Reis bestand. Wasserflöhe, Tubifex, rote Mückenlarven, nach 14 Tagen kleine Mehlwürmer, sind gutes Futter für die Jungenaufzucht. Viele Blatthühnchen gewöhnen sich auch an ein entsprechendes Insektenweichfutter oder an Mikro-Pellets für Entenvögel.
Haltung und Zucht: Haltung und vor allem Zucht sind bisher relativ selten erfolgt. Die Weibchen paaren sich mit mehreren Männchen. Meist sind es drei, es können aber auch mehr sein.

Die Männchen leben in einzelnen Territorien und die Weibchen wechseln dort hinein. Es werden in der Regel vier Eier gelegt. Die Brutdauer beträgt 28 Tage. Das Männchen brütet und betreut die Jungen. Ideal ist die Haltung von drei Männchen und einem Weibchen in einem entsprechend eingerichteten Tropenhaus. Bei einem Züchter waren bereits zwei Monate nach der ersten Brut erneut vier Eier im Nest.

Zur Volierenausstattung gehört ein großes Wasserbecken, das nach Möglichkeit entsprechend mit Seerosen oder Lotuspflanzen bestückt sein sollte. Eine dichte Ufervegetation sowie andere Rückzugsmöglichkeiten sollten angeboten werden.
Kennzeichnung: Jungtiere können bereits nach wenigen Tagen mit einem geschlossenen Ring der Größe 4.0 mm beringt werden.

> **Gut zu wissen**
> Es ist bekannt, dass Weibchen Küken anderer Weibchen töten, um anschließend ein eigenes Gelege mit dem Revier besitzenden Männchen zu produzieren. Der Grund: Sie wollen ihre eigenen Gene weitergeben. Dies sollte man bei der Haltung berücksichtigen und nicht mehr als ein Weibchen in der Anlage halten.

zen erbaut werden. Mit dem Brutgeschäft und der Aufzucht der Küken ist nur das Männchen beschäftigt. Das Weibchen sucht sich nach der Eiablage ein neues Männchen. Es paart sich in einer Brutsaison mit mehreren Männchen (Polyandrie). Meist vergehen nur etwa acht Tage zwischen den Gelegen.

Die Jungen sind Nestflüchter. Sie werden vom Männchen gehudert, dazu schlüpfen sie unter seine Flügel. Bei Gefahr nimmt das Männchen die Küken ebenfalls unter die Flügel und flüchtet so mit ihnen.
Unterbringung: Ganzjährig nur innen oder Sommer Innen-/Außenvoliere; mind. 4 × 2 × 2 m; mind. 15 °C; dicht bepflanzt, großes, flaches Wasserbecken
Ernährung: Rotstirn-Blatthühnchen ernähren sich vor-

Charadriidae – Regenpfeifer

Regenpfeifer gibt es in Europa, in Asien bis zu den Philippinen, in Australien, auf Neuguinea, Neuseeland, in Afrika, auf Madagaskar, in Nord-, Mittel- und Südamerika sowie auf den Antillen.

Sie sind 12 bis 38 cm groß und ernähren sich vornehmlich von **tierischer Nahrung** – dazu ist ihr Schnabel extrem gut angepasst. Ihre im Verhältnis zum Körper langen Beine ermöglichen ihnen sich sowohl im Gras als auch im seichten Wasser rasch fortzubewegen.

> **Haltungs- und Zuchtbedingungen ähnlich**
> • Blaustirn-Blatthühnchen
> • Wasserfasan

Je nach Herkunft handelt es sich um **Zug- oder Standvögel**. Zehn Gattungen mit 67 Arten, davon zehn als bedroht eingestuft, sind bekannt.
Man unterscheidet drei Hauptgruppen (Unterfamilien):
- Die **Kiebitze,** Vanellinae mit zwei Gattungen *Vanellus* und *Erythrogonys*, mit insgesamt 25 Arten,
- den **Magellanregenpfeifer,** Pluvianellinae mit der einen Gattung *Pluvianellus*,
- die kleineren **Regenpfeifer**, Charadrinae mit 41 Arten und den Gattungen *Pluvialis, Charadrius, Elseyornis, Pelhtolyas, Anarhynchus, Phegornis, Oreopholus*).

Kiebitze halten sich meistens in offenem Gelände auf. Sie leben an Seen, Flüssen und in Sumpfgebieten. Viele Arten sind auf Kulturland wie Äckern und Wiesen zu finden.

Bei den Regenpfeifern handelt es sich um deutlich kleinere Watvögel, deren Beine und Schnäbel relativ kurz sind. Zu dieser Vogelgruppe gehören auch Zugvögel, wie der Goldregenpfeifer, der rund 4000 km zwischen Überwinterungs- und Brutgebiet zurücklegt. Ihre **Nester** sind meist nur flache Bodenmulden, die mit Pflanzenteilen ausgepolstert werden. Die weit überwiegende Anzahl der Arten lebt **monogam**. Die Gelegestärke schwankt zwischen zwei und vier Eiern mit unterschiedlicher, dunkler Zeichnung. Die **Brutdauer** variiert zwischen 21 bis 30 Tagen.

Die **Nahrung** der Regenpfeifer besteht überwiegend aus kleinen Wirbellosen. Sie erbeuten sie im oder auf dem Boden sowie in flachem Wasser.

Maskenkiebitz
Soldatenkiebitz
Vanellus miles (Boddaert, 1783)
GB: Masked Lapwing (Masked Plover)

Unterarten: *V. m. miles*, mit längeren Hautlappen am Schnabel, die Vorderkopflappen reichen weit über und hinter die Augen, Nacken und Halsseiten rein weiß, rein gelber Sporn; *V. m. novaehollandiae* (südl. Form) hat kleinere, rundlichere Hängelappen; sowie Nacken bis zum Mantelansatz und Brustseiten schwarz, Sporn länger und mit dunkler Spitze
Status: Nicht bedroht, stellenweise häufig.
Haltung: in Zoos > 100; < 50 in Privathand
Beschreibung: Länge bis zu 35 cm; Gewicht bis zu 450 g bei einer Flügelspannweite von 85 cm; Kopfplatte, Wange, Hals, Brust schwarz; Bauch und Unterschwanz weiß; Flügel und Rücken grau; nackte Hautwülste über und Hautlappen unter dem Auge gelb; Schnabel gelblich; Beine fleischfarben; die Geschlechter kann man unterscheiden: Männchen sind kleiner.

Maskenkiebitz im Kölner Zoo beim Lüften des Geleges.

Sporn am Flügel etwa 0,7 cm lang, kleinere Hautlappen; Weibchen: Größer, Sporn aber nur rund 0,2 cm lang, dafür größere Hautlappen. Der alte deutsche Name Soldatenkiebitz bezieht sich auf die „Bewaffnung" des Vogels mit je einem deutlich sichtbaren Flügelsporn am Flügelbug beziehungsweise dem wissenschaftlichen Namen (lat.: miles = Soldat).

Herkunft und Lebensweise: Der Maskenkiebitz ist in Australien, auf Tasmanien, Neuseeland und Neuguinea beheimatet. Als typischer Bodenbewohner lebt er paarweise oder in kleinen Trupps. Als echter Kiebitz bevorzugt er die offenen Landschaften, vor allem Grasland und ist als Kulturfolger auch bis in die Städte vorgedrungen. Gerne nutzt er die vom Menschen geschaffenen Grasflächen der Parks oder Golfplätze.

Maskenkiebitze schreiten ganzjährig, in Abhängigkeit vom Nahrungsangebot, zur Brut. Das Nest ist einfach, meist eine leicht mit Gräsern oder Ästchen ausgepolsterte Bodenmulde. Sie legen drei bis vier Eier. Ihre Brutzeit beträgt etwa 28 Tage.

Die Jungen verlassen als Nestflüchter umgehend den Brutplatz. In der Brutzeit verteidigen die Tiere ihr

Haltungs- und Zuchtbedingungen ähnlich
subtropische und tropische Kiebitze wie
- Cayennekiebitz
- Kaptriel
- Kronenkiebitz
- Langzehenkiebitz
- Senegalkiebitz
- Spornkiebitz
- Waffenkiebitz

> **Beispiel für Vergesellschaftung**
>
> Im Kölner Zoo pflegen und züchten wir diese Art seit Jahren. Wir haben sie erfolgreich mit Wellensittichen (*Melopsittacus undulatus*), Hoodedsittichen (*Psephotus chrysopterygius*) und Schwalbensittichen (*Lathamus discolor*) vergesellschaftet. Ihren Neststandort verteidigen sie gegenüber den Volierenmitbewohnern aggressiv.

Revier gegen Artgenossen und das Gelege auch heftig mit geschickten Flugmanövern gegen Feinde. Außerhalb der Brutzeit schließen sich die Maskenkiebitze zu größeren Gruppen zusammen, die bis zu 100 Vögel betragen können.
Unterbringung: Ganzjährig nur innen oder Innen-/Außenvoliere; mind. 4 × 2 × 2 m; mind. 10 °C; freie Fläche mit Sand und Gras inklusive Grasbüscheln zum Verstecken; flaches Wasserbecken anbieten
Ernährung: Die Nahrung der Maskenkiebitze besteht vornehmlich aus Würmern, Insekten, Spinnen, aber auch verschiedenen Sämereien. Zur Jungenaufzucht ist Lebendfutter als energiereiche Nahrung für die Jungvögel unverzichtbar. Sie gewöhnen sich auch an die Aufnahme von Pellets oder eines mittelgroßen Weichfutters. Unter dieses kann man dann etwas Exotenfutter mischen). Getrocknete Garnelen und kleine Fische wie Stinte werden ebenfalls aufgenommen.
Haltung und Zucht: Die Erstzucht soll dem Zoologischen Garten London bereits 1910 geglückt sein. Danach wurde es dann still um diese Art, die erst so Mitte der 80er und 90er Jahre wieder auf dem Vogelmarkt angeboten wurden. Der Vogelpark Avifauna in den Niederlanden zog sie 1992 und der Vogelpark Walsrode konnte 1995 eine Zucht verbuchen.

Die paarweise Haltung ist zu empfehlen. Die Altvögel bauen ein spärlich ausgepolstertes Bodennest in einer Mulde. Dies liegt meist in Gestrüpp oder Gras und wird mit Grashalmen und anderen Pflanzenteilen ausgepolstert. Beide Alttiere brüten abwechselnd und ziehen ihre Jungen gemeinsam auf. Die Brutdauer beträgt rund 28 Tage.

Als typische Nestflüchter verlassen die Jungen unmittelbar nach dem Schlupf das Nest und werden von den Altvögeln geführt. Die Jungen sind etwa fünf Wochen nach dem Schlupf selbstständig. Mit zwei Jahren sind sie geschlechtsreif. In menschlicher Obhut können Maskenkiebitze ein Alter von etwa 20 Jahren erreichen.
Besonderheiten: Auch in unseren Volieren verleiten die Altvögel immer noch regelmäßig die Tierpfleger. Sie tun dann so, als ob sie verletzt wären und versuchen auf diese Weise, die Aufmerksamkeit des vermeintlichen Feindes auf sich zu ziehen und vom Gelege oder den Jungen wegzulocken. Warnen die Eltern, legen sich die Jungen sofort flach ab und warten auf Entwarnung. Dies tun sie bis zu einem Alter von rund drei Wochen, dann kann man auch schon die Kopflappen und die dunkle Kopfplatte erkennen.
Kennzeichnung: Junge Maskenkiebitze werden bei uns im Alter von zwei Wochen mit einem geschlossenen Ring der Größe 7.0 mm beringt.

Hirtenregenpfeifer
Charadrius pecuarius (Temminck, 1823)
GB: Kittlitz's Plover

Unterarten: Von einigen Autoren werden Unterarten aufgeführt, aber die Variation dieser eher monotypischen Art ist aufgrund ihres weiten Verbreitungsgebietes ohnehin groß.
Freiland: Nicht gefährdet, in weiten Teilen häufig.
Haltung: <10 in Zoos; <20 in Privathand
Beschreibung: Länge 12 bis 14 cm; Gewicht 26 bis 54 g; Oberkopf und Rücken braun-beige geschuppt; weißer Überaugenstreif bis in den Nacken; schwärzliches Stirnband und Augenstreif, der bis in den Nacken reicht; das Stirnband ist bei den Männchen in der Regel intensiver; Schnabelansatz und Kehle weiß; Brust und Flanken beige; Füße und Schnabel dunkelgrau
Herkunft und Lebensweise: Diese kleine Regenpfeiferart lebt vom Senegal ostwärts bis in den Tschad, in der Zentralafrikanischen Republik, im Sudan, in Ostafrika bis in die südliche Kapprovinz und auch auf Madagaskar. In ihrem natürlichen Lebensraum gehört sie zu den häufigsten Arten. Gerne hält sich der Hirtenregenpfeifer in Gebieten mit kurzem Grasbewuchs oder auf sandigen Flächen auf, z. B. in trocken gefallenen Flussbetten. Im Allgemeinen ist er aber in Wassernähe zu finden, wo er paarweise lebt.

Das Gelege besteht aus zwei Eiern, selten drei. Diese haben die Maße von 24 bis 28 × 19 bis 24 mm. Die Angaben über die Brutdauer variieren stark, sie liegen zwischen 20 bis 28 Tagen. Die Bebrütung beginnt sobald das Gelege vollständig ist, damit alle Küken innerhalb kürzester Zeit schlüpfen. Verlässt der brütende Vogel das Gelege, so wird dieses mit Sand oder Pflanzenteilen getarnt.

Als typische Nestflüchter verlassen die Jungen kurz nach dem Schlupf das Nest und werden von beiden Altvögeln geführt. Mit 26 bis 32 Tagen sind die Jungen selbstständig und können auch schon fliegen. Nach der Brutzeit schließen sie sich zu Trupps von bis zu 20 Vögeln zusammen. Manche Hirtenregenpfeifer brüten bereits im ersten Lebensjahr.

Hirtenregenpfeifer gehören zu den kleinsten Limikoten.

Bezeichnend ist die Art der Nahrungsaufnahme. Wie viele andere Regenpfeifer laufen sie durchs Gelände, sehen Beute, beispielsweise eine Heuschrecke, verharren kurz, picken das Beutetier auf, um dann zügig weiterzulaufen. Dies wiederholt sich ständig: Laufen, Stoppen, Beute machen, Laufen. Gerne hält sich der Regenpfeifer auch in Gesellschaft anderer Limikolen, zum Beispiel Strandläufer (*Calidris*-Arten) auf.
Unterbringung: Ganzjährig nur innen oder Innen-/Außenvoliere; mind. 3 × 1,5 × 2 m; mind. 15 °C; großer freier Sandbereich und mittelgroßes, flaches Wasserbecken; Grasbüschel zur Deckung
Ernährung: Im Freiland nehmen sie Wirbellose auf, vornehmlich Insekten, wie Käfer, Heuschrecken oder Schmetterlinge, aber auch Würmer und Schnecken. Bei der Nahrungssuche sieht man sie meist paarweise oder in kleinen Gruppen von bis zu fünf Tieren. Mitunter stampfen sie mit den Füßen auf den Boden, um Insekten aufzuscheuchen. In menschlicher Obhut gewöhnen sie sich im Allgemeinen an ein insektenreiches Weichfutter. Getrocknete Garnelen oder Garnelenschrot kann man gut unter das Futter mixen. Zur Jungenaufzucht ist Lebendfutter unerlässlich.

Haltungs- und Zuchtbedingungen ähnlich

subtropische und tropische Kiebitze wie
- Dreibandregenpfeifer
- Rotbandregenpfeifer

Info

Die Vögel leben monogam, daher ist eine paarweise Haltung anzuraten. Eine Vergesellschaftung mit andern Vogelarten ist in der Regel problemlos, soweit es sich nicht um andere Limikolen handelt.

Haltung und Zucht: Der Hirtenregenpfeifer gehört neben den einheimischen Regenpfeifern zu den bei uns am häufigsten gehaltenen und auch gezüchteten Charadriidae.

Die Voliere für Hirtenregenpfeifer sollte über einen Sand- sowie einen Erdbereich mit entsprechenden Grasbüscheln verfügen. Gerne legen die Vögel ihre Nester unter den überhängenden Halmen an. Das Nest besteht aus einer einfachen Mulde, die spärlich mit Ästchen oder Grashalmen ausgekleidet wird.

Die Sandfläche sollte trocken bleiben und wird auch gerne für Staubbäder oder zum Brüten genutzt. Wie andere Limikolen sollte man ihnen ein flaches Wasserbecken oder einen künstlichen Bachlauf zur Verfügung stellen, wo auch Futter, zum Beispiel Mückenlarven oder Tubifex angeboten werden kann. Die Hirtenregenpfeifer baden gerne und ausgiebig.

Sie müssen nicht ganzjährig innen gehalten werden, man kann sie vom Frühjahr bis in den Herbst durchaus auch in die Außenvoliere lassen.
Kennzeichnung: Junge Hirtenregenpfeifer können etwa eine Woche nach dem Schlupf mit einem 3,5 mm Ring beringt werden.

Columbiformes – Taubenvögel

Bei den Taubenvögeln kennt man nur eine einzige Familie – die Columbidae.

Columbidae – Tauben

Diese Familie ist mit 42 Gattungen und 309 Arten sehr artenreich. Die kleinsten Tauben sind nur etwa 15 cm groß, während die Krontauben die Größe eines Haushuhnes übertreffen.

Die Arten haben einen recht einheitlichen Körperbau mit kräftigem Rumpf und relativ kleinem Kopf und zeichnen sich vor allem durch die Bildung der sogenannten **Kropfmilch** aus, mit der die Jungvögel ernährt werden. Das Gefieder wirkt durch die **starke Puderbildung** wachsartig bereift. Die Geschlechter unterscheiden sich in der Regel nur geringfügig.

Alle Tauben haben rudimentäre Blinddärme und einen großen, zweiteiligen Kropf. In diesem wird nicht nur Nahrung gespeichert, sondern auch die Kropfmilch gebildet. Sie entsteht durch die kontinuierliche Neubildung und Ablösung von Epithelzellen im Kropf. Diese äußerst nahrhafte Flüssigkeit wird von beiden Geschlechtern erzeugt.

Die **Nester** sind meist nur kleine Plattformen aus Zweigen, seltener wird in Höhlen in Bäumen, Felsen oder in der Erde gebrütet. Der Nestbau erfolgt hauptsächlich durch das Weibchen. Die Gelege umfassen nur ein oder zwei elliptische, einfarbige Eier. Bei den meisten Arten sind die Eier rein weiß oder cremefarben. Die nesthockenden Jungtiere werden in den ersten Lebenstagen ausschließlich mit Kropfmilch ernährt.

Prachtfruchttaube
Ptilinopus superbus (Temminck, 1810)
GB: Superb Fruit-dove

Unterarten: *P. s. superbus* – Molukken, Neuguinea, Ostaustralien; *P. s. temminckii* – Sulawesi und Sulu
Status: Großes Verbreitungsgebiet, im Freiland nicht gefährdet.
Haltung: < 50 in Zoos; < 100 in Privathand
Prachtfruchttauben wurden vor dem Importverbot regelmäßig eingeführt. Waren die Zuchterfolge anfangs nur sporadisch, so wurden nicht zuletzt durch die Gründung des Fruchttaubenprojekts, dessen Mitglieder sich zwei Mal im Jahr treffen und auch ansonsten in regem Erfahrungsaustausch miteinander stehen, die Zuchterfolge deutlich verbessert.
Beschreibung: Prachtfruchttauben sind 21 bis 24 cm lang und wiegen zwischen 100 bis 130 g. Der Rücken und eine große Partie hinter den Augen des Täubers schimmern goldgrün. Seine Scheitelkappe präsentiert er purpurrot, Hinter- und Seitenhals sind rostig orangefarben. Die silbergraue Kehle geht in grau- und purpurfarbenes Brustgefieder über, die Unterbrust ist durch ein breites blauschwarzes Band vom weißfleckigen Unterbauch und den grünen Flankenbändern getrennt. Der Schnabel ist grünlich, die Iris gelb und die Beine sind rot.

Die Täubin ist vorwiegend dunkelgrün gefärbt, besitzt einen dunkelblauen Hinterkopffleck und kein Brustband. Jungtiere gleichen den Weibchen, junge Männchen beginnen aber bereits nach wenigen Monaten mit der Umfärbung ins Adultgefieder.

> **Info**
> Werden Fruchttauben zu trocken gehalten, stumpft ihr Gefieder zusehends ab und verklebt recht schnell durch Futterreste.

Wie der Name vermuten lässt, gehören Prachtfruchttauben zu den farbenprächtigen Taubenarten.

Herkunft und Lebensweise: Die Gesamtverbreitung der Prachtfruchttaube erstreckt sich von Sulawesi und den Molukken über Neuguinea und die Salomonen bis nach Ost-Australien. Hier bewohnt die Prachfruchttaube vor allem tiefliegende Regenwälder, ist aber ebenso in Eukalyptus- und Akazienwäldern anzutreffen, vorausgesetzt, es gibt genug fruchtende Bäume. Baumfrüchte und -knospen bilden die Hauptnahrung dieser Taube.
Unterbringung: Prachtfruchttauben benötigen ganzjährig Temperaturen von etwa 20 °C und eine hohe Luftfeuchtigkeit von mindestens 60 %. Nur im Sommer können sie in Außenvolieren mit einer angeschlossenen, temperierten Innenvoliere gehalten werden, im Winter sollten sie eine Innenvoliere von mindestens 3 m^2 Grundfläche bewohnen.

Da Fruchttauben gerne baden, darf ein Wasserbecken oder eine Berieselungsanlage in der Voliere nicht

Haltungs- und Zuchtbedingungen ähnlich
- Purpurbrust-Fruchttaube
- Rothalsfruchttaube
- Blutschwingen-Fruchttaube

> **Info** Um auch im Winter geeignete Beeren vorrätig zu haben, empfiehlt sich das Einfrieren von Blaubeeren. Diese werden von fast allen Fruchtfressern geliebt und im Unterschied zu vielen anderen eingefrorenen Früchten nach dem Auftauen nicht matschig. Auch färben Blaubeeren das übrige Futter rötlich und es wird dann besser von den Tauben aufgenommen, weil sie rote und blaue Früchte bevorzugen.

fehlen. Die Tauben gewöhnen sich auch recht schnell an eine „Dusche" mit der Gartenbrause oder aus der Sprühflasche.

Fruchttaubenvolieren lassen sich gut bepflanzen, da die Tauben die Bepflanzung nicht zerstören, wohl aber stark bekoten, wenn Sitzstangen ungünstig positioniert sind. Die Bepflanzung sollte so gewählt werden, dass sie den Tauben Rückzugsmöglichkeiten und geeignete Plätze für den Nestbau bietet.

Verfügt die Innenvoliere nicht über ausreichendes Tageslicht, was praktisch nur in Gewächshäusern oder Wintergärten gewährleistet ist, empfehlen wir die Installation von geeignetem Kunstlicht mit UV-Spektrum.

Prachtfruchttauben lassen sich gut in Gemeinschaftsvolieren mit anderen kleinen bis mittelgroßen Weichfressern halten, nur gegen Artgenossen oder sehr ähnliche Fruchttauben sind sie aggressiv. Eine Trennung der Partner im Winter kann angebracht sein, wenn die Tiere eine kleine Voliere bewohnen, damit die Taube nicht ständig vom Täuber zur Brut „getrieben" wird.

Ernährung: Früchte und Beeren nach Saison wie Äpfel, Birnen, Mango, Papaya, Orangen, Melonen, Kiwis, frische Feigen, alles in kleine Würfel geschnitten, Blaubeeren, Himbeeren, Brombeeren, Erdbeeren, Holunder, Heidelbeeren, Kirschen und Johannisbeeren bilden eine gute Nahrung für Fruchttauben. Ergänzt wird dieses Obstfutter bei uns mit Fruchtfresserpellets und einem Früchte-Weichfutter. Seit einiger Zeit geben wir auch eine Nektarlösung und gelegentlich gekeimte Sojabohnen.

Sämtliches Futter wird so angeboten, dass sich die Tiere nicht hineinsetzen können und so ihr Gefieder

> **Info** Fruchttauben sollten am Tag des Ausfliegens beringt werden, da sie dann noch nicht voll flugfähig sind und sich so ohne großen Stress für Mensch und Tier greifen lassen. Von einer Beringung im Nest wird abgeraten, da der Ring zu diesem Zeitpunkt noch zu groß ist und die junge Taube durch die Störung das Nest verlassen könnte.

verkleben. Unserer Meinung nach ist es besonders wichtig, darauf zu achten, dass der Schnabel und das umgebende Kopfgefieder durch das Futter nicht verschmiert. Sonst muss man diese Verschmierungen, besonders am und im Schnabel sofort entfernen, um ernsthafte gesundheitliche Schäden zu verhindern. Manche Tauben verschmieren trotz gleicher Fütterung rascher als andere, ihr Futter sollte deshalb weniger vollreife, klebrige oder weiche Früchte enthalten.

Haltung und Zucht: Wie bei Fruchttauben die Regel, wird nur ein weißliches Ei gelegt. Tagsüber bebrütet es vorwiegend der Täuber, am späten Nachmittag übernimmt dies dann die Täubin. Nach 17 Tagen Brutzeit schlüpft der Jungvogel, der von beiden Eltern gehudert und gefüttert wird. Nach zehn Tagen verlässt dann ein im Vergleich zu den Eltern noch sehr winziges Täubchen das Nest. Zu diesem Zeitpunkt ist das Jungtier noch sehr spärlich befiedert und kann kaum einen Meter fliegen. Ein Elternteil hält sich in diesen Tagen immer in der Nähe des Jungtieres auf und wärmt es oft durch direkten Körperkontakt. Gut drei Wochen nach dem Ausfliegen hat das Jungtier fast die Größe der Eltern erreicht und beginnt mit der selbstständigen Futteraufnahme. Die Geschlechter sind sehr bald zu unterscheiden, junge Männchen beginnen schon nach wenigen Monaten mit der Umfärbung.

Im Normalfall dauert es nun nicht mehr lange und die Eltern beginnen erneut mit der Brut. Unsere Prachtfruchttauben, denen ständig mehrere Nester zur Verfügung stehen, wechseln den Niststandort für jede neue Brut.

Kennzeichnung: Die Beringung erfolgt mit einem 6,0-mm-Kunststoff- oder Metallring, der nicht zu hoch sein sollte, da Fruchttauben recht kurze, teilweise befiederte Beine haben und leicht Obstfutterreste zwischen Bein und Ring verkleben können.

Rotkappen-Fruchttaube
Schöne Flaumfußtaube
Ptilinopus pulchellus (Temminck, 1835)
GB: Beautiful Fruit-dove

Unterarten: Die Nominatform und die Unterart *P. p. decorus*, deren Verbreitung auf den Norden von Neu Guinea beschränkt ist, werden unterschieden.
Status: In ihrem Verbreitungsgebiet nicht selten.
Haltung: < 20 in Zoos; > 50 in Privathand
Rotkappen-Fruchttauben wurden vor dem Importverbot regelmäßig in kleinen Zahlen gehandelt.

Zuchterfolge waren Einzelfälle, aber auch hier zeigen die Bemühungen des Fruchttaubenprojekts gute Erfolge.

Rotkappen-Fruchttaube, ein Pärchen des Kölner Zoos.

> **Tipp** Die Beringung nutzen wir auch dazu, gleich einige kleine Unterschwanzdeckfedern zu ziehen, um sie zur Geschlechtsbestimmung an ein Labor zu senden.

Heidelbeeren, Kirschen- und Johannisbeeren sind gut geeignet. Auch beim Futter der Rotkappen-Fruchttauben ergänzen wir Fruchtfresserpellets und sind bestrebt, dass ihr Gefieder nicht verklebt.
Haltung und Zucht: Die Brutzeit beträgt 16 Tage, das Jungtier verlässt nach neun bis zehn Tagen das Nest, alle anderen Daten wie Prachtfruchttaube.
Kennzeichnung: Junge Rotkappen-Fruchttauben sollten am Tag des Ausfliegens mit einem 5,5-mm-Ring gekennzeichnet werden. Die junge Taube ist an diesem Tag noch nicht voll flugfähig und leicht zu ergreifen. Der Kennzeichnungsring sollte nicht zu hoch sein, da auch diese Art recht kurze, teilweise befiederte Beine hat und auch hier leicht Obstfutterreste zwischen Bein und Ring verkleben können.

Beschreibung: Mit einer Größe von 18 bis 20 cm und einem Gewicht von 70 bis 80 g gehört die Rotkappen-Fruchttaube zu den kleinsten Fruchttauben. Das auffälligste Kennzeichen ist der rötlich bis leicht lila gefärbte Stirn- und Scheitelbereich. Männchen und Weibchen unterscheiden sich nur unwesentlich durch die Intensität ihrer Färbung. Zur sicheren Geschlechtsbestimmung raten wir zur DNA-Analyse durch eine Federprobe.
Herkunft und Lebensweise: Rotkappen-Fruchttauben bewohnen regenreiche Primär- und Sekundärwälder bis zu 1300 m Höhe in Westpapua und Neuguinea. Ihre Ernährung und Lebensweise im Freiland ähnelt der vorher beschriebenen Art.
Unterbringung: wie bei der Prachtfruchttaube
Ernährung: Früchte und Beeren nach Saison wie Äpfel, Birnen, Mango, Papaya, Orangen, Melonen, Kiwis, frische Feigen, alles in kleine Würfel geschnitten, Blaubeeren, Himbeeren, Brombeeren, Erdbeeren, Holunder,

Haltungs- und Zuchtbedingungen ähnlich
- kleine Fruchttaubenarten wie Veilchenkappenfruchttaube
- Königs-Fruchttaube
- Jauba-Fruchttaube

Madagaskarfruchttaube
Blaue Madagaskar-Fruchttaube
Alectroenas madagascariensis (Linne, 1766)
GB: Madagascar Blue-Pigeon

Unterarten: Keine
Status: Derzeit nicht als gefährdet eingestuft, aber Bestand durch Bejagung und Lebensraumzerstörung in Gefahr.
Haltung: < 20 in Zoos
Beschreibung: Madagaskarfruchttauben sind 25 bis 28 cm groß und wiegen zwischen 140 und 180 g. Die überwiegend blau gefärbte Fruchttaube hat einen silbergrauen Kopf- und Halsbehang, rote Unterschwanzdecken und Beine und eine ebenso gefärbte nackte Augenpartie. Männchen und Weibchen sind gleich gefärbt, sicher lässt sich das Geschlecht nur durch einen DNA-Test feststellen. Junge Madagaskarfruchttauben sind grünlich blau gefärbt, ihnen fehlt vorerst jegliches Rot der Eltern.

> **Info** Diese Fruchttaube gelangte durch die Bemühungen des Vogelpark-Walsrode-Fonds nach Europa. Da der Ausgangsbestand nur aus 14 Tieren bestand und die Zuchterfolge erst langsam zunehmen, bleibt diese Taube wohl noch über Jahre eine Seltenheit. Sie wird derzeit neben dem Weltvogelpark Walsrode, dem Zoo Zürich nur noch im Kölner Zoo gehalten.

Die Madagaskar-Fruchttaube zeigt noch nicht die intensive Färbung um das Auge.

Herkunft und Lebensweise: Die Taube bewohnt immergrüne Wälder im Osten Madagaskars bis zu einer Höhe von 2000 m und ernährt sich hier von Beeren, Feigen und anderen Früchten. In fruchtenden Bäumen ist sie oft in größerer Zahl anzutreffen, sonst lebt sie meist paarweise.
Unterbringung: Innenvoliere mit mindestens 20 °C und einer Luftfeuchtigkeit von 60 %. Im Sommer können Madagaskarfruchttauben auch in einer Außenvoliere mit angeschlossener temperierter Innenvoliere untergebracht werden. Die Anlage sollte eine Mindestgröße von 6 m² haben und gut bepflanzt sein, da der Täuber während der Brutzeit recht aggressiv werden kann und das Weibchen dann Raum zum Ausweichen benötigt. Fruchttauben lieben es zu baden oder zu duschen, deshalb sollten ihnen stets entsprechende Bademöglichkeiten zur Verfügung stehen. Tägliches Abduschen mit der Schlauchbrause oder durch eine Berieselungsanlage ist wünschenswert.

> **Haltungs- und Zuchtbedingungen ähnlich**
> - Albertistaube
> - Zweifarben-Fruchttaube

> **Info**
> Eine Vergesellschaftung mit kleineren Insektenfressern oder „Bodenvögeln" ist möglich, wenn die miteinander vergesellschafteten Arten unterschiedliche Lebens- und Brutgewohnheiten haben.

Ernährung: Wie bei der Prachtfruchttaube beschrieben.
Haltung und Zucht: Ein Paar Madagaskarfruchttauben kann nicht mit Artgenossen vergesellschaftet werden, da sie sehr aggressiv untereinander sind. Selbst bei der Zusammenführung eines Paares sollte darauf geachtet werden, dass sich die Tiere aus dem Weg gehen können. Dies kann man zum Beispiel dadurch erreichen, dass man Jutesäcke oder Ähnliches als Raumteiler aufhängt, sodass das verfolgte Tier sich dahinter in Sicherheit bringen kann. Sollte die Verfolgung durch das Männchen dennoch zu stark sein und nicht nachlassen, kann man ihm drei bis vier Handschwingen eines Flügels beschneiden und damit sein Flugvermögen für eine Weile einschränken.

Zur Brut sollte ein bereits ausgepolstertes Nistkörbchen angeboten werden, denn die Tauben bauen nur sehr spärlich. Gelegt wird nur ein weißes Ei. Die Brutzeit, bei der das Weibchen hauptsächlich abends und nachts brütet und am Tage vom Männchen abgelöst wird, beträgt 23 Tage. Nach knapp drei Wochen verlässt das Jungtier das Nest und wird von beiden Eltern noch mindestens drei Wochen gefüttert.
Kennzeichnung: Junge Madagaskarfruchttauben sollten nach 14 Tagen mit einem 6,5-mm-Ring gekennzeichnet werden, sonst gelten die Ausführungen wie bei der Rotkappen-Fruchttaube.

Cuculiformes – Kuckucksvögel

Die Kuckucksvögel sind eine Ordnung mit rund 162 Arten, zu der man die Familie der **Kuckucke** (Cuculidae) als auch die Familie der **Turakos** (Musophagidae) stellt.

Musophagidae – Turakos

Heute stellt man die Turakos als Familie der Musophagidae zu den Kuckucksvögeln. Früher führte man sie als eigene Ordnung, die Musophagiformes. Es gibt fossile Funde von Turakos aus dem Oligozän aus Ägypten, aber auch aus Bayern!

Bis auf den Riesenturako (75 cm) haben die anderen Arten dieser Familie Größen von etwa 30 bis 50 cm. Alle verfügen über einen relativ langen Schwanz und kurze, gerundete Schwingen. Der Kopf weist eine mehr oder

Cuculiformes – Kuckucksvögel

> **Info**
> Dass sich die Farben beim täglichen Bad der Vögel auswaschen würden, stimmt nicht. Nur alkalische Flüssigkeit vermag Turacin auszulösen.

weniger stark ausgeprägte Haube auf. Viele Arten sind bunt gefärbt. Man unterteilt sie in:
- **Corythaeolinae** (**Riesenturakos**, eine Art): ca. 75 cm, überwiegend himmelblau; Wälder, Baumsteppen; ein bis zwei Eier; Brutdauer 29 bis 31 Tage; selten gehalten, gelten als schwierig;
- **Criniferinae** (**Lärmvögel**, fünf Arten): 41 bis 51 cm; grau, grauweiß oder beigeweiß, teils ausgeprägte Haube; Waldränder, Savannen; ein bis vier Eier; Brutdauer 26 bis 28 Tage; selten gehalten;
- **Musophaginae** (**Turakos**, 17 Arten): 35 bis 50 cm; stahlblau oder grün; Haube dunkel, grün, rot oder weiß; Schnabel schwarz, rot oder gelb; Vertreter der Gattung *Musophaga* haben gelbes Stirnschild; Wälder, Parkanlagen; je nach Art ein bis vier Eier; Brutdauer 16 bis 26 Tage; häufiger gehalten.

Turakos haben mit den Kuckucken u.a. die **Zehenstellung**, zwei nach vorn und zwei nach hinten gerichtet, gemeinsam. Die am häufigsten gehaltenen Arten gehören zur Unterfamilie Musophaginae mit den Gattungen *Tauraco* und *Musophaga*. Turakos leben vornehmlich von Früchten, nehmen aber auch Pflanzenteile wie Blätter und Blüten auf. Sie bauen ein offenes, taubenähnliches Nest.

Als einzige im Tierreich erzeugen die Turakos ihre roten und grünen **Gefiederfarben** nicht wie andere Vögel durch Naturfarbstoff oder Lichtbrechung. Sie produzieren sie aus zwei speziellen **Kupferpigmenten**, die sie aus mineralhaltiger Nahrung gewinnen. Man bezeichnet diese Farben der Familie entsprechend als **Turacin** und **Turacoverdin**. Turacin zeigt sich bei den im Flug gut sichtbaren roten Handschwingen vieler Arten.

Rotschopfturako
Rothaubenturako
Tauraco erythrolophus (Vieillot, 1819)
GB: Red-crested Turaco

Unterarten: Keine
Status: Nicht gefährdet, CITES II, EG-Anhang B; Herkunftsnachweis erforderlich
Haltung: < 100 in Zoos; < 50 in Privathand
Beschreibung: Länge etwa 40 cm; Gewicht 210 bis 325 g; Rote Federhaube, weiß gesäumt; Grundfarbe des Rückens metallisch grün; Schwanz blau; dunkelrote Schwungfedern.

Rotschopfturkalos werden europaweit in einem Zuchtprogramm gemanagt.

Herkunft und Lebensweise: Wie andere Turakos hält sich auch der Rotschopfturako überwiegend im Kronenbereich großer Bäume auf. Er gehört zur Gattung der Helmturakos (*Tauraco*) und bewohnt die Waldgebiete und Baumsavannen von Angola. Nur selten sieht man ihn auf dem Boden. Er ist ein guter Flieger. Auf Nahrungssuche hüpft und klettert er geschickt durchs Geäst. Seine Nahrung besteht vornehmlich aus Früchten, Beeren und Pflanzenteilen wie Blättern und Knospen. Samen und gelegentlich auch tierische Beute, wie Schnecken und Insekten bereichern den Speiseplan.

Haltungs- und Zuchtbedingungen ähnlich
- Fischerturako
- Glanzhaubenturako
- Grünhelmturako
- Hartlaubturako
- Livingstonturako
- Schalow's Turako
- Weißhaubenturako
- Weißohrturako

> **Info**
> Eine spätere Beringung könnte für die Jungtiere gefährlich sein, weil sie durch die Störung das Nest verlassen könnten. Dann sitzen sie tagelang am Boden, bevor sie den eigentlichen Zeitpunkt des Flüggewerdens erreichen.

Seine charakteristischen Rufe lässt er nicht nur während der Balz hören. Die Federhaube und die roten Schwungfedern präsentiert er bei der Balz besonders intensiv. Rotschopfturakos leben paarweise. Nur kurz nach der Brut kann man kleine Familienverbände beobachten. Turakonester findet man in 2 bis 8 m Höhe in Sträuchern und Bäumen.

Unterbringung: Ganzjährig Innen-/Außenvoliere; mind. 4 × 2 × 2 m; mind. 15 °C; Bepflanzung mit Sträuchern und Büschen

Ernährung: Wie andere Turakos so erhalten auch sie ein Gemisch aus verschiedenen Gemüse- und Obstsorten. Diese werden in der Regel kleingeschnitten angeboten. An die Aufnahme von Weichfutter und Pellets kann man viele Turakos gewöhnen. Es ist angeraten den Obst- und Gemüsesalat mit Weichfutter und/oder Pellets zu ergänzen. Weiches Obst und Gemüse muss man nicht zerkleinern, sondern kann es auch im Ganzen anbieten.

Der Speisezettel sollte häufiger in der Zusammensetzung variieren. So fressen die Vögel unter anderem Äpfel, Birnen, Bananen, Pflaumen, Melone, Feigen, Trauben, Holunder- und Ebereschenbeeren.

Früher bot man ihnen auch ein Gemisch aus gekochtem Reis und Eierbrot. Einige Tiere nehmen tierische Nahrung in Form von Mehlkäfer-, Zophobaslarven oder Heimchen.

Haltung und Zucht: Der Rotschopfturako baut im dichten Geäst ein napfförmiges Nest aus Zweigen. Zwei weiße, fast kugelförmige Eier werden gelegt. Man kann den Vögeln Taubenschalen, Nistkörbe oder große, halboffene Nistkästen als Nestunterlage anbieten. Beide Geschlechter brüten. Die Brutdauer beträgt etwa drei Wochen.

Anfangs sind die Jungen dunkelgrau bis schwarz bedunt. Nach einer Woche erscheinen die Federkiele an Schwingen und Schwanz. Die Jungen verlassen das Nest noch bevor sie fliegen können und klettern im Nestbereich umher. In der Literatur findet man Angaben von 26 bis 28 Tagen, bei uns im Zoo hingegen geschah dies meist schon im Alter von zwei Wochen. Die Jungvögel werden von beiden Altvögeln versorgt. Kaum sind sie selbstständig, werden sie oft schon von den Eltern vertrieben. Man sollte sie dann umgehend aus der Voliere nehmen.

Manche Turakos akzeptieren zur Jungenaufzucht auch lebende Insekten und Kerbtiere. Im Kölner Zoo war dies bisher eher die Ausnahme.

Kennzeichnung: Die Beringung junger Rotschopfturakos sollte etwa am zehnten Tag geschehen. Es eignet sich geschlossener Ring der Größe 7,5 mm dazu. Eine Federprobe zur Geschlechtsbestimmung kann man bei dieser Gelegenheit ebenfalls nehmen.

Schildturako
Musophaga violacea, (Isert, 1789)
GB: Violet Turaco

Unterarten: Keine
Status: Nicht bedroht, obgleich die Populationen in Guinea, Sierra Leone, Liberia und Ghana durch den Vogelhandel reduziert wurden. CITES III in Ghana
Haltung: >100 in Zoos; <100 in Privathand
Beschreibung: Länge etwa 50 cm, Gewicht bis etwa 360 g; Grundfarbe dunkelblau, metallisch glänzend; Handschwingen rot; Kopfplatte rot; weißer Unteraugenstreif; nackte Hautpartie um das Auge rot; gelbes Stirnschild; Schnabel rot; Füße schwärzlich; Auge braun;
Herkunft und Lebensweise: Schildturakos kommen im südlichen Senegambia, Guinea, Nigeria bis nach Nordwestkamerun, nach Süden hin bis zur Elfenbeinküste, Ghana und Togo vor. Im südlichen Tschad und im Norden der Zentralafrikanischen Republik gibt es eine isolierte Population, die aber nicht als Unterart gilt.

Dieser blaue Turako ist ein Bewohner der Waldränder und Waldgebiete entlang von Flussläufen, gelegentlich auch in Savannen, bewaldeten Parks und Gärten anzutreffen. Im Freiland ernähren sich die Vögel vorwiegend von Früchten, Beeren und Samen. Bevorzugt werden Feigen verzehrt.

Es werden zwei Eier gelegt. Diese sind weißgrau und, typisch für Turakos, fast rund. Die Brutzeit variiert zwischen April und Oktober und die Brutdauer beträgt 25 bis 26 Tage. Das Nest wirkt taubenähnlich und unvollkommen. Es findet sich in nicht allzu großer Höhe in Astgabeln von Bäumen und Büschen.
Unterbringung: Ganzjährig Innen-/Außenvoliere; mind. 4 × 2 × 2 m; mind. 15 °C; Bepflanzung mit Sträuchern und Büschen. Die Schildturakos im Kölner Zoo wurden unter anderm mit Rotschnabeltokos (*Tockus erythrorhynchus*) und Kongopfauen (*Afropavo congen-*

> **Haltungs- und Zuchtbedingungen ähnlich**
> - Haubenschildturako
> - Nacktkehllärmvogel

Neben dem Lady Ross' Turako ist der Schildturako der einzig blau gefärbte Turako.

> **Info**
> Mitunter gibt es Individuen, die sich zur Brutzeit sehr territorial zeigen. Schildturakos sollten nur paarweise gehalten werden und keinesfalls mit ähnlichen Arten vergesellschaftet werden.

sis) zusammen gehalten. Erst in größeren, bepflanzten Volieren, wo die Schildturakos zum Beispiel mit Staren und/oder Bodenvögeln vergesellschaftet werden können, kommt ihre Pracht richtig zur Geltung. Vor allem beim Gleitflug sind ihre roten Flügelunterseiten zu bewundern.

Ernährung: Die Schildturakos im Kölner Zoo erhalten einen Gemüse-Obstgemisch. Dieses variiert je nach Saison und wird in kleine Würfel geschnitten. Gerne werden auch Holunder- und Ebereschenbeeren genommen, die man am besten zur Beschäftigung samt Ast in die Voliere hängt. Neben Pellets und Weichfutter steht den Vögeln auch Lebendfutter zur Verfügung. Letzteres haben unsere Schildturakos bisher jedoch nicht angenommen.

Haltung und Zucht: Schildturakos gehören zu den attraktivsten Vertretern der Turakos. Ihr leuchtendes Stirnschild und ihr dunkelblaues, prächtiges Gefieder faszinieren. Obgleich regelmäßig im Handel gewesen, sind die Zuchterfolge bei dieser Art eher spärlich. Sie stellen keine besonderen Ansprüche. Um sicher zu sein, dass man auch ein Paar hat, sollte man eine Geschlechtsbestimmung machen lassen.

Gerne nehmen Turakos Körbe oder Taubenschalen als Nestuntergrund an. Als Nistmaterial reicht man ihnen dünne Ästchen. Bei unseren Turakos konnten wir feststellen, dass oft kurz vor dem Schlupf der Jungen begrünte Zweige eintragen wurden. Das könnte damit zusammenhängen, dass die Luftfeuchte beeinflusst werden sollte oder die Jungen ein besser gepolstertes Nest bekommen.

Die Handaufzucht kann mit einem Handaufzuchtfutter für Papageien oder eingeweichten „Beopellets" erfolgen. Wichtig ist es, in den ersten Tagen Laktobazillen unter das temperierte Futter zu mischen. Im Alter von einer Woche bieten wir den Nestlingen zusätzlich Obststücke an und sobald sie flügge geworden sind, setzen wir ihnen eine Obstmischung vor und reduzieren die Handfütterungen, sodass sie schnell selbstständig werden.

Kennzeichnung: Junge Schildturakos können nach etwa zehn Tagen mit einem geschlossenen Ring der Größe 8,0 mm beringt werden.

> **Info**
> Sollte man einmal zur künstlichen Brut und Aufzucht gezwungen sein, so kann man sich merken, dass *Musophaga violacea* und *Tauraco leucotis* bei einer Temperatur von 37,2 °C und einer Luftfeuchte von 60 % geschlüpft sind. Für den Schlupf sollte die Temperatur auf 36,9 °C gesenkt und die Luftfeuchte auf rund 70 % erhöht werden.

Cuculidae – Kuckucke

Die Kuckucke sind mittelgroße Vögel von 16 bis 70 cm Länge, deren bevorzugte Lebensräume Wälder und Buschlandschaften sind. Sie sind weltweit verbreitet. Die Vertreter aus den nördlichen und gemäßigten Zonen sind Zugvögel, die im Herbst südwärts ziehen. Der heimische Kuckuck ist bekannt durch seine namengebenden Rufe zur Revierabgrenzung.

Charakteristisch sind die jeweils zwei nach vorn gerichteten (2. und 3.) und zwei nach hinten gerichteten (1. und 4.) Zehen. Von den Kuckucken kennt man etwa 140 Arten in 28 Gattungen. Es gibt sowohl unscheinbar, als auch sehr prächtig gefärbte Arten. Im Allgemeinen handelt es sich um **Baum-** und **Bodenvögel**, die meist einzeln leben und sich nur zur Brutzeit zu Paaren zusammenfinden. Die Geschlechter unterscheiden sich oft stark in Größe und Gewicht.

Kuckucke ernähren sich überwiegend animalisch, also von Würmern, Insekten bis hin zu kleinen Wirbeltieren. Einige wenige Arten sind aber auch fast ausschließlich Fruchtfresser.

> ### Zoo-Info
> Kuckucke werden nur selten gehalten, vornehmlich in Zoologischen Gärten. Der Kölner Zoo hält Weißbrauen-Spornkuckucke (*Entropus superciliosus*), Fratzenkuckucke (*Scythrops novaehollandiae*), Spitzschopf-Seidenkuckucke (*Coua cristata*) und Blau-Seidenkuckucke (*Coua cearulea*), der Tierpark Berlin Wegekuckucke (*Geococcyx californianus*) und der Zoo Wuppertal Guirakuckucke (*Guira guira*).

Entgegen dem Glauben vieler, zieht die Mehrzahl der Kuckucksvögel ihre Jungen selbstständig auf. Nur rund 50 Arten zählt man zu den **Brutschmarotzern**, besonders bekannt ist der einheimische Kuckuck (*Cuculus canorus*). Oft sind die Eier der Brutschmarotzer exakt an die Eier der Wirtsvögel angepasst, sodass diese den „Schwindel" zunächst nicht bemerken. Die Jungen schlüpfen nackt, bei einigen Arten werfen sie die Wirtsgeschwister aus dem Nest, bei anderen Arten wachsen sie gemeinsam mit ihnen auf. Wieder andere schließen sich zu einer Gruppe zusammen und ziehen den Nachwuchs gemeinsam auf.

Spitzschopf-Seidenkuckuck
Coua cristata (Linnaeus, 1766)
GB: Crested Coua

Unterarten: Drei, wobei die Regenwald bewohnende Nominatform am kleinsten und dunkelsten ist, während die beiden westlichen Unterarten *dumonti* und *pyropyga* von Norden nach Süden immer heller und größer werden, sowie orangebraune, statt weiße Unterschwanzdecken besitzen. Die in Europa gehaltenen Spitzschopf-Seidenkuckucke stammen aus dem Grenzgebiet der beiden Unterarten *cristata* und *dumonti*.

Status: Im Freiland trotz fortschreitender Lebensraumzerstörung noch nicht gefährdet.

Haltung: < 50 in Zoos

Beschreibung: Der silbrig grau gefiederte Spitzschopf-Seidenkuckuck ist ein typischer Baumbewohner, der durch seine seidigen Schopffedern und die in verschiedenen Blautönen leuchtenden, nackten Augenringe auffällt. Die Größe liegt zwischen 40 und 45 cm, das Gewicht zwischen 100 und 135 g. Jungvögel ähneln den Eltern, sind aber farblich deutlich blasser, ihre Hauben sind kürzer, und die nackte Augenumgebung ist nur schwach bläulich.

Herkunft und Lebensweise: Die Verbreitung der Spitzschopf-Seidenkuckucke ist auf Madagaskar beschränkt, hier bewohnen sie die küstennahen Primär- und Sekundärwälder. Im Osten bewohnt die Regenwälder, während sie im Westen in trockenen Savannen und im Süden sogar in Halbwüsten anzutreffen ist. Sie meidet auch Plantagen, Mangrovenwälder und reine Palmenbestände nicht.

Seidenkuckucke sind schlechte Flieger und bewegen sich meist hüpfend oder im Gleitflug von Baum zu Baum fort und ähneln hierin den afrikanischen Turakos. Sie ernähren sich hauptsächlich von Raupen, nehmen aber auch kleine Wirbeltiere, Blätter, Blüten und Früchte.

Unterbringung: Die Voliere für ein Paar Spitzschopf-Seidenkuckucke sollte mindestens 10 m² groß sein. Wir empfehlen eine kombinierte Innen- und Außenvoliere,

> ### Info
> Wie bei der Madagaskarfruchttaube beschrieben, geht die Haltung in den Zoos auf zwei Importe des Vogelpark Walsrode Fonds aus den Jahren 1999 und 2000 zurück. Auch in diesem Fall wurden nur acht Jungvögel importiert, die sich aber in den letzten Jahren regelmäßig, wenn auch in kleinen Zahlen fortpflanzen.

Haltungs- und Zuchtbedingungen ähnlich
- Blau-Seidenkuckuck
- Weißbrauen-Kuckuck
- Renauldkuckuck
- Wegekuckuck

damit sich die Tiere aus dem Weg gehen können. Eine Vergesellschaftung außerhalb der Brutzeit ist problemlos, während der Brutzeit werden kleinere bis gleich große Vögel stark verfolgt. Die Außenvoliere sollte mit Koniferen oder besser noch mit blühenden und fruchtenden Büschen bepflanzt sein. Graseinsaat oder eine Blumenmischung locken während der Sommermonate allerlei Insekten an, die von den Kuckucken gerne erbeutet werden.

Im Winter können die Tiere zwar weiterhin Zugang zur Außenvoliere haben, sollten aber einen auf mindestens 15 °C temperierten Innenraum aufsuchen können. Für die Winterzeit sollte man Seidenkuckucken mit Heizlampen oder kleinen Strahlern künstliche Sonnenplätze in der Innenvoliere einrichten, da dies sehr zum Wohlbefinden der Vögel beiträgt.

Ernährung: Das Futter besteht bei uns zu einem Großteil aus lebenden Insekten wie Heuschrecken, Heimchen, Kurzflügelgrillen, Wachsmottenlarven, Schaben, Zophobas und Mehlkäferlarven. Daneben werden aber auch Mäusebabys, gehäutete und kleingeschnittene Eintagsküken, hartgekochtes Ei und ein gutes Insektenfresserfutter angenommen. Ergänzt wird dies durch einen kleinen Anteil Obst, Blätter, sowie eine Mineralstoffmischung und etwas Bierhefe.

Haltung und Zucht: Spitzschopf-Seidenkuckucke werden derzeit nur in wenigen Zoos gehalten. Die regelmäßige Zucht gelang bisher nur im Vogelpark Walsrode. Sie gehören zu den Kuckucksarten die ihre Jungtiere selbst aufziehen.

In einem spärlichen Nest, das nur aus wenigen Zweigen besteht, werden in der Regel zwei weiße Eier gelegt. Um eine erfolgreiche Brut zu ermöglichen,

Gut zu wissen
Spitzschopf-Seidenkuckucke besitzen recht große Blinddärme, was auf eine teilweise pflanzliche Ernährung hinweist. Aus diesem Grund sind unsere Volieren mit fressbaren Pflanzen ausgestattet und es wird zusätzlich regelmäßig „Grünzeug" wie etwa Löwenzahn oder frische Blätter angeboten.

Auf Madagaskar zuhause: der Spitzschopf-Seidenkuckuck.

Info
Sorgen Sie dafür, dass die Spitzschopf-Seidenkuckucke einen Sonnenplatz in der Außenvoliere haben, denn sie lieben es, sich mit aufgeplustertem Rückengefieder und abgespreizten Flügeln in die Sonne zu „legen".

sollte den Vögeln in einer geschützten Ecke der Voliere ein kleines Körbchen angeboten werden, aus dem heraus der brütende Vogel gut seine Umgebung beobachten kann. Damit das Schutzbedürfnis der Kuckucke erfüllt ist, sollte das Nest nach oben und zu mindestens zwei Seiten mit Blättern, Kunstpflanzen oder Ähnlichem verkleidet werden.

Die Brutzeit des Spitzschopf-Seidenkuckucks beträgt nur 13 Tage. Die Küken haben eine sehr auffällige Rachenzeichnung und wachsen sehr schnell. Nach einer Nestlingszeit von nur zehn Tagen verlassen sie das Nest. Die gerade ausgeflogenen Jungvögel sind deutlich kleiner als die Eltern und weisen eine spärliche Befiederung auf. Sie sind typische Ästlinge und sitzen in den ersten Tagen meist versteckt in einem Busch. Erst wenn sich das Gefieder weiter entwickelt und sich ihr Flugvermögen verbessert hat, trauen sie sich aus der Deckung. Nun sind sie für einige Tage sehr schreckhaft und sollten deshalb möglichst in Ruhe gelassen werden. Schon in diesem Alter beteiligen sie sich an den akustischen Interaktionen zwischen den Eltern und Vögeln in Nachbarrevieren.

Etwa drei Wochen nachdem sie flügge geworden sind, beginnen die Jungtiere selbstständig Nahrung aufzunehmen. Sie sollten kurze Zeit später von ihren Eltern getrennt werden, weil diese meist kurz darauf erneut legen.

Kennzeichnung: Die Beringung mit einem geschlossenen Fußring der Größe 6,5 mm kann im Alter von einer Woche erfolgen. Allerdings kann es durch diese Störung passieren, dass die Jungtiere das Nest verlassen. Da die Füße der jungen Kuckucke recht schnell wachsen, ist eine Beringung nach dem Ausfliegen nicht ratsam, die Ringgröße müsste zu groß gewählt werden.

Guirakuckuck
Guira guira (Gmelin, 1788)
GB: Guira Cuckoo

Unterarten: Keine
Status: Nicht gefährdet, teilweise häufig
Haltung: >100 in Zoos; <20 in Privathand
Beschreibung: Länge bis zu 36 cm; Gewicht etwa 140 g; Flügel kurz und abgerundet; oberseits dunkler

> **Haltungs- und Zuchtbedingungen ähnlich**
> • andere südamerikanische und im Sozialverband lebende Kuckucksarten

braun; unterseits beige; jeweils mit Strichelung; aufstellbare Federhaube; Schnabel gelblich beige
Herkunft und Lebensweise: Dieser Kuckuck bewohnt vorwiegend mit Bäumen bestandene Grassteppen in Bolivien, Paraguay, Uruguay, Brasilien und Argentinien. Er ist in Höhen bis zu 1200 m ü. NN anzutreffen. Der Guirakuckuck lebt gesellig in kleinen Trupps bis zu 15 Vögeln. Sie sitzen oft dicht aneinandergedrängt im Geäst. Als soziale Art fällt der gegenseitigen Gefiederpflege große Bedeutung zu. Meist suchen die Vögel ihre Nahrung gemeinsam auf dem Boden, aber auch in Bäumen und Sträuchern.

Die Brutzeit variiert je nach Herkunft, in Brasilien zum Beispiel von August bis November und in Uruguay sowie Argentinien von November bis Dezember. Das Nest ist ein einfaches Gebilde aus Zweigen, das man in Astgabeln großer Sträucher oder Bäume findet. Mehrere Weibchen einer Gruppe legen in das Nest und bebrüten abwechselnd die Eier. Gruppengelege weisen durchschnittlich zehn Eier auf und die Jungen werden gemeinschaftlich aufgezogen. Nach zehn Tagen schlüpfen die Jungen, die eine charakteristische Rachenzeichnung aufweisen. Im Freiland werden rund 50 % der geschlüpften Jungvögel flügge.
Unterbringung: Ganzjährig nur Innen oder Innen-/Außenvoliere; mind. 4 × 2 × 2 m; mind. 15 °C; Bepflanzung; Sonnenplatz in der Außenvoliere anbieten.
Ernährung: Die natürliche Nahrung des Guirakuckucks besteht aus Insekten, Fröschen, Eidechsen sowie Eiern und Nestlingen anderer Vögel. In menschlicher Obhut nehmen sie gerne verschiedene Insekten wie Heuschrecken und Zophobas, aber auch Babymäuse und kleingeschnittene Eintagsküken. Ein gutes Insektenfresserfutter und ein wenig Obst sollten ebenfalls angeboten werden. Bei der Futteraufnahme lassen sie oft ihre aufgeregten „girrigirri-Rufe" ertönen. Noch Stunden nachdem man Lebendfutter angeboten hat, untersuchen sie sämtliche Ritzen und Höhlen – also eine gute Beschäftigung.
Haltung und Zucht: 1864 kamen die ersten Guirakuckucke in den Zoologischen Garten von London. In der älteren Literatur liest man, dass sie Anfang des

Der Guirakuckuck erinnert in seinem Aussehen stark an den südamerikanischen Hratzin.

vergangenen Jahrhunderts regelmäßig in Zoologischen Gärten zu sehen waren. Danach verschwanden sie aus den Volieren und kamen erst Anfang der 1980er Jahre zurück in die Bestände, so auch in den Zoo Berlin.

Gerne akzeptieren diese Kuckucke eine Nestunterlage, wie man sie aus der Taubenzucht kennt oder Turakos anbietet. Eine napfförmige Schale reicht aus, damit sie ihr aus Zweigen grob zusammengestecktes Nest bauen. Die eigentliche Nestmulde wird mit kleinen Blattstückchen aber auch mit Federn ausgepolstert. Mehrere Weibchen legen in das gleiche Nest. Das Gelege bestand in der Haltung von Pagel aus bis zu 13 Eiern, von bis zu sechs Altvögeln. Die Eier messen 38 × 31 mm, sind hellblau und weisen eine netzartige Auflage aus Kalk auf. Obgleich es Angaben gibt, dass die Guiras Nester andere Vögel nutzten, wurden bei den uns bekannten Bruten die Nester stets von den Vögeln selbst erbaut.

Kennzeichnung: Die Beringung kann im Alter von etwa einer Woche erfolgen, da Guirakuckucke sehr schnell heranwachsen und bereits nach 14 Tagen flügge sind. Der geschlossene Fußring sollte dann einen Durchmesser von 6,5 mm haben. Bei der Beringung emfpiehlt es sich, eine Federprobe zur Geschlechtsbestimmung zu nehmen.

Apodiformes – Seglervögel

Zur dieser Ordnung zählt man die Familien der
- Segler (Apodidae),
- Baumsegler (Hemiprocnidae)
- Kolibris (Trochilidae)

mit 102 Gattungen und etwa 330 Arten. Die beiden erstgenannten Familien spielen in der Vogelhaltung keine Rolle.

Trochilidae – Kolibris

Phaethornitinae mit 34 und die **Trochilinae** mit 294 Arten sind Unterfamilien der Kolibris. Bei den Phaethornitinae sind die drei **Vorderzehen** an der Basis aneinander geheftet. Bei den Trochilinae sind die Vorderzehen frei. Im Gegensatz zu den eigentlichen Kolibris sind die Schattenkolibris ausnahmslos schlicht gefärbt. Ihnen fehlen die weitgehend die bei entsprechendem Lichteinfall schillernden Farben. Kolibris sind im Allgemeinen für ihre Kleinheit bekannt. Die Bienenelfe (*Mellisuga helenae*), misst samt Schnabel und Schwanzfedern nur etwa 5 cm. Der Riesenkolibri (*Patagona gigas*) hingegen wird bis zu 22 cm lang.

Die vermutlich ältesten Kolibrifossilien der Welt stammen nicht aus den Tropen, sondern aus der Grube Unterfeld im baden-württembergischen Frauenweiler, einem Stadtteil von Wiesloch, sie sind über 30 Millionen Jahre alt. Heute leben Kolibris ausschließlich in Amerika und zwar nicht nur im tropischen Bereich, was viele glauben, sondern sie kommen als **Zugvögel** im Norden bis nach Alaska und im Süden bis nach Feuerland vor. Sie sind in Wüstengebieten ebenso wie in den dichten Tropenwaldgebieten zu Hause und das bis in große Höhenlagen der Anden. Von den rund 330 rezenten Arten gelten 25 derzeit als bedroht.

Das besondere Merkmal ist neben dem Schwirrflug ihr meist langer variabel geformter **Schnabel**. Beim Schwertschnabelkolibri (*Ensifera ensifera*) ist der Schnabel mit 10 cm fast genauso lang wie der gesamte übrige Körper. Der Kleinschnabel-Kolibri (*Ramphomicron microrhynchum*) hingegen hat nur eine Schnabellänge von 5 mm. Andere Arten besitzen einen stark gebogenen Schnabel. Die Länge und Form der Schnäbel ist meist eine Anpassung an bestimmte Blütentypen, die die Vögel zur Nahrungsaufnahme aufsuchen. So besetzen sie bestimmte ökologische Nischen und tragen zur Bestäubung vieler Blütenpflanzen bei. Mit der an der Spitze gespaltenen, strohhalmartigen Zunge, die sie weit herausstrecken können, nehmen sie Nektar und Pollen auf.

Diese **besonders energiereiche Nahrung** ist die Grundvoraussetzung für ihren einzigartigen und kraftraubenden **Schwirrflug**. Neben ihrer Hauptnahrung jagen sie aber auch aktiv kleine Fluginsekten. Kolibris sind Flugkünstler, die mit bis zu 90 Flügelschlägen pro Sekunde nicht nur in der Luft stehen, sondern auch noch seitwärts und sogar rückwärts fliegen können! Die Männchen führen je nach Art unterschiedliche Balzflüge auf.

Anatomisch besitzen sie die Besonderheit von acht anstelle von sechs Rippenpaaren. Ihre Atemfrequenz liegt bei bis zu 250 Zügen pro Minute und ihr Herz schlägt bei hoher Aktivität bis zu 500-mal pro Minute.

Kolibris verfügen über eine spezielle. stoffwechselphysiologische Anpassung um Energie zu sparen. Es ist eine **Kältestarre**, die man **Torpor** nennt. Hierbei wird die Körpertemperatur aktiv gesenkt, ausgelöst durch geringe Außentemperatur. Dies kommt auch bei Seglern (Apodidae) und Mausvögeln (Coliiformes) vor. Im Lebensraum vieler neotropischer Kolibriarten gibt es Tag-Nacht-Temperaturunterschiede von bis 20 °C. Bei normalem Energiestoffwechsel würde eine solche Abkühlung die Möglichkeiten der Nahrungssuche drastisch einschränken und sicherlich den Tod des Vogels bedeuten.

Veilchenohrkolibri
Blaues Großes Veilchenohr
Colibri coruscans (Gould, 1846)
GB: Sparkling Violetear

Unterarten: *C. c. coruscans* – Anden von Kolumbien bis Nordwestargentinien, Brust grün geschuppt; *C. c. germanus* – Venezuela und Guyana, ausgedehnter blau an Brust und Bauch.
Status: Im Freiland nicht gefährdet; alle Trochilidae spp. stehen mindestens im Anhang II des WA und in Anhang B der EG-Verordnung ein Herkunftsnachweis ist deshalb erforderlich.
Haltung: Nur noch wenige Einzeltiere in den europäischen Haltungen. < 10 in Zoos; < 10 in Privathand
Beschreibung: Länge etwa 14 cm; Gewicht Männchen 7,7 bis 8,5 g und Weibchen 6,7 bis 7,5 g; Gefieder blau und grün schimmernd; oft kleiner weißer Fleck hinter dem Auge; an den Kopfseiten haben sie namensgebende verlängerte Federn im Ohrbereich, die bei Erregung aufgestellt werden können;
Herkunft und Lebensweise: Diese Kolibriart lebt an den Andenhängen von Venezuela, Kolumbien, Ekuador bis ins nordwestliche Argentinien. Dort bewohnt sie die subtropischen bis gemäßigten Bereiche in Höhen zwischen 1500 und 4500 m Höhe ü. NN.

Das winzige Nest wird vom Weibchen vornehmlich aus Spinnweben, Flechten und Moosen gefertigt. Es befindet sich meist in nicht allzu großer Höhe in einem Busch oder einem Baum. Es werden im Abstand von zwei Tagen zwei Eier gelegt. Die Brutdauer beträgt zwischen 17 und 18 Tage. Die Jungen werden anschließend drei bis vier Wochen bis zu 140-mal am Tag gefüttert. Die Nestlingszeit liegt bei 20 bis 22 Tagen.
Unterbringung: Ganzjährig nur innen oder Sommer Innen-/Außenvoliere; um 20 °C; mind. 4 × 2 × 2 m als Voliere, dann gut bepflanzt; Rückzugsmöglichkeiten; die Vögel sind sehr territorial; Einzelhaltung in Kistenkäfigen möglich (1,2 × 0,6 × 0,6 m). Manche Züchter halten die Vögel fast ganzjährig so und lassen sie nur einzeln in eine größere Voliere oder nur zur Paarung dort zusammen.
Ernährung: Kolibris leben in der Natur vom Nektar der Blüten sowie verschiedensten kleinen Insekten. Daher kann man ihnen unter Haltungsbedingungen *Drosophila*-Fliegen (Essigfliegen, Fruchtfliegen) anbieten, die sie gerne im Flug erbeuten. Blühende Pflanzen zur

> **Haltungs- und Zuchtbedingungen ähnlich**
> • übrige Kolibriarten

Der Veilchenohrkolibri kann seine blauen "Federohren" aufstellen.

> **Info**
> Kolibris haben einen enorm schnellen Stoffwechsel, deshalb sollten stets mehrere Futterstellen eingerichtet werden, besonders bei mehreren Kolibris in einer Voliere. Sie brauchen durchschnittlich das Dreifache ihres Körpergewichts an Nektar pro Tag. Zudem muss dieser stets frisch sein und deshalb sind zwei- bis dreimalige Fütterungen anzuraten.

Nektaraufnahme sind aus Gründen der Beschäftigung zu empfehlen.

Standardfutter ist aber ein Nektartrunk. Es gibt dafür eine Vielzahl unterschiedlicher Rezepturen. Der Handel bietet inzwischen ein gutes pulverförmiges Ersatzfutter, das in Wasser aufgelöst und den Vögeln in speziellen Trinkröhrchen aus Glas oder Plastik angeboten wird. Da das Futter leicht verderblich ist, müssen die Futterröhrchen stets intensiv gesäubert und regelmäßig desinfiziert werden.

Haltung und Zucht: Veilchenohrkolibris kann man in größeren Tropen- und Treibhäusern mit dichter Bepflanzung halten, aber selbst in sehr großen Anlagen kann man aufgrund ihrer starken Aggressivität und Territorialität nicht mehr als ein Paar halten. Er gehört zu den robusteren, häufiger gehaltenen Arten.

Will man erfolgreich züchten, so sollte man die Vögel einzeln halten und nur zur Paarung vorübergehend zusammenführen. Hüning berichtet, dass seine Veilchenohrkolibris selbst bei 10 °C und Regen noch die Außenvolieren nutzten, obgleich sie Zugang zu einem Innenraum hatten. Die Zucht ist auch in unseren Breiten schon in Freivolieren gelungen, zum Beispiel im Kölner Zoo und auch bei Privatpersonen. Dabei wurden nachts Temperaturen von nur bis zu 8 °C gemessen. Dies zeigt, wie robust diese Art eigentlich ist, was man aufgrund ihrer Herkunft schon vermuten kann. Eine Tageslichtverlängerung sollte man den Vögeln in unseren Breiten im Winterhalbjahr bieten, damit sie länger Nahrung aufnehmen können.

Als Nisthilfe kann man kleine Drahtkörbchen anbieten, aber auch eine angemessen Bepflanzung ist zu empfehlen. Nistmaterial in Form von Spinnweben, Hunde- oder sonstigen Tierhaaren aber auch Hanf sollte angeboten werden. Die Bauzeit für das Nest liegt bei rund zwei Wochen. Die Brutzeit in Menschenhand wird mit rund 18 Tagen, die Nestlingszeit mit 30 Tagen angegeben.

Kennzeichnung: Bei Kolibris sollte aufgrund der Kürze der Beine auf eine Beringung verzichtet werden.

Coliiformes – Mausvögel

Die Mausvögel sind eine monotypische Vogelordnung mit nur einer Familie – die Coliidae.

Coliidae – Mausvögel

Die Coliidae umfassen nur sechs Arten, die sich auf Unterfamilien der **Eigentlichen Mausvögel** (Colinae, vier Arten) und **Schmalschwanz-Mausvögel** (Urocoliinae, zwei Arten) verteilen. Es handelt sich um eine alte Vogelgruppe, deren Fossilien 43 bis 49 Millionen Jahre zurückdatiert werden und unter anderem in der Grube Messel, Deutschland, gefunden wurden. Ihren Namen verdanken sie dem teils fellartig wirkenden, grauen oder bräunlichen Gefieder. Sie leben gesellig und klettern geschickt durchs Geäst. Mausvögel sind trotz ihrer Gesamtlänge von 29 bis 38 cm eher possierliche Vögel, denn rund 3/5 der Länge entfallen auf den Schwanz. Sie kommen ausschließlich in Afrika südlich der Sahara vor. Sie bewohnen Buschland, Savannen sowie Waldränder, aber auch Parks und Gärten menschlicher Siedlungen. Manchmal zählen die Gruppen zwanzig bis dreißig Tiere.

Sie besitzen **Wendezehen**, das heißt, die erste und die vierte Zehe kann sowohl nach vorne als auch nach hinten gewendet werden. Dieser Klammerfuß ist eine spezielle Anpassung an das Hangeln im Geäst. Die Krallen sind kräftig und scharf. Zum Ruhen hängen sie sich gerne dicht zusammen. Charakteristisch ist auch der lange, steife Schwanz.

Ihre napfförmigen Nester legen sie in Bäumen oder Büschen an. Ein Gelege kann aus zwei bis vier, selten sechs braun gesprenkelten, weiß bis cremefarbenen Eiern bestehen. Die **Brutdauer** variiert zwischen elf und 13 Tagen. Nach zwei bis drei Wochen verlassen die Jungen das Nest.

Die Nahrung der Mausvögel besteht überwiegend aus Beeren und Früchten und sie suchen den Boden nur ausnahmsweise auf. Mausvögel sind physiologisch sehr interessant, denn sie können wie die Kolibris in einen nächtlichen **Starreschlaf** (Torpor) fallen. In diesem energiesparenden Zustand sind Körpertemperatur und Stoffwechsel extrem stark reduziert.

Blaunacken-Mausvogel
Urocolius macrourous (Linnaeus, 1766)
GB: Blue-naped Mousebird

Unterarten: Sieben, die sich in der Helligkeit des Gefieders und im Vorhandensein eines blauen Nackenflecks unterscheiden.
Status: Nicht gefährdet, weitverbreitet und häufig
Haltung: < 50 in Zoos; < 20 in Privathand
Beschreibung: Länge etwa 35 cm, davon entfallen aber rund 3/5 auf den Schwanz; Gewicht 34 bis 60 g; Oberseite überwiegend graubraun, Unterseite heller; hellblaues Nackenband; Oberschnabel rötlich mit schwarzer Spitze
Herkunft und Lebensweise: Die Blaunacken-Mausvögel leben in Afrika, von Senegal bis Äthiopien und Kenia bis nach Tansania. Dort können sie bis in Höhen von 1900 m ü. NN beobachtet werden. Bedingt durch Nahrungsmangel legen sie auch längere Wanderungen zurück. Und, obgleich sie im Kurzflug oft schwerfällig wirken, können sie im Flug Geschwindigkeiten bis zu 70 km/h erreichen. Gewöhnlich fliegen sie aber keine weiten Strecken, sondern eher von Baum zu Baum.

In Ruhe, beim Schlafen, aber auch beim Sonnenbaden, nehmen die Vögel eine ungewöhnliche Körperhaltung ein. Sie hängen förmlich am Ast. Dabei zeigt der Schwanz senkrecht zum Boden. Sehr häufig sieht man

Typisch für Blaunacken-Mausvögel: diese sozialen Vögel kuscheln sich gern zusammen.

sie bei der gegenseitigen Gefiederpflege, vornehmlich im Hals-Kopfbereich. Blaunacken-Mausvögel legen ein bis vier Eier mit einer Größe von 18.5 × 15.7 mm.
Unterbringung: Ganzjährig nur innen oder Innen-/Außenvoliere; mind. 2 × 1 × 2 m; mind. 15 °C; dicht bepflanzt da die Vögel gerne im Gesträuch turnen.
Ernährung: Als Grundnahrung in Menschenobhut nehmen Mausvögel vornehmlich ein Obstgemisch, bevorzugt Banane, Feigen, Mango und Papaya. Gekochter Reis und hartgekochte Eier kann man untermengen. Manche Mausvögel lernen auch, Weichfutter aufzunehmen, dazu sollte man anfangs Obst untermischen. Ist die Voliere ausreichend bepflanzt, so fressen sie auch von den Blättern und Blüten. Im Freiland wurde auch die Aufnahme von Termiten beobachtet.
Haltung und Zucht: Blaunacken-Mausvögel sollten nur in Volieren gehalten werden und dann auch möglichst in Gruppen. Wichtig ist, dass die Voliere mit vielen Klettermöglichkeiten ausgestattet ist.

Als Nisthilfen werden Drahtkörbe empfohlen. Die Praxis hat gezeigt, dass man Brutaktivität durch Anbieten von Nisthilfen sowie die Erhöhung der Luftfeuchte als Simulierung der Regenzeit beispielsweise durch Besprühen der Voliere auslösen kann. Die Männchen locken die Weibchen durch heftiges Hüpfen auf einem Ast an. Man hat bis zu 80 Sprünge pro Minute gezählt. Im Anschluss erfolgt meist die Kopulation.

Mitunter legen auch zwei Weibchen gleichzeitig Eier in ein Nest. Gewöhnlich werden zwei bis drei Eier gelegt. Sie sind weiß mit rotbräunlichen Tupfen. Nach nur elf Tagen Brutzeit schlüpfen die Jungvögel. Die Altvögel brüten abwechselnd, aber auch gemeinsam. Während der Brut verteidigt das Paar das Nest gegen andere Mausvögel. Bei der Aufzucht der Jungen wurde aber beobachtet, dass sich auch andere Gruppenmitglieder daran beteiligen.

Die Jungvögel wiegen nach dem Schlupf 1,5 bis 2 g. Der Kot der Jungen ist in den ersten Tagen glasklar, wässrig. Die Jungenentwicklung verläuft rasant. Mit nur vier Tagen wiegen sie bereits etwa 13 g. Mit nur zwölf Tagen klettern sie schon in der Nestumgebung umher. Im Alter von 16 bis 17 Tagen fliegen sie. Mit fünf Wochen ist der Schnabel noch dunkel gefärbt und

Haltungs- und Zuchtbedingungen ähnlich

- Braunflügel-Mausvogel
- Rotrücken-Mausvogel
- Rotzügel-Mausvogel
- Weißkopf-Mausvogel
- Weißrücken-Mausvogel

nach sieben Wochen sind sie kaum noch von den Altvögeln zu unterscheiden. In menschlicher Obhut können sie ein Alter von elf Jahren erreichen.
Kennzeichnung: Nach dem Ausfliegen mit einem Ring der Größe 4,5 mm.

Trogoniformes – Verkehrtfüßler

Auch die Ordnung der Verkehrtfüßler ist monotypisch. Ihren Namen verdankt sie der eigenwilligen Zehenstellung. Die erste und zweite Zehe weisen jeweils nach hinten, während bei anderen überwiegend baumbewohnenden Vogelgruppen die erste und die vierte Zehe nach hinten gerichtet sind.

Trogonidae – Trogone

Die Trogon-Familie kennt 39 Arten in drei Unterfamilien. Trogone bewohnen die tropischen Waldgebiete Afrikas, Asiens und Mittel- und Südamerikas. Den größten Teil des Tages verbringen sie in den Kronen der Bäume und suchen dort nach Insekten und Früchten. Einige Arten sind durch Lebensraumzerstörung stark gefährdet, so unter anderem der **Quetzal**, der Nationalvogel Guatemalas.

Die meist farbenprächtigen Männchen gefallen mit einem metallisch schimmernden Gefieder. Die Weibchen sind meist etwas schlichter gefärbt. Die Trogone haben abgerundete Flügel und recht lange Schwanzfedern.

Sie sind **Höhlenbrüter** und graben ihre Brutstätten in morsche Bäume oder in Termitenhügel. Das Gelege besteht aus zwei bis vier cremefarbenen Eiern, die von beiden Altvögeln bebrütet werden.

Weißschwanztrogon
Trogon viridis (Linnaeus, 1776)
GB: White-tailed Trogon

Unterarten: *T. v. chionurus* – Panama, Kolumbien und Ecuador; *T. v. viridis* – Peru und Bolivien östlich der Anden, Amazonas- und Orinokobecken, Guianas und isoliert entlang der Küste von Bahia bis Sao Paulo.

> **Info**
> In menschlicher Obhut sind Weißschwanztrogone nur noch mit wenigen Tieren vertreten. Nachzuchterfolge waren in der Vergangenheit die Ausnahme und so wird diese Art wohl schon bald aus den Volieren verschwunden sein.

> **Haltungs- und Zuchtbedingungen ähnlich**
> - Blauschwanztrogon
> - Narinatrogon
> - Pfauentrogon

Beim Männchen der Nominatform sind die gelben Unterschwanzdecken schwarz gerahmt.
Status: Die Art besitzt ein großes Verbreitungsgebiet und ist derzeit nicht gefährdet.
Haltung: < 10 in Zoos
Beschreibung: Weißschwanztrogone erreichen eine Größe von 25 bis 28 cm und ein Gewicht von 70 bis 100 g. Der Bauch beider Geschlechter ist gelb gefärbt. Brust und Kopf sind beim Männchen violettblau, der Rücken ist grau, Schwingen schwärzlich; das Weibchen ist auf Brust, Kopf und Rücken grau, die Flügel sind grau fein weiß gebändert. Die Schwänze sind oberseits schwarz, teils grün schillernd, unterseits weiß oder

Nur selten zu sehen: der Weißschwanztrogon, hier ein Männchen.

> **Info**
> Die Weißschwanztrogone können mit anderen Kleinvögeln vergesellschaftet werden. Es ist aber darauf zu achten, dass diese dann keine Offenbrüter sind, denn es besteht die Gefahr, dass die Trogone die Jungvögel fressen.

weiß und anthrazith beim Weibchen. Rund um die dunklen Augen weisen beide Geschlechter hellblaue Augenringe auf. Der Schnabel ist bleifarben, an der Wurzel mit kleinen Federborsten umgeben.
Herkunft und Lebensweise: Der Weißschwanztrogon bewohnt feuchtwarme, tropische Regenwälder. Er hält sich überwiegend im Kronendach der Bäume auf und ernährt sich von großen Insekten und deren Larven, sowie Früchten. Weißschwanztrogone leben außerhalb der Brutzeit einzelgängerisch.
Unterbringung: Als Tropenbewohner können Trogone nur in einem ganzjährig auf mindestens 20 °C beheizten Vogelhaus untergebracht werden. Die Mindestfläche für ein Paar Trogone sollte 10 m² nicht unterschreiten. Die Anlage kann reichlich bepflanzt sein, da die Vögel keine Pflanzen zerstören.
Ernährung: Der Weißschwanztrogon ist ein Ansitzjäger, der in exponierter Stellung wartet, bis ein Insekt vorbei fliegt. Zu seiner bevorzugten Nahrung gehören daneben auch Beeren und reife Früchte. Die Futtermischung für diese Vögel sollte zu einem Großteil aus lebenden Insekten wie Heuschrecken, Heimchen und Zophobas bestehen, abgerundet wird dieses Futter durch eine Obstmischung, wie wir sie auch bei Fruchttauben verfüttern.
Haltung und Zucht: Die Nisthöhle wird hauptsächlich vom Männchen gegraben. In der Voliere sollte den Vögeln ein mit Hobelspänen gefüllter Naturstamm angeboten werden, dessen Einflugloch zum Beispiel mit einem Stück Pappe oder dünner Baumrinde teilweise verschlossen wurde. Oft fliegt das Männchen bereits nach kurzer Zeit den Nistkasten an und beginnt, die Hobelspäne zu entfernen. Sind die Späne entfernt, inspiziert auch das Weibchen die Höhle und bei Zusage werden bald zwei weiße Eier gelegt, die von beiden Elternteilen 18 Tage bebrütet werden. Das Männchen brütet tagsüber, das Weibchen nachts.

Die völlig nackten Jungvögel werden mit kleinen Insekten und Früchten gefüttert. Nach einer Woche öffnen sie die Augen und die ersten Federkiele beginnen zu sprießen. Nach knapp drei Wochen verlassen sie das Nest. Im Vogelpark Walsrode wurden bereits verschiedene Trogonarten erfolgreich von Hand aufgezogen.
Kennzeichnung: Trogone besitzen sehr dünne und kurze Beine, die Beringung kann nach etwa zehn Tagen mit einem Ring der Größe 5,0 mm erfolgen.

Coraciiformes – Rackenvögel

Zu den Rackenvögeln gehören einige für den Vogelhalter sehr repräsentative Vogelgruppen wie die **Eisvögel**, **Spinte**, eigentlichen **Racken**, **Hopfe**, sowie die **Hornvögel**. Viele Arten wirken auf uns in Farbe und Gestalt besonders exotisch.

Alcedinidae – Eisvögel

Die Eisvögel haben zwei „Schwesterfamilien", die **Todis** (Todidae) und die **Motmots** (Momotidae). Sie spielen aber in der Vogelhaltung derzeit keine Rolle, deshalb ist hier nur von Eisvögeln (Alcedinidae) die Rede. Diese bilden eine Familie von 17 Gattungen und 92 Arten. Es handelt sich um kleine bis mittelgroße Vogelarten von 10 bis 46 cm Länge). Ihr Gewicht variiert zwischen 9 und 460 g, wobei die meisten Arten zwischen 30 und 100 g schwer sind.

Es werden drei Unterfamilien unterschieden, die **Halcyoninae** (59 Arten), die **Cerylinae** (9 Arten) und die **Alcedininae** (24 Arten). Eisvögel haben einen großen Kopf, einen kräftigen, spitzen Schnabel und kurze Beine und kleine Füße, deren drei Vorderzehen zum Teil verwachsen sind. Bei den meisten Arten ist das Gefieder oft schillernd bunt gefärbt, die Schwanzfedern sind kurz, nur wenige haben verlängerte Steuerfedern. Eisvögel sind weltweit verbreitet, weisen aber in den Tropen die größte Artenvielfalt auf. In Europa ist nur eine Art heimisch, der Eisvogel, *Alcedo atthis*.

Als **Höhlenbrüter** graben sie eigene Höhlen oder nutzen Hohlräume in Bäumen, Termitenbauten oder Lehmwänden. Es werden je nach Art drei bis sieben weiße Eier gelegt. Die **Brutdauer** variiert zwischen 19 bis 24 Tagen, die **Nestlingszeit** zwischen 22 bis 26 Tagen. Eisvögel leben nicht nur am Wasser, wie man glauben könnte, sondern manche gar in Wäldern. Die Eisvogelarten, die am Wasser leben, jagen meist kleine Fische durch ihr typisches Sturztauchen, aber auch Frösche und Insekten. Wald-Eisvögel hingegen jagen häufiger Reptilien. Typisch für Eisvögel ist, dass sie ihre Beute durch Erschlagen auf einer festen Unterlage töten.

Jägerliest
Lachender Hans
Dacelo novaeguineae (Hermann, 1783)
GB: Laughing Kookaburra

Unterarten: *D. n. minor* – Cape York Halbinsel, südlich bis Cooktown; *D. n. novaeguineae* – Ostaustralien vom Süden der Cape York Halbinsel bis zur Flinders Range, Südaustralien und Cape Otway, Neusüdwales. Die

Nominatform wurde in Südwestaustralien, auf Kangaroo Island, Flinders Island, Tasmanien und im nördlichen Neuseeland eingebürgert. Früher wurde diese Art auch als *Dacelo gigas* geführt.
Status: Nicht bedroht, häufig; Bestand wird auf 65 Mio. (!) geschätzt
Haltung: >100 in Zoos; <100 in Privathand. Der Jägerliest ist nicht nur häufig in Zoologischen Gärten zu finden, sondern auch in Privathand. Es handelt sich um die Eisvogelart, die wohl am regelmäßigsten gezüchtet wird.
Beschreibung: Länge bis zu 42 cm; Gewicht von 310 bis 360 g. Die Weibchen sind meist etwas größer. Bei den Männchen ist das Blau auf dem Rumpf intensiver und leuchtender.
Herkunft und Lebensweise: Der Jägerliest bewohnt vor allem Eukalyptuswälder, bewaldete Gebiete entlang von Flussläufen aber auch Parks. Seine Nisthöhlen finden sich in toten wie in lebenden Bäumen oder Termitenbauten, seltener in Uferbänken. Sie wurden in Höhen von 0,2 bis 60 m, durchschnittlich in 8 m Höhe gefunden. Die Eingangsöffnungen sind gewöhnlich 12 bis 15 cm groß, die Niströhren 20 bis 150 cm lang und 20 bis 40 cm im Durchmesser.

Jägerlieste sind die größten Eisvögel.

Jägerlieste erbeuten Spinnen, Würmer, Käfer, Motten, Heuschrecken bis hin zu kleinen Wirbeltieren, wie kleineren Vogelarten und deren Jungen, Fischen, Fröschen, Echsen und Schlangen. Die Vögel verschlingen Beutetiere bis zu 1 m Länge! Die meisten Beutetiere werden am Boden gefangen, selten in der Luft.

In der Regel jagt der große Liest von einem Ansitz aus, das kann ein Ast oder eine Telegrafenleitung sein. Kleine Beutetiere werden gleich verschluckt, größere meist wieder zum Ansitz mitgenommen und dort auf einer Unterlage erschlagen. Unverdaute Nahrungsbestandteile werden als Speiballen (Gewölle) hervorgewürgt.

Der Jägerliest ist eine monogame Art, die zwischen September und Dezember brütet. Gelegentlich kommt es, bei reichhaltigem Nahrungsangebot, zu zwei Bruten. Artgenossen, die bei der Brut mithelfen, sind bekannt. Zumeist beteiligen sich diese Helfer an der Nahrungsbeschaffung und Fütterung der Jungen.

Im Revier eines Paares sieht man oft vier bis fünf andere Vögel der gleichen Art. Es sind Nachkommen, vornehmlich Junggesellen, die helfen, das Revier zu verteidigen. Kurz vor der Eiablage jedoch wird das dominierende Paar aggressiver und hält die Mitbewohner auf Abstand. Erst nach dem Schlupf ändert sich dies wieder. Das Revier wird vornehmlich in den Morgen- und Abendstunden durch Rufe markiert. Die Vögel führen auch Kontrollflüge entlang den Reviergrenzen durch. Obgleich das Verteidigungsverhalten ritualisiert ist, kommt es gelegentlich zu Todesfällen.

Für die Höhlenbrüter ist es sehr wichtig, ausreichend große Bäume mit Nistmöglichkeit zu bieten. Manche Paare benutzen das gleiche Nest viele Jahre hintereinander. Es werden zwei bis drei Eier gelegt. Bei Gelegen mit mehr Eiern kann man davon ausgehen, dass mehrere Weibchen daran beteiligt sind. Die Brutdauer beträgt 22 bis 29 Tage. Die Brut beginnt mit dem ersten Ei, entsprechend unterschiedlich schlüpfen die Küken. Nach 32 bis 40 Tagen verlassen sie die Nisthöhle. Danach werden die Jungen von den Eltern oder Gruppenmitgliedern noch bis zu zehn Wochen versorgt, die Geschlechtsreife erreichen sie mit einem Jahr.
Unterbringung: Ganzjährig Innen-/Außenvoliere; mind. 3 × 2 × 2 m; mind. 10 °C; herausragende Äste als Sitzwarte anbieten
Ernährung: Mäuse, Eintagsküken (zerkleinert), Babyratten, Fisch, große Insekten (Heuschrecken), Rindfleischstreifen und Hackfleischbällchen.
Haltung und Zucht: Jägerlieste kann man nur mit größeren bodenbewohnenden Vogelarten vergesellschaf-

> **Info**
> Der Lachende Hans gehört zu den im Freiland gut untersuchten Arten. Dazu sei ausdrücklich auf die Monographie von Sarah Legge verwiesen.

Haltungs- und Zuchtbedingungen ähnlich

- Blauflügel-Kookaburra
- Riesenfischer
- Graufischer

ten. Die Voliere sollte großzügig bemessen sein und den Vögeln exponierte Ansitzwarten bieten. Üblicherweise werden Jägerlieste paarweise gehalten. Eine Gruppenhaltung, bei der man auch Helferverhalten studieren könnte, ist uns derzeit nicht bekannt.

Zum Brüten muss man dieser großen Eisvogelart entsprechend große Nistkästen zur Verfügung stellen. Gerne nehmen sie quer oder längs angebrachte. Hierbei spielt es keine Rolle, ob sie aus Naturstämmen oder Brettern gefertigt wurden. Das Einschlupfloch sollte einen Durchmesser von mindestens 10 cm haben.
Kennzeichnung: Zur Beringung nehmen wir einen 8,0-mm-Ring und kennzeichnen die Jungtiere im Alter von etwa 14 Tagen. Zur Geschlechtsbestimmung werden zugleich immer einige Federkiele gezogen.

Info
In menschlicher Obhut können Jägerlieste über zwölf Jahre alt werden. Hin und wieder finden sich Albinos in unseren Volieren. Diese werden auch im Freiland gefunden, haben dort aber wegen ihrer außergewöhnlichen Färbung eine geringere Überlebenschance.

Halsbandliest

Grünkopfliest, Weißbauchliest
Todiramphus chloris (Boddaert, 1783)
GB: Collared Kingfisher, White-collared Kingfisher, Black-masked Kingfisher,

Unterarten: Früher wurde diese Art in der Gattung *Halcyon* geführt. Man kennt rund 50 Unterarten (!), die sich zum Teil deutlich unterscheiden.
Status: Nicht bedroht, weit verbreitet und recht häufig
Haltung: < 10 in Zoos; < 10 in Privathand
Beschreibung: Länge 23 bis 25 cm; Gewicht Männchen 51 bis 90 und Weibchen 54 bis 100 g. Meist hat der Halsbandliest eine grünblaue Oberseite und Kopfplatte; Gesicht und Unterseite weiß; schwärzlicher oder dunkelgrüner Augenstreif; kennzeichnend für alle ist ein breiter, weißlicher Halsring; Schnabel oberseits schwarz und unterseits an der Basis cremefarben
Herkunft und Lebensweise: Halsbandlieste bewohnen vornehmlich Mangroven, küstennahe Plantagen, Parks und Gärten vom Roten Meer über Südostasien, Indone-

Halsbandlieste kommen in über 50 Unterarten vor.

sien bis nach Nordaustralien. Auf den kleineren Inseln findet man sie auch im Landesinneren.

Halsbandlieste leben paarweise. Sie besetzen bis zu 4 ha große Reviere. Diese werden vor allem in der Brutzeit gegen Artgenossen heftig verteidigt. Die Männchen zeigen während der Balz spektakuläre Schauflüge. Die Übergabe von Futter gehört ebenfalls zu den Balzritualen. Halsbandlieste sind Höhlenbrüter. Diese Höhlen werden seltener in Ufersteilwände gegraben als vielmehr in Baumhöhlen sowie in Baumtermitennestern angelegt. Das Gelege besteht aus zwei bis sechs Eiern. Die Brutzeit liegt etwa bei 20 Tagen. Beide Altvögel brüten abwechselnd. Mit etwa 29 bis 30 Tagen verlassen die Jungen das Nest. Sie werden noch etwa zwei weitere Wochen von den Altvögeln versorgt. Die Geschlechtsreife erreichen sie mit rund zwei Jahren.
Unterbringung: Ganzjährig nur innen oder Innen-/Außenvoliere; mind. 3 × 1,5 × 2 m; mind. 20 °C; Halsbandlieste fliegen in kleinen Volieren oft hektisch hin und her und sollten deshalb nur in großen Anlagen gehalten werden.

Haltungs- und Zuchtbedingungen ähnlich

- Braunliest
- Graukopfliest
- Javaliest
- Senegalliest
- Streifenliest
- Zügelliest

> **Info** Wenn die Herkunft zu ermitteln ist, sollte man versuchen, Tiere aus der gleichen Region zu erwerben.

Ernährung: Wie viele andere Eisvogelarten hat der Halsbandliest ein großes Beutespektrum. Als Nahrung in menschlicher Onhut kommt in Streifen geschnittenes Rindfleisch oder Rinderherz (4 bis 6 cm) in Frage, aber nicht ausschließlich. Abwechslung ist auch hier ein Gebot. Große Insekten wie Heuschrecken, Zophopbalarven, Fische, zum Beispiel Stinte sowie junge Mäuse oder zerkleinerte Eintagsküken kann man anbieten. Die Nahrung, auch wenn es sich um tote Beute handelt, wird auf einem Ast aufgeschlagen – der Vogel zeigt auch hier diesen Tötungsreflex.

Haltung und Zucht: Obgleich der Halsbandliest nicht sehr groß ist, muss man bei der Vergesellschaftung mit kleineren Arten vorsichtig sein. Die Mitbewohner dürfen nicht ins Beutspektrum gehören. Aufgrund ihres Territorialverhaltens sollte man sie nur paarweise halten. Im Kölner Zoo haben wir sie erfolgreich zusammen mit Loris (Loriidae) und Beos (*Gracula religiosa*) gehalten.

Es empfiehlt sich einen kleinen Wasserbereich anzubieten, den die Vögel gern und regelmäßig nutzen. Als Nisthöhlen haben sich Naturstammnistkästen bewährt (Starengröße). Diese kann man mit Holzmulm auskleiden. Die Vögel halten sich gerne an exponierten Ansitzwarten auf und gehen dort gehen sie auf Beutefang. Dies sollte man bei der Ausstattung der Voliere und dem Anbringen der Sitzäste berücksichtigen. In menschlicher Obhut können Halsbandlieste deutlich über elf Jahre alt werden.

Kennzeichnung: Zur Beringung kann ein Ring der Größe 5,5 mm verwendet werden. Wegen der kurzen Gliedmaßen sollten solche Ringe bevorzugt werden, die keinen hohen Schaft haben.

Meropidae – Spinte

Spinte, im Englischen als "Bee-eater", im Deutschen als Bienenfresser bekannt, bewohnen Europa, Asien, Afrika, Australien sowie benachbarte Inseln. In Nord- und Südamerika hingegen fehlen sie. Man unterscheidet 25 Arten in drei Gattungen. Keine ist akut gefährdet. Bei den meisten Arten handelt es sich um recht bunt gefärbte Vögel mit einem langen, schwach gekrümmten Schnabel. Charakteristisch ist die Anzahl von **zwölf Schwanzfedern**, wobei die beiden mittleren bei einigen Arten stark verlängert sind. Die Vögel haben kleine Füße und ihre 3. und 4. Zehen sind etwa zur Hälfte miteinander verwachsen. Der europäische Bienenfresser (*Merops apiaster*) ist aufgrund der steigenden Temperaturen sogar auf dem Vormarsch nach Norden.

Die meisten Spintarten haben etwa 14 bis 35 cm Körperlänge und leben in offenem Gelände, wo sie von einer Ansitzwarte aus Insekten im Fluge erbeuten. Bienen und Wespen stellen die bevorzugte Nahrung dar, woher auch der Name stammt. Mitunter erbeuten einige Arten aber auch kleine Wirbeltiere, wie Eidechsen. Die Beute wird auf einem harten Untergrund aufgeschlagen und getötet. Dabei wird beispielsweise auch der Giftstachel von Wespen abgestreift, sonst sind Bienenfresser aber wenig bis nicht empfindlich gegen Insektenstiche.

Die meisten Arten leben gesellig und bilden **Nistkolonien**, beim Rosenspint (*Meropsicus malimbicus*) aus bis zu 25000 Vögeln. Lediglich die Waldbewohner (*Nyctornis*) sind eher Einzelgänger. Sie brüten in Ufersteilwänden oder im Boden, in selbstgegrabenen Höhlen. Die Niströhren schließen meist mit einer Nestkugel ab. Die Röhren können bis zu 3,5 m lang sein und entsprechend tief ins Erdreich hineinreichen. Es werden aber nicht immer für die neue Brut auch neue Nisthöhlen angelegt. In der Regel werden zwei bis fünf Eier gelegt. Die frisch geschlüpften Jungen sind nackt und blind.

Scharlachspint
Merops nubicus (Gmelin, 1788)
GB: Northern Carmine Bee-eater

Unterarten: *M .u. nubicoides*; Karminspint (Southern Carmine Bee-eater) Kinn und Kehle karminrot wie Bauchgefieder; südlich des Äquators beheimatet. Die Nominatform *M. n. nubicus* hat eine grün-blaue Kehle und ist nördlich des Äquators anzutreffen.

Status: Nicht bedroht, lokal häufig

Haltung: >100 in Zoos; <10 in Privathand

Beschreibung: Länge etwa 40 cm, davon entfallen 12 cm auf die verlängerten Schwanzfedern; Gewicht 44 bis 61 g; Oberseite und Unterseite sind karminrot gefärbt; Unterseite heller; Kopfplatte grün-blau; schwarzes Band vom Schnabel bis Ohrregion; Schnabel schwarz, leicht nach unten gekrümmt

Herkunft und Lebensweise: Senegal bis nach Nord-Äthiopien und südwärts bis Tansania, sowie der Norden des südlichen Afrikas. Die Vögel bevorzugen offenes Gelände wie Halbwüsten aber auch Baum- und Buschsavannen. Entlang von Flussläufen sind sie ebenfalls regelmäßig anzutreffen.

Zwei Scharlachspinte aus der großen Kolonie in der Fasanerie des Kölner Zoos.

> **Info**
> In menschlicher Obhut sollten die Futterinsekten mit einem geeigneten Vitamin- und Mineralstoffgemisch angereichert werden.

Das Weibchen legt zwei bis drei Eier, selten bis zu fünf. Die Brutdauer beträgt rund 21 Tage. Die Jungvögel werden anfänglich mit Kleinstinsekten gefüttert. Die Nestlingszeit beträgt rund 30 Tage.
Unterbringung: Ganzjährig nur innen oder Innen-/Außenvoliere; > 4 × 2 × 2 m; sollte nur in größeren Gruppen gehalten werden; mind. 15 °C; Brutwand anbieten!
Ernährung: Ihre Beute, die aus Insekten, zum Beispiel Heuschrecken, Bienen, aber auch Termiten besteht, wird zumeist im Flug mit dem Schnabel erhascht. Kleine Beutetiere werden sofort verschluckt – bei Bienen und Wespen nachdem der Stachel abgestreift wurde.

Im Kölner Zoo, wo Bienenfresser seit vielen Jahren in einer kombinierten Innen- und Außenvolierenanlage gehalten und gezüchtet werden, haben wir in der Voliere stets ein Bienenvolk untergebracht. Die Bienen schaffen es, von ihren Nahrungsflügen selbst durch ein 10,5 × 10,5 mm enges Maschengewebe in die Voliere zu ihrem Stock zu fliegen. Die Bienen sind für die Spinte eine ideale Nahrung und gleichzeitig eine äußerst praktische Beschäftigungsmaßnahme. Ansonsten füttern wir lebende Heimchen, Grillen, Schmeißfliegen und Mehlkäferlarven in großen Näpfen und Plastikwannen.

Die gesellig lebenden Vögel brüten in großen Kolonien. Diese legen sie gerne direkt in Ufersteilwänden an, die ihnen entsprechend Sicherheit vor Fressfeinden bieten. Bis zu 2 m lange im Querschnitt 6 cm messende Gänge graben sie in den Lehm. Über Jahrzehnte werden die gleichen Brutwände aufgesucht. In seltenen Fällen graben sie auch Höhlen im flachen Boden. Die Kolonien teilen sie sich mitunter mit anderen Arten, zum Beispiel dem bei uns im Kölner Zoo mehrfach gezüchteten Weißstirnspint (*Merops bullockoides*).
Im Freiland beginnt die Brut parallel mit der Regenzeit, wenn das Nahrungsangebot für die Vögel steigt.

Haltungs- und Zuchtbedingungen ähnlich
- Karminspint
- Weißkehlspint
- Weißstirnspint
- Zwergspint

Rezepturen für den Bau von Brutsteilwänden
- **Echte Lehmwand.** Sie wird aus Lehm und tonigem Sand hergestellt. Zur Stabilisierung sollte Stroh untergemischt werden.
- **Modell Zoo Frankfurt.** Hier hat man für die Außenhülle der Lehmwand ein Gemisch aus Kieselgur und Gips (1:1) mit etwas Zement vermischt. Als Färbemittel diente Ockeroxyd. Im Inneren bestand die Wand aus Lehm und wies vorgefertigte Höhlen auf. Die entsprechenden Anflugöffnungen sind in der festen Außenhülle vorzugeben.
- **Nachgebildete Uferwand** mit Öffnungen und dahinter aufgehängten Nistkästen. Diese sollten mit einem Lehm-/Sandgemisch gefüllt werden, denn dies stimuliert die Vögel, zu graben. Die Wand kann aus Kalksandsteinen oder Ytong-Steinen bestehen und mit einem Lehmputz verkleidet werden. Es empfiehlt sich, kleine vorspringende Ästchen oder Wurzeln einzubauen, die die Spinte als Anflug-/Ansitzwarten nutzen können.

Coraciidae – Rackenvögel

> **Info**
> Nicht sinnvoll ist die gleichzeitige Haltung Spinten mit Liesten (Alcedinidae) und/oder Bartvögeln (Capitonidae), da diese um die Niströhren konkurrieren können.

Haltung und Zucht: Für die Zucht benötigt man Lehmsteil- oder -uferwände, die man selbst herstellen kann.

Wir füllen zu Beginn der Brutzeit die Einfluglöcher mit einem Lehm-Sandgemisch. Die Vögel graben sich diese dann selbst frei. Nach Erfahrungen mehrere Zoologischer Gärten und Privathalter bevorzugen die Spinte Ufersteilwände, die der Sonne zugewandt sind. Wichtig ist auch eine möglichst hohe Temperatur und Luftfeuchte in der Lehmwand zu erhalten, dies gilt vor allem für solche, die sich in Außenvolieren befinden.

Für Scharlachspinte sollten die Einflugröhren etwa 60 mm im Durchmesser haben. Nach unseren Erfahrungen werden von den in Ufersteilwänden brütenden Arten kaum Bruthöhlen genutzt, die unter 1,2 m Höhe liegen.

Für die Zucht sollte man mindestens fünf Paare zusammen in einer geräumigen Voliere unterbringen, besser eine noch größere Gruppe. Wichtig ist, dass man die Geschlechter der Gruppenmitglieder kennt, denn nur bei ausgewogenem Geschlechterverhältnis besteht Aussicht auf Zuchterfolge. Wir selbst stellten einmal fest, dass es mit der Brut nicht mehr voranging, weil nur noch zwei Weibchen und elf Männchen in der Gruppe waren.

Die Voliere kann einige Büsche aufweisen, sollte aber sonst viel freien Flugraum, besonders für die Beuteflüge, bieten. Ansitzwarten in Form von erhöhten Ästen und/oder Büschen, kleinen Bäumen und Ähnlichem zur Verfügung stellen.

Ein großflächiges, nicht zu tiefes Wasserbecken ist zu empfehlen. Spinte baden gerne in dem sie sich sturzflugartig auf die Wasseroberfläche fallen lassen. Eine freie Sandfläche, möglichst sonnenbeschienen, wird gerne zum Sand- und Sonnenbad genutzt.

Vergesellschaftung: Ist mit vielen Arten möglich. Im neuen Kölner Themenhaus „Hippodom" werden Spinte mit Flusspferden und Nilkrokodilen und anderen Vogelarten vergesellschaftet. Ansonsten haben wir erfolgreich Spinte mit Kaptrielen (*Burhinus capensis*), verschiedenen Entenarten (Anatidae), Turakos (Musophagidae), Staren (Sturnidae) und Webervögeln (Ploceidae) zusammen gehalten.

Kennzeichnung: Sie kann mit einem Ring der Größe 4,0 mm erfolgen. Die Jungtiere werden im Alter von etwa 14 Tagen beringt, da dann auch schon einige Federkiele vorhanden sind, kann man gleichzeitig Probenmaterial für eine Geschlechtsbestimmung ziehen.

Coraciidae – Rackenvögel

Racken leben nur in der Alten Welt, in Afrika, Asien, Australien sowie auf Neuguinea. In Europa kommt nur eine Art, die **Blauracke** (*Coracias garrulus*), vor. Insgesamt ist es eine recht einheitlich wirkende Vogelfamilie mit auffallend blauen Gefiederpartien. Die Zehen sind teilweise miteinander verwachsen und ihre Schnäbel sind breit und abgeflacht. Es werden zwei Gattungen und zwölf Arten unterschieden. Davon gilt eine, der **Azurroller** (*Eurystomus azureus*) als bedroht. Der Name Roller leitet sich von einem spektakulären Balzflug der Männchen ab, denn sie vollführen Überschläge in der Luft.

Rackenvögel sind etwa 25 bis 45 cm groß, inklusive der bei einigen Arten verlängerten beiden mittleren Schwanzfedern. Sie bewohnen das offene Waldland, Savannen, Waldränder und einige Arten gar Tieflandregenwälder. Ihre Nahrung besteht vorwiegend aus Insekten, kleinen Wirbeltieren und mitunter auch aus Früchten. Sie sind Höhlenbrüter, nutzen dabei Erd- oder Baumhöhlen, auch Felsnischen. Das Gelege besteht aus zwei bis sechs rein weißen, glänzenden Eiern. Die **Brutdauer** liegt bei 17 bis 20 Tagen. Die **Nestlingszeit** variiert zwischen 26 bis 30 Tagen. Beide Altvögel versorgen die Jungen. Ihre **Stimme** wird als rau, krächzend oder kreischend beschrieben.

Gabelracke
Gabelschwanzracke
Coracias caudatus (Linnaeus, 1766)
GB: Lilac-breasted Roller

Unterarten: *C. c. caudata* – Afrika südlich des Äquators bis ins nördliche Südafrika; von der Krone bis zum Mantel olivgrün; Brust altrosa; Kinn und Stirn weiß; Brust weiß gestrichelt; *C. c. lorti* – Ost- und Nordkenia bis zur Küste des Roten Meeres in Äthiopien und Somalia. Von der Krone bis zum Mantel grünblau. Kehle altrosa, stark weiß gestrichelt; lichtblaue Brust; manche Exemplare haben kleine rosafarbene Flecken zwischen Brust und Bauch.
Status: Im Freiland nicht gefährdet
Haltung: < 100 in Zoos; < 20 in Privathand
Beschreibung: Länge bis 40 cm; Gewicht etwa 120 g; außer dem zuvor beschriebenen Unterartengefieder sind Bauch und Unterschwanzdecken hellblau; Stirn und Streifen über dem Auge weiß; Flügelbug und Spitzen der Schwingen violett und der Rücken braun; typisch sind die beiden gabelartig verlängerten Schwanzfedern.
Herkunft und Lebensweise: Die Gabelracke ist in Ostafrika von Äthiopien über Kenia bis ins nördliche Südaf-

Deutlich sind die namensgebenden verlängerten Schwanzfedern der Gabelracke zu erkennen. Unten: Junge Gabelracken.

rika, dem Westen Angolas und bis nach Namibia anzutreffen. Sie lebt in Baumsavannen, offenem Buschland aber auch Kulturland.
Unterbringung: Gabelracken sind sehr gewandte Flieger und benötigen eine große Voliere. Besonders geeignet ist eine Innen- Außenvolierenkombination, die mindestens 12 m² Grundfäche haben sollte. Die Temperatur in der Innenvoliere sollte im Winter nicht unter 15 °C fallen.
Ernährung: Unsere Gabelracken erhalten neben Mehlkäferlarven, Zophobas, Heuschrecken und Heimchen

Haltungs- und Zuchtbedingungen ähnlich
- Dollarvogel
- Hinduracke
- Opalracke
- Senegalracke
- Strichelracke
- Zimtroller

Info Eine Vergesellschaftung mit anderen größeren Vogelarten ist meist problemlos, kleinere Vögel, die keine geschickten Flieger sind, könnten aber attackiert werden. Vorsicht ist während der Brutzeit geboten, da Gabelracken Nesträuber sind und somit eine Gefahr für die Jungtiere anderer Arten darstellen.

auch Babymäuse und gehäutete und zerkleinerte Eintagsküken. Dieses Futter wird mit einem handelsüblichen Insektenfutter sowie Vitamin- und Mineralstoffgaben ergänzt.
Haltung und Zucht: Die Schwierigkeit bei der Haltung und Zucht von Gabelracken liegt darin, ein wirklich harmonierendes Paar zusammenzustellen. Oft sind die Partner aggressiv untereinander und müssen nicht selten sogar getrennt werden. Harmoniert ein Paar aber gut, ist die Zucht nicht schwierig.

Eine geeignete Nisthöhle hat die Maße von etwa 20 cm Durchmesser bei einer Tiefe von 30 bis 40 cm und einem Einflugloch von 7 cm. Sie sollte mit verrotteten Holzstücken oder Hobelspänen gefüllt und möglichst hoch in der Voliere aufgehängt werden. Wichtig ist es, einen Sitzast vor der Höhle anzubringen, sodass sie von den Altvögeln leicht angeflogen werden kann.

Gelegt werden drei bis fünf Eier, die 17 bis 18 Tage lang ausschließlich vom Weibchen bebrütet werden. Die Jungen sind bereits nach wenigen Tagen dank ihrer lauten Bettelgeräusche zu hören.
Kennzeichnung: Jungtiere können nach zehn bis 14 Tagen mit einem Ring der Größe 6,5 mm gekennzeichnet werden. Sind zu diesem Zeitpunkt schon Federkiele vorhanden, bietet sich an, einige zur Geschlechtsbestimmung zu ziehen.

Die Entwicklung der Jungtiere sollte mindestens einmal wöchentlich überprüft werden, da es häufiger vorkommt, dass später geschlüpfte Küken im Wachstum zurückbleiben. Ist dies der Fall, können diese Jungtiere zur Handaufzucht rechtzeitig aus dem Nest genommen werden.

Phoeniculidae – Hopfe

Die zur Ordnung der Rackenvögel gehörenden Hopfe sind mittelgroße Vögel, die in Höhlen brüten. Die Nahrung, die hauptsächlich aus Insekten und deren Larven besteht, wird mit Hilfe des schlanken Schnabels in den Schlupfwinkeln aufgespürt.

Baumhopf
Phoeniculus purpureus (Miller, 1784)
GB: Green Woodhoopoe

Unterarten: Sechs, die sich teilweise in der Intensität der Gefiederfärbung oder Schnabelfarbe unterscheiden: bei *P. p. purureus* und *P. p. angolensis* rot, *P. p. somaliensis* und *P. p. abyssinicus* schwarz und nur an der Basis rot und bei *P. p. senegalensis* völlig dunkel.
Status: Innerhalb ihres großen Verbreitungsgebietes häufig, im Bestand nicht gefährdet.
Haltung: < 50 in Zoos; < 20 in Privathand
Beschreibung: Ein großer Teil der Gesamtlänge von etwa 37 cm entfällt auf den Schwanz. Mit 60 bis 100 g sind sie relativ leicht, Männchen sind aber meist schwerer als Weibchen. Die Grundfarbe ist metallisch blaugrün, mit violettem Rücken und meist gleichfarbigem Schwanz. Die Handschwingen und äußeren Schwanzfedern weisen eine weiße Markierung auf, der lange Schnabel ist leicht gebogen und die Beine sind rot.
Herkunft und Lebensweise: Der Baumhopf bewohnt Afrika südlich der Sahara, von Senegal im Westen bis Sudan im Osten und der Kapprovinz im Süden. Das Kongobecken und Südwestafrika bleibt ausgespart. Sein bevorzugtes Habitat sind die Savannen und Wälder, wo er in Büschen, Bäumen sowie auf Termitenhügeln und auf dem Boden nach Beute sucht. Er lebt überwiegend von Insekten. Außerhalb der Brutzeit trifft man diese Vogelart auch in kleinen Trupps an. Rivalisierende Gruppen liefern sich laute Gesangsduelle.
Unterbringung: Innen- und Außenvoliere mit einer Mindestfläche von 2 × 3 m. Die Mindesttemperatur im Innenraum sollte 15 °C betragen. Die Außenvoliere der Baumhopfe kann bepflanzt werden, da die Vögel die Vegetation nicht zerstören. Unserer Erfahrung nach ist es sehr wichtig, größere Mengen Totholz in der Voliere zu verteilen, damit die Vögel darin herumstochern und nach Kleintieren suchen können.

> **Haltungs- und Zuchtbedingungen ähnlich**
> - Steppenbaumhopf
> - Sichelhopf

Baumhopfe suchen ihre Nahrung hauptsächlich in Ritzen und Spalten.

> **Achtung** Baumhopfe sind „Ausbrecherkönige". Sie finden selbst durch kleinste Ritzen den Weg aus der Voliere. Ist ein Vogel entflogen, fangen Sie möglichst umgehend den Partner und setzen ihn in einen Fangkäfig. Normalerweise lässt sich der „Flüchtling" dann innerhalb kurzer Zeit in der Nähe des Käfigs sehen und mit etwas List wieder einfangen.

Ernährung: Bei uns im Kölner Zoo erhalten die Baumhopfe neben Lebendinsekten auch gefrostete Heimchen und speziell mit Mineralstoffen und Vitaminen panierte Mehlkäferlarven. Zusätzlich wird auch ein Insektenfresserfutter angeboten und gut aufgenommen.

Haltung und Zucht: Baumhopfe sind Höhlenbrüter. Das Weibchen legt zwei bis vier blaue Eier und bebrütet diese alleine. Die Brutdauer beträgt 17 bis 18 Tage, die Jungen verlassen mit drei Wochen das Nest. Nach weiteren drei Wochen beginnen sie, selbstständig Nahrung aufzunehmen. Ähnlich wie bei den Sichelschnabelvangas, die auch einen sehr langen Schnabel und nur eine kurze Zunge haben, müssen die Jungtiere erst lernen, sich die Nahrung in den „Rachen" zu werfen. Für diese Koordinationsübungen benötigen die Tiere wesentlich mehr Futter, da vieles ungenutzt auf dem Boden landet.

Kennzeichnung: Junge Baumhopfe können nach etwa zehn Tagen mit einem geschlossenen Ring der Größe 5,5 mm beringt werden. Stark glänzende Ringe müssen unbedingt abgeklebt, besprüht oder mit einem Stück Ventilgummi überzogen werden, damit die Eltern nicht daran herumziehen und dabei das Jungtier verletzen.

Bucerotidae – Nashornvögel

Die Nashornvögel mit ihren charakteristischen Schnäbeln nehmen innerhalb der Ordnung der Rackenvögel eine Sonderstellung ein. Nashornvögel (Bucerotidae), manchmal auch **Maurerhornvögel** oder nur **Hornvögel** genannt, sind Vögel der Tropen Asiens und Afrikas. Zu den Nashornvögeln gehören 14 Gattungen in 54 Arten, davon gelten neun als bedroht. Es wird zwischen den Unterfamilien **Bucorvinae** (Hornraben) mit einer Gattung und zwei Arten sowie den **Bucerotinae** (Hornvögeln) mit 13 Gattungen und 52 Arten unterschieden.

Die Größe der Vögel variiert zwischen 26 und 120 cm. Namengebend ist der große, meist gebogene Schnabel, der bei vielen Arten einen wulstigen Aufsatz besitzt. Der wuchtige und schwer anmutende Schnabel, das „Horn", ist entweder hohl oder besteht aus lockerem Knochengewebe, ist also leicht. Nur beim **Schildschnabel** (*Rhinoplax vigil*) ist der Hornaufsatz tatsächlich massiv!

Im Kopf- und Halsbereich finden sich nackte, meist bunt gefärbte Hautpartien. Weitere Charakteristika sind: Der Körper ist langgestreckt, der Hals relativ dünn und lang. Auffallend sind auch die ausgeprägten Wimpern einiger Arten. Die Flügel sind kurz und breit. Der lange Schwanz besteht aus zehn Federn. Die beiden vorderen Zehen sind zum Teil verwachsen. Bei den **asiatischen Arten** sind Männchen und Weibchen meist unterschiedlich gefärbt. Die Männchen sind durchschnittlich etwa 10 % schwerer und größer als die Weibchen. Geringen Geschlechtsdimorphismus findet man auch bei **afrikanischen Arten** (*Tockus*). Signifikant sind die unterschiedlichen Irisfärbungen der Geschlechter bei den Gattungen *Anthracoceros*, *Buceros*, *Ceratogymna* und *Rhyticeros*.

Eine Besonderheit ist das **Brutverhalten**. Alle Nashornvögel nisten in Baum- oder gar Felshöhlen in 3 bis 40 m Höhe. Das Weibchen wird bei den meisten Arten zur Brut eingemauert, das heißt, das Einflugloch zur Nisthöhle wird vor allem mit Lehm, Erde, Kot und Speichel bis auf einen Spalt verschlossen. Dadurch sind Weibchen, Gelege und die Jungen vor Feinden geschützt.

Meist mausert das Weibchen während der Brut. Bei großen Arten werden Schwanz- und Handschwingen gemausert, bei kleineren Arten (Tokos) sind die Weibchen mitunter zeitweise flugunfähig. Nichtbrütende Weibchen mausern so, dass die Flugfähigkeit erhalten bleibt.

Große Arten legen ein bis zwei, kleine Arten bis zu fünf Eier. Je nach Art beträgt die **Brutzeit** etwa 23 bis 42 Tage. Sind die Jungen größer und das Männchen kann allein nicht mehr genug Nahrung heranschaffen, öffnet das Weibchen von innen den Höhleneingang und hilft bei der Nahrungsbeschaffung. Hornvögel sind eigentlich **Allesfresser**, leben je nach Art mehr oder weniger von Früchten aber auch Insekten und kleineren Wirbeltieren.

Von-der-Decken-Toko
Jacksontoko
Tockus deckeni (Cabanis, 1869)
GB: Von der Decken's Hornbill, Jackson's Hornbill, Decken's Hornbill

Unterarten: *T. d. deckeni* – Äthiopien, Südsomalia, Kenia und Tansania; *T. d. jacksoni* – Südostsudan, Nordostuganda. Nordwestkenia, ist kleiner, Männchen weniger gelb am Schnabel und Flügeldecken weiß gesprenkelt.

Bucerotidae – Nashornvögel 83

Der männliche Von-der-Decken-Toko ist an seinem roten Schnabel zu erkennen.

Status: Weit verbreitet, lokal häufig
Haltung: < 100 in Zoos; < 50 in Privathand
Beschreibung: Länge etwa 35 cm; Männchen 165 bis 212 g, Weibchen 120 bis 145 g; ähnelt dem Rotschnabeltoko; hat aber einen kräftigeren Schnabel; langer, gebogener Schnabel, beim Weibchen schwarz; beim Männchen rot; Spitze cremefarben; Kopfseiten und Unterseite weiß; Oberseite schwarz oder mit weißer Fleckung
Herkunft und Lebensweise: Der Vogel wurde nach dem deutschen Forscher Baron Karl Klaus von der Decken (1833-1865) benannt. Dieser Toko ist ein Bewohner der Baum- und Dornbuschsavannen Ostafrikas. Besonders häufig findet man ihn östlich des afrikanischen Grabenbruchs, von Äthiopien bis nach Tansa-

> **Info**
> Aus dem Freiland sind interessante Beziehungen zwischen Tokos und Zwergmangusten (*Helogale undulata*) bekannt. Diese scheuchen bei ihrer Nahrungssuche immer wieder große Insekten, zum Beispiel Heuschrecken auf, die dann von den Tokos erbeutet werden. Im Gegenzug warnen die wachsamen Vögel die Mangusten durch ihre Alarmrufe vor Feinden.

> **Haltungs- und Zuchtbedingungen ähnlich**
> - Elstertoko
> - Gelbschnabeltoko
> - Grautoko
> - Kronentoko
> - Rotschnabeltoko

nia. Außerhalb der Brutzeit treten die Vögel auch in Gruppen auf.

Von-der-Decken-Tokos fressen hauptsächlich verschiedene Wirbellose (Invertebraten), Beeren, vor allem die von *Comniphora* und *Cissus* sowie Blütenknospen und Wirbeltiere wie Eidechsen, Schlangen, Kleinnager oder Jungvögel. Ihre Nahrung suchen sie im Freiland zu über 90 % auf dem Boden.

Es werden zwei bis vier Eier in eine Baumhöhle gelegt. Diese Höhle wird während der Brut mit einem Gemisch aus Futterbrei, Erde und Kot zugemauert. Nur ein kleiner Spalt, der gerade so groß ist, dass das Weibchen dadurch versorgt werden kann, bleibt offen. Geradezu kunstvoll und akrobatisch mutet es an, dass sowohl das Weibchen als auch später die Jungen durch diese Öffnung aus der Höhle koten können.

Die Brutdauer beträgt 33 Tage. Das Weibchen mausert in der Bruthöhle das Großgefieder. Wenn die Jungen größer werden, verlässt das Weibchen die Höhle und hilft bei der Versorgung mit. Die Nestlingszeit beträgt 47 bis 50 Tage.

Nisthöhlen findet man im Freiland in Höhen von 0,5 bis 5 m. Der eigentliche Nisteingang ist nur 5 cm im Durchmesser groß. Das Weibchen beginnt mit der Brut nach der Ablage des ersten Eies, daraus resultieren das asynchrone Schlüpfen der Jungen und deren unterschiedliche Größen im Nest. Wer zuerst geschlüpft ist, wächst schneller als die übrigen Nestgeschwister.
Unterbringung: Ganzjährig nur innen oder Innen-/Außenvoliere; mind. 4 × 2 × 2 m; mind. 15 °C
Ernährung: Den Von-der-Decken-Tokos kann man unterschiedliche Insekten und deren Larven aber auch Mäuse- oder Rattenbabys anbieten. Auch aus Hackfleisch, Siebenkornflocken und Insektenfresserfutter geformte Knödel nehmen sie gerne. Manche Halter bieten ihnen auch sowohl feuchtes als auch trockenes Katzenfutter. Beoperlen oder anderes Pelletfutter werden ebenfalls gefressen.
Haltung und Zucht: Die Voliere sollte stets über ausreichend freien Bodenbereich verfügen, denn dort hüpfen die Vögel gerne umher und suchen nach Nahrung. Eine kombinierte Innen- und Außenvoliere kann empfohlen werden.

> **Info** Tokos, so auch den Von-der-Decken-Toko kann man zumindest außerhalb der Brutzeit mit anderen ähnlich großen Vögeln, wie Trielen (Burhinidae), kleinen Trappen (Otitidae) und Turakos (Musophagidae) vergesellschaften. Dazu ist aber immer eine größere Voliere mit ausreichend Strukturen und möglichst mit Bepflanzung nötig.

Zum Brüten bietet man mehrere größere Baumhöhlen zur Auswahl an. Es hat sich bewährt, den Nisthöhleneingang rhombenförmig auszubilden, also nach oben und unten verjüngt. Das kommt den Vögeln beim Einmauern entgegen. Dazu bietet man am besten in einer flachen Schale feucht krümeligen Lehm an. Bei guten Haltungsbedingungen werden Tokos häufig mehr als zwölf Jahre alt.
Kennzeichnung: Um das Brutgeschehen der Tokos nicht zu stören und eventuell das Weibchen zum voreiligen Verlassen der Höhle zu bewegen, sollte man junge Tokos erst nach dem Ausfliegen beringen. Der Ring sollte etwa 8,0 mm groß sein.

Doppelhornvogel
Buceros bicornis Linnaeus, 1758
GB: Great Hornbill, Great Pied Hornbill, Great Indian Hornbill

Unterarten: Keine, einige Autoren beschreiben jedoch eine größere Festlandform als *Buceros b. homrai*.
Status: Freilandbestand gefährdet; CITES I gelistet; Haltegenehmigung erforderlich!
Haltung: < 50 in Zoos; < 10 in Privathand
Beschreibung: Länge 95 bis 105 cm; Männchen 2600 bis 3400 g, Weibchen 2155 bis 3350 g; Gefieder schwarz und weiß; Hals, Brust sowie Teile des Kopfes beige; Schnabel groß, mit hornartigem Aufsatz; dieser ist mit einem Knochenparenchym gefüllt und recht leicht; scheint als Resonanzkörper zu dienen; Geschlechtsdimorphismus; die Iris ist beim Männchen rot, beim Weibchen weißlich gefärbt; Männchen sind zudem in der Regel etwas größer; auffällig lange Wimpern am oberen Augenlid
Herkunft und Lebensweise: Der Doppelhornvogel lebt entlang der Westküste Indiens, im Himalajagebiet bis nach Südwestchina, Indochina, Malaysia sowie Sumatra und Borneo. Dort sind sie in Höhen bis zu 2000 m ü. NN anzutreffen. Sie leben außerhalb der Brutzeit gesellig, oft in Trupps bis zu 40 Vögeln. Dies ist besonders zur Monsunzeit oder während der Fruchtreife von Nahrungsbäumen der Fall. Auch die Nacht verbringen sie gerne in Gruppen auf ausgesuchten Schlafbäumen.

Weiblicher Doppelhornvogel vor der Bruthöhle.

Sie bewohnen vornehmlich die Baumkronen, wo sie auch ihre Nahrung suchen. Im dichten Wald hört man sie eher als dass man sie sieht. Nicht nur ihre Rufe sondern auch durch die kräftigen Flügelschläge sind sie zu vernehmen. Größere Distanzen überwinden sie auch im lautlosen Gleitflug.

Dieser Hornvogel ernährt sich im Freiland überwiegend von Früchten, vor allem von Feigen. Sie können einen Anteil von über 50 % seiner Nahrung ausmachen. Der tierische Anteil seiner Nahrung liegt zwischen 10 bis 15 %. Neben Insekten nimmt er auch kleine Wirbeltiere und Gelege auf.

Hat sich ein Paar gefunden so bleibt es meist lebenslang zusammen. Ihre Bruthöhlen findet man hoch in großen Bäumen. Das Weibchen legt gewöhn-

> **Haltungs- und Zuchtbedingungen ähnlich**
> - Grauwangenhornvogel
> - Helmhornvogel
> - Jahrvogel
> - Perückenhornvogel
> - Rhinozeroshornvogel
> - Runzelhornvogel
> - Silberwangenhornvogel
> - Tariktik-Hornvogel
> - Trompeter-Hornvogel

lich zwei Eier. Die Brutdauer beträgt 38 bis 40 Tage. Die Nestlingszeit variiert zwischen 72 und 96 Tagen, somit benötigen sie für die gesamte Brut und Aufzucht bis zu 140 Tage(!). Hat das Weibchen die Eier gelegt, so wird es in der Bruthöhle eingemauert. Mit einem Brei aus Nahrung, Holzteilen, Kot und Erde verschließt das Paar die Einflugöffnung der Bruthöhle bis auf einen kleinen Spalt. Durch diese Öffnung werden das Weibchen und später auch die Jungen vom Männchen mit Nahrung versorgt. Sind die Jungen größer, öffnet und verlässt das Weibchen die Bruthöhle. Meist wird der Höhlenzugang dann noch einmal verschlossen und das Weibchen beteiligt sich an der Futtersuche.
Unterbringung: Ganzjährig nur innen oder Innen-/Außenvoliere; deutlich größer 4 × 2 × 3 m; mind. 15 °C
Ernährung: Doppelhornvögel fressen Früchte aller Art, besonders gerne Feigen. Meist wird ihnen ein Fruchtgemisch angeboten, oft in Stücke geschnitten. Man kann ihnen aber auch Traubendolden oder Ähnliches anbieten, sodass sie die Nahrung selbst pflücken müssen. Junge Mäuse, Hornvogelpellets, Eintagsküken und große Insekten und deren Larven gehören zu ihren Lieblingsspeisen. Typisch ist das geschickte Aufnehmen der Nahrung mit dem Schnabel, wobei sie die Futterbrocken in die Luft werfen und sie dann wieder aufschnappen und hinunterschlucken.
Haltung und Zucht: Doppelhornvögel brauchen eine geräumige und möglichst hohe Voliere. Sie bevorzugen hoch angebrachte Nistmöglichkeiten. In menschlicher Obhut kann man dazu Naturstammhöhlen, Holznistkästen oder alte Weinfässer anbieten. Diese sollten etwa 45 bis 75 cm Durchmesser haben, die Einflugöffnung etwa 30 cm hoch und 15 cm breit sein. Der Boden der Nisthöhle sollte etwa 30 cm unter der Unterkante der Einflugöffnung liegen. Nistkasteneinstreu animiert die Vögel zur Brut, denn sie beginnen meist sehr schnell die Einstreu aus dem Kasten zu befördern.

Ihre Erstzucht gelang 1953. Doppelhornvögel können in menschlicher Obhut ein Alter von über 40 Jahren erreichen.
Kennzeichnung: Auch diese Hornvögel sollten erst nach dem Ausfliegen gekennzeichnet werden. Bewährt hat sich hier besonders eine Markierung mit einem Transponder (Mikrochip). Eine Beringung ist auch möglich, der Ring sollte dann so eng und stabil gewählt werden, dass der Vogel sich nicht mit seinem Schnabel damit verhaken kann oder den Ring zusammendrückt.

Piciformes – Spechtvögel

Die Ordnung der Spechtvögel umschließt vier recht interessante Vogelfamilien, die **Bartvögel** (Capitonidae), die **Tukane** (Ramphastidae), die **Honiganzeiger** (Indicatoridae) und die **Spechte** (Picidae) selbst.

Die Schnabelformen der jeweiligen Gruppen variieren stark, vom breiten Schnabel der Bartvögel über die überdimensionierten Tukanschnäbel bis hin zu den spitzen Spechtschnäbeln. Die **Zehen** der Vögel sind paarig angeordnet wobei die erste und vierte nach hinten und die zweite und dritte nach vorne weisen. Manche Systematiker vereinen die Bartvögel und Tukane zu einer Familie.

Capitonidae – Bartvögel

Die Bartvögel sind eine Familie der Spechtvögel mit 82 Arten in 13 Gattungen. Sie bewohnen die Tropen und Subtropen in Afrika, Asien (Pakistan bis Südchina, Philippinen, Indonesien) sowie Mittel- und nördliches Südamerika bis in Höhen von 3000 m ü. NN. Die meisten Arten bevorzugen die dichten Wälder als Lebensraum, in Afrika kommen sie aber auch in Savannen vor. Charakteristisch sind die namensgebenden **Borstenhaare** um die Schnabelwurzel, die an einen Bart erinnern. Viele Arten **rufen** melodisch, mitunter im Duett. Sie leben von Insekten und deren Larven, kleinen Wirbeltieren, Früchten und Beeren. Alle sind **Höhlenbrüter**. Einige afrikanische Arten nutzen dazu selbstgegrabene Erdhöhlen. Die Arten der Gattung *Gymnobucco* brüten gesellig. Es werden zwei bis sechs weiße Eier gelegt. Die Brutdauer liegt zwischen zwölf und 18 Tagen, die Jungen sind nach vier bis fünf Wochen flügge.

> **Info** Vorsicht bei Vergesellschaftungen! Doppelhornvögel schrecken nicht davor zurück Volierenmitbewohner in ihr Beutespektrum aufzunehmen, daher sollte man sie tunlichst paarweise halten. Aber auch dem Pfleger gegenüber, können diese wehrhaften Vögel gefährlich werden!

Männchen des Furchenschnabel-Bartvogels.

ten weißlich. Die Augen sind mit einer gelblichen unbefiederten Haut umgeben. Der kräftige Schnabel und die Füße sind fleischfarben, sie enden in kräftigen Zehen, wovon je zwei nach vorne und hinten zeigen. Nur in einem kleinen Detail unterscheiden sich die Geschlechter: Die Weibchen haben im weißlichen Flankengefieder feine schwarze Striche oder Punkte.

Die Vögel sind recht territorial. Sie verteidigen Nist- und Ruheplatz energisch gegenüber Artgenossen.

Herkunft und Lebensweise: Furchenschnabel-Bartvögel leben von Senegambia bis zum. Sie besiedeln die Sahelzone und bevorzugen hier mit hohen Bäumen bewachsene Biotope sowie Dornbuschsavannen, Sekundärwälder und Kulturland bis in 1500 m ü. NN. Die Art ernährt sich von Fruchtfleisch aller Art, besonders Feigen scheinen sie zu mögen. Hier und da plündern sie auch Gelege anderer Vögel. Mit ihrem kräftigen Schnabel können sie mühelos Rinde und morsches Holz aufhacken, um dort nach Insekten und Larven zu suchen. Die verwandtschaftliche Nähe zu den Spechten zeigt sich unter anderem auch darin, dass die Bartvögel ihre Schlaf- und Bruthöhlen ebenfalls selber zimmern.

Unterbringung: Innen- und Außenvoliere mit einer Mindestfläche von 2 × 3 m. Die Mindesttemperatur im Innenraum sollte 15 °C betragen. Die Außenvoliere der Furchenschnabel-Bartvögel kann gut bepflanzt werden, Zugang zur Außenvoliere sollte ganzjährig ermöglicht werden. Die Vögel lassen sich gut mit größeren Arten wie etwa Turakos vergesellschaften.

Ernährung: Eine Insektenfressermischung mit lebenden, gefrosteten und mit Mineralstoffen und Vitaminen panierten Insekten und eine Obstmischung, wie wir sie für unsere Fruchttauben verwenden, bilden den

Furchenschnabel-Bartvogel
Senegalfurchenschnabel
Lybius dubius (Gmelin, 1788)
GB: Bearded Barbet

Unterarten: Keine
Status: In seinem Verbreitungsgebiet häufig
Haltung: < 100 in Zoos; < 50 in Privathand
Beschreibung: Der Furchenschnabel-Bartvogel erreicht eine Größe von 25 cm sowie ein Gewicht von 80 bis 110 g. Charakteristisch sind der Bart aus schwarzen, borstigen Federn am Unterschnabel und der gefurchte Schnabel. Das Gefieder an Kopf, mittlerer Brust und Flügeldecken ist schwarz. Der obere Teil von Brust und Wangen ist leuchtend rot, Bauch braun-rot, an den Sei-

Haltungs- und Zuchtbedingungen ähnlich
- Blauwangenbartvogel
- Diadembartvogel
- Doppelzahnbartvogel
- Flammenkopfbartvogel
- Grauwangenbartvogel
- Halsbandbartvogel
- Haubenbartvogel
- Kupferschmied
- Ohrfleckbartvogel
- Rotstirnbartvogel

> **Info**
> Furchenschnabel-Bartvögel sind sehr sozial, ältere Jungvögel können die Eltern bei der Aufzucht der nachfolgenden Brut unterstützen.

Hauptteil der Nahrung unserer Furchenschnabel-Bartvögel.

Haltung und Zucht: Diese Bartvögel legen ihre Bruthöhlen gerne in morschem Holz an, wir bieten ihnen deshalb verschiedene morsche Baumstämme zur Auswahl. Ist die Bruthöhle fertig gestellt, legt das Weibchen in der Regel zwei weiße Eier. Nach einer Brutzeit von 16 Tagen schlüpfen die Küken, die für 35 bis 40 Tage in der Bruthöhle bleiben und von beiden Eltern versorgt werden. Die flüggen Jungvögel sind etwas kleiner als ihre Eltern, das Rot ihres Gefieders tendiert zu Orange und die Iris ist noch dunkel und nicht gelblich.

Kennzeichnung: Furchenschnabel-Bartvögel-Nestlinge in der Bruthöhle sind häufig nicht für den Pfleger erreichbar. Sollte dies doch möglich sein, so ist ein geschlossener 5,0-mm-Ring zur Kennzeichnung geeignet.

Ramphastidae – Tukane

Tukane sind mittelgroße bis große, 30 cm bis 65 cm, kurzflügelige Vögel mit einem relativ langen Schwanz. Das auffälligste Merkmal ist der riesige **Schnabel**, der an Hornvögel erinnert. Der Schnabel ist **leichtgewichtig**, am Rand gesägt und meist sehr prächtig gefärbt. Man unterscheidet 34 Arten in sechs Gattungen, die in den tropischen Regionen von Mittel- und Südamerika leben. Früher wurden sie gerne auch oft als Pfefferfresser bezeichnet.

Das Gefieder variiert von sehr farbenfroh bis schwarz, häufig sind Gelbtöne zu finden. Die Füße weisen wie bei den Spechten zwei nach vorn (2. und 3.) und zwei nach hinten (1. u. 4.) gerichtete Zehen auf.

Man findet diese spezialisierten **Baumbewohner** in Wäldern des Tieflands bis hinauf in die Bergregenwälder. Tukane ernähren sich von Früchten, doch nehmen sie auch Insekten, Spinnentiere und sogar kleine Wirbeltiere zu sich – daher Vorsicht bei Vergesellschaftung. Nur bei den kleineren Arten gibt es einen Geschlechtsdimorphismus. Tukane leben monogam und nisten in Baumhöhlen, die im Gegensatz zu den Hornvögeln nicht zugemauert werden. Es werden zwei bis vier weiße Eier gelegt. Die **Brutzeit** beträgt 16 bis 18 Tage und die Jungvögel sind nach etwa sechs bis neun Wochen flügge.

Riesentukan
Ramphastos toco (Müller, 1776)
GB: Toco toucan

Unterarten: Neben der Nominatform, die im äquatorialen Brasilien zu Hause ist, wird noch die Unterart *R. t. albogularis*, die weiter südlich angesiedelt ist, beschrieben.

Status: Der Freilandbestand ist nicht gefährdet, trotzdem ist der Handel mit Riesentukanen durch das Washingtoner Artenschutzabkommen geregelt. Die Art ist CITES II gelistet und wird in der EG unter Anhang B geführt. Daher ist für die Haltung ein Herkunftsnachweis erforderlich.

Haltung: < 100 in Zoos; < 50 in Privathand

Beschreibung: Der Riesentukan misst 55 bis 60 cm und wiegt 500 bis 850 g. An seinem großen orange-gelben, an der Spitze und Basis schwarzen Schnabel ist er gut zu erkennen. Er hat den größten Schnabel aller Tukanarten.

Weitere Kennzeichen sind die weiße Kehlpartie, der weiße Bürzel und die roten Unterschwanzdecken, sowie die orange-gelben Felder um die Augen, in einem sonst schwarzen Federkleid. Männliche und weibliche Tukane unterscheiden sich nur unwesentlich in der Schnabellänge. Eine Geschlechtsbestimmung per Federanalyse ist deshalb besonders bei Jungtieren ratsam.

Herkunft und Lebensweise: Das Gebiet von Guayana über Brasilien, Nordbolivien, Paraguay bis hin nach Nordargentinien ist die Heimat des Riesentukans. Er ist der einzige Tukan, der kein reiner Waldbewohner ist. Man findet ihn an Flussläufen, in Plantagen und sogar in Siedlungsnähe. Die Vögel halten sich überwiegend in Baumwipfeln auf und sind nur selten am Boden anzutreffen. Tukane bewegen sich mehr hüpfend als fliegend fort.

Die Nahrung des Riesentukans besteht aus Früchten, aber auch Insekten, Vogeleier, Jungvögel und andere Kleintiere werden nicht verschmäht.

Da der Schnabel des Tukans nicht zum Bauen einer Bruthöhle geeignet ist, bezieht er zum Brüten die Baumhöhlen anderer Vögel.

> **Haltungs- und Zuchtbedingungen ähnlich**
> - Dottertukan
> - Fischertukan
> - Halsbandarrasari
> - Laucharassari
> - Swainsontukan

Riesentukane sind einfach faszinierende Vögel.

Unterbringung: Im Kölner Zoo bewohnen die Riesentukane eine Außenvoliere mit angeschlossener auf 15 °C temperierter Innenvoliere. Eine Anlage für Riesentukane sollte mindestens 12 m² Grundfläche bei einer Mindesthöhe von 2 m haben.

Werden die Tiere ganzjährig innen gehalten, ist auf eine entsprechend hohe Luftfeuchtigkeit von mindestens 60 % zu achten.

Ernährung: Unsere Tukane erhalten zweimal täglich eine frische Fruchtmischung, die hauptsächlich aus Blaubeeren, Äpfeln, Birnen, Mango und Papaya besteht. Zusätzlich stehen den Vögeln jederzeit eisenarme Fruchtfresserpellets und ein ebensolches Weichfutter zur Verfügung.

Haltung und Zucht: Für unsere Riesentukane verwenden wir eine Nisthöhle mit 26 cm Durchmesser und etwa 65 cm Höhe mit einem 12 cm großen Einflugloch. Die Höhle wird vollständig mit Hobelspänen oder zerbröseltem, morschem Holz gefüllt und das Einflugloch zur Hälfte mit einem Stück Borke oder Pappe verschlossen. Hat ein harmonierendes Paar eine ansprechende Höhle ausgewählt, so fliegt es die Brutstätte bald an und räumt sie aus. Das Weibchen legt bis zu vier weiße Eier, die 18 Tage von ihm bebrütet werden. Die Tukan-Eltern beteiligen sich gemeinsam an der Aufzucht ihres Nachwuchses. Die Jungen kommen nackt zur Welt und verlassen das Nest nach etwa zwei Monaten. Der Riesentukan kann bis zu 20 Jahre alt werden.

Besonderheit: Eine Vergesellschaftung ist auf Grund der angeratenen eisenarmen Ernährung nur mit Vögeln möglich, die einen ähnlichen Speiseplan haben oder deren Futter für die Tukane nicht zugänglich ist. Im Vogelpark Walsrode wurde eine Vergesellschaftung

> **Info** Neben der Eisenspeichererkrankung sind Tukane besonders empfindlich gegenüber Pseudotuberkulose (Yersiniose). Diese Krankheit wird hauptsächlich durch Mäuse übertragen, die mit ihren Ausscheidungen das Futter kontaminieren. Da Tukane selbst auch gerne Mäuse fressen, ist eine Krankheitsübertragung leicht möglich, wenn Mäuse in die Voliere eindringen können.

mit Kappenblauraben und verschiedenen Hokkoarten lange Zeit praktiziert. Um in einer solchen Gemeinschaftsvoliere aber allen Bewohnern gerecht zu werden und sie zusätzlich noch zur Fortpflanzung zu bewegen, bedarf es einiger Tricks. Es muss gelingen, die Tukane vom Futter und den Gelegen der anderen Vögel fernzuhalten.

Eine Vergesellschaftung mit deutlich kleineren Vögeln ist nicht sinnvoll, da diese früher oder später von den Tukanen getötet werden.
Kennzeichnung: Jungtiere werden im Alter von zwei Wochen mit einem geschlossenen 10,0-mm-Ring gekennzeichnet. Geschlossene Beringung empfiehlt sich, weil dies der beste Zuchtnachweis ist.

Picidae – Spechte

Familie mit 28 Gattungen und mehr als 210 Arten. Neben den **Echten Spechten** (Unterfamilie Picinae) gehören auch die Unterfamilie **Zwergspechte** (Picumninae) und die Unterfamilie der **Wendehälse** (Jynginae) dazu.

Spechte besitzen einen geraden, kantigen Meißelschnabel, der besonders bei den Echten Spechten fast so lang wie der Kopf ist. Der Schädel weist spezielle Anpassungen auf, die dazu dienen, Erschütterungen zu dämpfen, beispielsweise eine federnde Verbindung zwischen Schnabel und Hirnschädel. Die dünne und hornige Zunge ist weit vorstreckbar und besitzt kurze Widerhaken am Ende.

Die Flügel sind mittellang und etwas abgerundet. Echte Spechte besitzen einen Stützschwanz mit steifen Steuerfedern, der ihnen das Klettern an Baumstämmen erleichtert. Die kurzen Füße besitzen in der Regel paarig gestellte Zehen mit kräftigen Krallen, je zwei nach vorn und zwei nach hinten gerichtet. Einige Arten, besonders Zwergspechte besitzen allerdings nur drei Zehen.

Mit über 100 Arten ist die Familie in Süd- und Mittelamerika am reichsten vertreten. Die Unterfamilie der Zwergspechte kommt nur in den Tropen von Amerika, Afrika und Asien vor. Wendehälse gibt es nur in der Alten Welt. Spechte leben einzeln oder paarweise in Wäldern, Plantagen und Gärten.

Die meisten Arten ernähren sich von Insekten, die sie in oder unter der Baumrinde oder in morschem Holz finden. Spechte sind **Höhlenbrüter**. Die Bruthöhlen werden von den Spechten meist in Baumstämmen selbst gezimmert. Die eigentlichen Brutkammern werden nur mit einigen Spänen ausgekleidet. Die Spechte legen drei bis acht weiße Eier, welche von beiden Geschlechtern bebrütet werden.

Goldmaskenspechte benötigen viele leicht morsche Holzstämme zum Meißeln.

Goldmaskenspecht
Melanerpes flavifrons (Vieillot, 1818)
GB: Yellow-fronted Woodpecker

Unterarten: Keine
Status: Im Bestand nicht gefährdet.
Haltung: < 10 in Zoos; < 10 in Privathand. Von dieser Art wie von vielen anderen exotischen Spechten gib es nur noch Einzeltiere in europäischen Haltungen.
Beschreibung: Goldmaskenspechte gehören bei einer Größe von 17 cm und einem Gewicht zwischen 49 und 64 g zu den kleineren Spechten. Das oberseitige Gefieder ist glänzend blauschwarz, der Bauch ist blutrot und die Flanken sind schwarz-weiß gebändert. Die Stirn und der Vorderhals sind leuchtend gelb. Das Männchen hat einen roten Oberkopf.
Herkunft und Lebensweise: Das Verbreitungsgebiet des Goldmaskenspechtes erstreckt sich von Ostbrasilien über Ostparaguay bis nach Nordostargentinien. Hier lebt er als Standvogel in Regenwäldern, Palmenhainen und Obstplantagen. Er ernährt sich bevorzugt von

> **Haltungs- und Zuchtbedingungen ähnlich**
> - subtropische und tropische Spechtarten

Früchten, Beeren und Sämereien, die gelegentlich in Rindenspalten und anderen Depots zwischengelagert werden. Wie fast alle Spechte brütet die Art in selbst gezimmerten Baumhöhlen. Sie leben paarweise oder in kleinen Gruppen. Beide Geschlechter und andere Gruppenmitglieder, Helfer, beteiligen sich am Brutgeschehen.
Unterbringung: Spechte benötigen Volieren, die mit Baumstämmen ausgestattet sind, sodass sie ausreichend Kletter- und Beschäftigungsmöglichkeiten haben. Die Voliere sollte nicht unter 3 × 2 m groß sein. Ideal ist eine kombinierte Innen- und Außenanlage mit einer Mindesttemperatur von 15 °C im Innenraum. Eine Vergesellschaftung ist nur mit größeren Vögeln möglich, ideal sind Bodenvögel.
Ernährung: Goldmaskenspechte ernähren sich sowohl von Früchten als auch von Insekten. Ihr Futter besteht daher aus einer Fruchtmischung und einem Futter für Insektenfresser, in dem Wachsmottenlarven und Fliegen- und Bienenmaden nicht fehlen sollten. Mehlkäferlarven sollten mit einer Panade aus Mineralstoffen und Vitaminen bestreut werden.
Haltung und Zucht: Spechte werden auf Grund ihrer Lebensweise nur selten gehalten. Dadurch, dass sie sich häufig hinter Holzstämmen verbergen, kommt ihr interessantes Wesen nur selten voll zur Geltung. Die Haltung und Zucht ist nicht sehr schwierig. Hat man ein harmonierendes Paar zusammen, gelingt die Zucht regelmäßig. Voraussetzung dafür sind aber geeignete Stämme, in die die Spechte ihre Höhle zimmern können. Die drei bis sechs weißen Eier werden ausschließlich vom Weibchen 18 Tage lang bebrütet. Das Männchen beteiligt sich an der Aufzucht der Jungtiere, die nach etwa drei Wochen die Höhle verlassen und dann noch einige Wochen von den Eltern gefüttert werden. Sind die Tiere in einer sehr großen Voliere untergebracht, kann man die Jungtiere bis zur nächsten Brut bei den Eltern belassen.
Kennzeichnung: Junge Spechte sollten erst nach dem Ausfliegen beringt werden. Da ihre Beine dann schon nahezu ausgewachsen sind, ist eine offene Beringung ratsam. Der Ring, etwa 5,0 mm, sollte nicht zu groß gewählt werden, denn sonst besteht das Risiko, dass sich der Vogel mit dem Schnabel darin verhakt.

Passeriformes – Sperlingsvögel

Die Sperlingsvögel sind die größte und vielfältigste Ordnung im Vogelreich. Rund 5300 Arten(!), die man in folgende Unterordnungen aufteilt:
- **Breitrachen** (Eurylaimi),
- **Töpfervogelartige** (Furnarii),
- **Bronchienschreier** (Tyranni),
- **Maorischlüpfer** (Acanthisittae),
- **Leierschwänze** (Menurae) und
- **Singvögel** (Oscines, früher Passeres).

Insgesamt stellen die Sperlingsvögel mehr als 50 % aller Vogelarten überhaupt. Es gibt sowohl **Stand**-, **Strich**- als auch **Zugvögel** unter den Sperlingsvögeln. Im Allgemeinen handelt es sich um kleinere Vögel. Die Größe variiert aber beispielsweise vom Goldhähnchen mit rund 8 cm über die Rabenvögel mit bis über 45 cm bis hin zu Paradiesvögeln, die es mit ihren verlängerten Schwanzfedern auf eine Gesamtlänge von rund 120 cm bringen können.

Ebenso unterschiedlich ist die Art der Ernährungsweise, und obgleich die meisten sich überwiegend von Wirbellosen ernähren, gibt es auch solche, die durchaus Gelege anderer Vögel oder kleine Wirbeltiere fressen.

Charakteristisch und namensgebend ist das **Fütterungsverhalten**. Die Jungvögel, allesamt Nesthocker, sperren den Eltern beim Füttern den Schnabel weit auf. Das nennt man **Sperren**. Viele zeichnen sich durch eine auffällige Rachenzeichnung aus.

Eurylaimidae – Breitrachen

Breitrachen bewohnen die Urwälder und Waldgebiete in Afrika, Südasien und Südostasien. Die 14 bis 28 cm kleinen Vögel sind mit kräftigen, breiten Schnäbeln ausgestattet. Bei den meisten der 15 Arten ist der Schwanz kurz und abgerundet. Eine Ausnahme bildet der Papageibreitrachen, *Psarisomus dalhousiae*.

Viele Arten sind **farbenfroh** befiedert. Die Nahrung besteht aus Früchten, Samen, Insekten und anderen Wirbellosen. Ihre beutelartigen **Nester** hängen sie gerne **über Wasser**. Interessant ist auch zu wissen, dass in Menschenobhut die Gefiederfarben von Papageibreitrachen und Kellenschnabel-Breitrachen verblassen, wohingegen das Grün der Smaragdbreitrachen erhalten bleibt.

Breitrachen haben im Unterschied zu anderen Sperlingsvögeln **15 Halswirbel**, üblich sind 14, und alle Arten haben den namensgebenden breiten Rachen.

Passeriformes – Sperlingsvögel 91

Papageibreitrachen
Psarisomus dalhousiae (Jameson, 1835)
GB: Long-tailed Broadbill

Unterarten: Fünf: *P. d. dalhousiae*, *P. d. psittacinus*, *P. d. borneensis*, *P. d. divinus*, *P. d. cyanicauda*. Lediglich die Nominatform aus Südchina und *P. d. psittacinus* von der Malaiischen Halbinsel und Sumatra gelangten bisher in die europäischen Haltungen. Letztere Unterart hat einen weißen anstelle eines gelben Flecks an Kopfseiten und Hals.
Status: Im großen Verbreitungsgebiet nicht gefährdet.
Haltung: < 10 in Zoos; < 10 in Privathand
Beschreibung: Ein gedrungener Körper mit einem lan-

> **Info**
> Bis zum Importverbot wurden Papageibreitrachen immer einmal wieder, wenn auch nie in großen Zahlen importiert. Inzwischen sind nur noch einzelne Exemplare in Zoos und bei Privathaltern verblieben, sodass ziemlich sicher ist, dass die Art in naher Zukunft ganz aus den Anlagen der Halter verschwinden wird.

Papageibreitrachen sind aus unseren Volieren fast völlig verschwunden.

> **Haltungs- und Zuchtbedingungen ähnlich**
> - Halsband-Breitrachen
> - Kellenschnabel-Breitrachen
> - Rosenkopf-Breitrachen
> - Smaragdbreitrachen

gen Schwanz und ein breiter Kopf mit einem kurzen, breiten, blaugrauen Schnabel charakterisieren den 23 bis 26 cm langen und 55 bis 67 g schweren Papageibreitrachen. Das Gefieder ist überwiegend grün gefärbt, der Schwanz ist blau. Der schwarze Kopf mit blauer Platte, das gelbe Gesicht und die gelbe Kehle verleihen diesem Vogel ein an Papageien erinnerndes Aussehen. Die Weibchen besitzen ein gelbes Nackenband, dieser Bereich ist beim Männchen blau gefärbt.
Herkunft und Lebensweise: Papageibreitrachen bewohnen das Himalajagebiet über Indochina, Malaysia bis nach Sumatra und Borneo. Dort leben sie in Bergregenwäldern, Bambusdickichten, sowie in Sekundärwäldern. Außerhalb der Brutzeit sind sie in kleinen Trupps unterwegs, die gemeinsam durch die Wälder ziehen. Sie ernähren sich überwiegend von Wirbellosen, wie etwa Raupen und größeren Fluginsekten.
Papageibreitrachen bauen ein großes, kunstvolles Nest. Es ist birnenförmig, wird aus Fasern und Gräsern geflochten und hat einen seitlichen Eingang. Es hängt bevorzugt an einem Ast über dem Wasser.
Es werden fünf bis acht Eier gelegt und von beiden Eltern 17 Tage lang bebrütet. An der Fütterung der Jungtiere, die nach 25 Tagen flügge sind, beteiligen sich ebenfalls beide Eltern. In der Natur sind oft ältere Jungvögel an der Aufzucht ihrer jüngeren Geschwister beteiligt.
Unterbringung: Papageibreitrachen sollten nur im Sommer in einer Außenvoliere mit angeschlossener, auf mindestens 15 °C temperierter Innenanlage gehalten werden. Im Winter jedoch ist unserer Meinung nach nur eine Haltung in einer mindestens 3 × 2 m großen Innenanlage möglich.
Für die Breitrachen kann man die Außenanlage mit blühenden Sträuchern bepflanzen, die im Sommer Insekten anlocken und die von den Vögeln erbeutet werden können. In einer Breitrachenvoliere darf auch ein Wasserlauf oder ein Wasserbecken nicht fehlen. Eine paarweise Haltung wird empfohlen, aber auch eine Gruppenhaltung kann in einer geräumigen Voliere funktionieren.

Ernährung: Eine Insektenfressermischung mit lebenden, gefrosteten und mit Mineralstoffen und Vitaminen panierten Insekten und einem kleinen Anteil Obst in Form von Blaubeeren oder Papaya eignet sich zur Ernährung dieser Vögel.
Haltung und Zucht: Die erfolgreiche Nachzucht von Papageienbreitrachen ist bisher wohl nur im Frankfurter Zoo und im Animal Kingdom, Orlando, USA, gelungen. Bei Haltung in einer kleinen Voliere sollten die Jungtiere allerdings spätestens nach zwei Monaten von den Eltern getrennt werden, sonst könnten sie eine weitere Brut stören.
Papageibreitrachen verlieren in menschlicher Obhut nach kurzer Zeit ihre grüne Gefiederfärbung und erscheinen fortan blau. Das liegt daran, dass bestimmte Farbstoffe, die die Vögel mit ihrer natürlichen Nahrung aufnehmen, in der angebotenen Ersatznahrung fehlen. Die Vermutung, man könne durch Zugabe künstlicher Gelbfarbstoffe diese Farbveränderung verhindern, wurde bisher noch nicht erfolgreich belegt.
Kennzeichnung: Für die Beringung schlagen wir einen 5,0-mm-Ring vor.

Pittidae – Pittas

Pittas sind bodenbewohnende Sperlingsvögel, die in Zentralafrika, Süd- und Südostasien sowie in Australien beheimatet sind. Ihre bevorzugten Habitate sind von Abholzung, Waldbränden und sonstiger Zerstörung bedroht. Es gibt nur eine Gattung mit 30 Arten, davon gelten neun als **gefährdet**, beispielsweise die Goldkehlpittas (*Pitta gurneyi*).

Es handelt sich um etwa amselgroße, kurzschwänzige **Waldbodenbewohner**, die im Dickicht auf Nahrungssuche umherhüpfen. Die kleinste Art misst 15 cm, die größte 29 cm. Viele Arten besitzen ein recht buntes Federkleid, die Oberseite ist aber stets eher tarnfarben. Manche Arten zeigen Geschlechtsdimorphismus, wobei die Weibchen unscheinbarer gefärbt sind. Der Kopf wirkt groß, der Hals kurz. Die Vögel haben einen gedrungenen Körper, kurze, runde Flügel und stehen auf langen Beinen. Ihre Nahrung besteht aus Würmern, Insekten, Spinnen aber auch aus kleinen Wirbeltieren wie Eidechsen, Fröschen und Nagern. Einige Arten nehmen auch Samen und Früchte auf.

Pittas leben versteckt im Unterholz der Regenwälder, manche bewohnen Mangrovengebiete. Sie sind, je nach Art und Verbreitungsgebiet, bis in Höhen von 2500 m ü. NN anzutreffen. Pittas sind **Einzelgänger**. Nachts **baumen** sie, ähnlich wie Hühnervögel, zum Schutz vor Feinden **auf**. Pittas markieren ihre Reviere durch mehrsilbige, pfeifende Rufe. Das Rufrepertoire beinhaltet aber auch grunzende Laute und tiefe, dumpfe Töne.

Diese Bodenvögel sind **monogam**. In den Tropen brüten sie meist zur Regenzeit, wenn das Nahrungsangebot üppiger ist. Pittas bauen aus Zweigen, Blättern und Moosen kugelförmige, geschlossene Nester. Diese findet man am Boden, aber auch in bis zu 3 m Höhe. Es werden 2 bis 7 glänzend weiße bis isabellfarbene, rötlich bis purpurfarben gesprenkelte Eier gelegt. Die **Brutdauer** beträgt 14 bis 18 Tage. Die Jungen schlüpfen nackt. Beide Altvögel beteiligen sich an der Aufzucht der Jungen, die nach 15 bis 17 Tagen das Nest verlassen und noch bis zu vier Wochen weitergefüttert werden.

Kappenpitta
Pitta sordida (Müller, 1776)
GB: Hooded Pitta, Black-headed Pitta, Green-breasted Pitta

Unterarten: Die Nominatform *P. s. sordida* stammt von den Philippinen; *P. s. cucullata* – Himalaya über Nordindien, Myanmar, Südchina, Nordvietnam, Bangladesh, Thailand, Laos und wandert bis Sumatra und Java; *P. s. abbotti* – Nikobaren-Inseln; *P. s. mulleri* – Süd-Thailand, Nordmalaysia, Sumatra, West-Java, Borneo; *P. s. bangkana* – Bangka und Belitung, Indonesien; *P. s. palawanensis* – westliche Philippinen; *P. s. sanghirana* – Sanghihe-Inseln, Indonesien; *P. s. forsteni* – Sulawesi; *P. s. novaeguiniae* – Neuguinea; *P. s. mefoorana* – Numfor, Indonesien; *P. s. rosenbergii* – Biak, Indonesien; *P. s. goodfellowi* – Aru, Indonesien. Die Unterarten variieren leicht in der Färbung der Kappe in Schwarz oder Braun, sowie roter oder schwarzer Flanken- und Bauchzeichnung.
Status: Nicht gefährdet, stellenweise selten bis häufig; in Thailand gibt es Zählungen von zehn Paaren, auf der Malaiischen Halbinsel solche von 13 bis 14 Tieren und auf Neuguinea geht man von knapp 60 Kappenpittas, jeweils pro 100 ha aus.
Haltung: < 50 in Zoos; < 10 in Privathand
Beschreibung: Länge 16 bis 19 cm; Gewicht von 42 bis 70 g; Kopf und Nacken schwarz; Brust, Flanken, Rücken und Flügeldeckfedern dunkelgrün; blauer Schulterfleck; Schwung- und Schwanzfedern schwarz; Unterschwanzdecken rot; Unterbauch schwarz; Füße blassbraun bis rosig; Schnabel schwarz
Herkunft und Lebensweise: Die Kappenpitta bewohnt Primärwälder bis 2000 m ü. NN, ist aber auch in Sekundärwäldern, im Buschland und Kulturlandschaften anzutreffen. Einige Populationen der Kappenpittas

Die bodenbewohnenden Kappenpittas benötigen ausreichend Deckung.

unternehmen ausgedehnte Wanderungen. Auf dem indischen Subkontinent sind sie sesshaft, von saisonalen Bewegungen abgesehen.

Ihre Nahrung besteht aus verschiedenen Insekten und deren Larven. Diese erbeuten sie auf dem Boden hüpfend. Auch Beeren werden aufgenommen. Würmer und Schnecken und mitunter auch kleine Wirbeltiere oder Vogeleier ergänzen ihr Nahrungsspektrum.

Kappenpittas leben recht territorial, man sieht sie paarweise oder einzeln. In der Brutzeit bauen beide Altvögel das Nest am Boden oder in Bodennähe. Es ist kugelig, oben geschlossen und häufig aus Bambusblättern, Zweigen, Wurzeln und Moosen gebaut. Die Weibchen legen drei bis vier, weiß bis grau gefärbte Eier mit bräunlicher bis purpurfarbener Sprenkelung. Beide Eltern wechseln sich beim Brüten ab und ziehen die Jungen gemeinsam groß. Die Brutdauer liegt bei 15 bis 16 Tagen. Nach etwas mehr als zwei Wochen verlassen die Jungen das Nest.
Unterbringung: Ganzjährig nur innen; mind. 3 × 3 × 2 m; mind. 20 °C; dichte Bodenbepflanzung als Deckung und Niststandort

Haltungs- und Zuchtbedingungen ähnlich
- Bengalenpitta
- Blauflügelpitta
- Riesenpitta
- Schmuckpitta

Info
Eine Vergesellschaftung mit anderen Arten ist meistens unkompliziert. Fruchttauben (*Ptilinopus* spec.), Bülbüls (Pycnotidae), Stare (Sturnidae) oder Straußwachteln (*Roluluus roulroul*) sind hier zu nennen.

Ernährung: Regenwürmer und ein gutes Insektenweichfutter, mit Hüttenkäse oder Rinderhack angereichert, gilt als Grundfutter. Dazu Heuschrecken, Heimchen, Zophobas, Mehlkäferlarven oder Ameisenpuppen. Auch Babymäuse werden gefressen.
Haltung und Zucht: Bereits 1904 konnten die Besucher der Berliner Zoos die ersten Kappenpittas bewundern. Wer sie halten möchte, der muss ihnen eine gut bepflanzte und auf mindestens 20 °C temperierte Voliere bieten. Auch die Größe ist wichtig, da Pittas innerhalb der Brutzeit durchaus unverträglich sein können.

Die Voliere sollte über Naturboden in Form von Erde oder einer Laubschicht verfügen. Pittas suchen dort gerne nach Nahrung und zudem bietet sie ihnen Material für den Nestbau. Gerne sitzen Kappenpittas auf erhöhten Plätzen in Bodennähe. Baumstubben, dicke Äste oder Steine sollten entsprechend vorgesehen werden.

Die Brutdauer in menschlicher Obhut wurde wie im Freiland mit 15 bis 16 Tagen beobachtet. Die Jungvögel verlassen mit 12 bis 16 Tagen das Nest. Sie sind nach weiteren zwei Wochen selbstständig.
Kennzeichnung: Kappenpittas können spätestens nach zehn Tagen mit 5,0-mm-Ringen beringt werden. Dabei sollte man vorsichtig sein, denn die Jungtiere spritzen einem nicht nur ihren stark riechenden Kot entgegen, sie könnten nach der Beringung auch vorzeitig das schützende Nest verlassen.

Bindenpitta
Bänderpitta, Blauschwanzpitta
Pitta guajana (Müller, 1776)
GB: Banded Pitta

Unterarten: *P. g. ripleyi* – Südthailand; *P. g. irena* – Malaiische Halbinsel, Sumatra, Männchen Brust und Bauch violett; *P. g. schwaneri* – Borneo, Männchen Bauch violett, Brust und Flanken gelb-schwarz gebändert; *P. g. guajana* – Java und Bali, Männchen violettes Kehlband, Brust und Bauch cremefarben-schwarz gebändert. Der wissenschaftliche Name beruht auf der früheren Annahme, diese Art käme aus Guajana, Südamerika, was nicht der Fall ist.
Status: Nicht bedroht, lokal häufig.
Haltung: <50 in Zoos; <10 in Privathand

Auf diesem Bild erkennt man gut, wieso die Bindenpitta auch Blauschwanzpitta genannt wird.

Beschreibung: Länge 20 bis 23 cm; Gewicht 93 bis 106 g auf Java und 60 bis 80 g auf Borneo; Männchen der meist gehaltenen Unterart *P. g. irena*: schwarze Kappe; gelber Überaugenstreif; schwarzer Augenstreif, Kehle weißlich; Rücken und Flügel braun; Brust und Bauch dunkelblau mit orangefarbener Bänderung seitlich an der Brust; Weibchen: Wie Männchen, aber Brust und Bauch gelbweiß und dunkelbraun gebändert; Kopfplatte ohne schwarze Kappe.
Herkunft und Lebensweise: Bindenpittas bewohnen die Primärwälder ihrer südostasiatischen Heimat, oft in der

> **Info**
> Bindenpittas sind in Anhang II des Washingtoner Artenschutzabkommens und unter Anhang B in der EG-Artenschutzverordnung gelistet. Für ihre Haltung benötigt man deshalb einen Herkunftsnachweis!

> **Haltungs- und Zuchtbedingungen ähnlich**
> • Siehe vorherige Art

Nähe von Karstklippen, seltener in Sekundärwald oder Kulturland. Sowohl im Tiefland als auch in Höhen bis 2500 m ü. NN sind sie anzutreffen. Bei Gefahr hüpfen die Bindenpittas ins nächste Dickicht oder fliehen dicht über dem Boden fliegend.
  Die Nahrung dieser Pitta besteht zum großen Teil aus Insekten, also Käfern, Schaben sowie Termiten und Ameisen. Gelegentlich werden auch Beeren oder kleine Wirbeltiere aufgenommen. Ihre Nahrung sucht sie auf dem Boden. Hierbei räumt sie mit dem Schnabel Blatt für Blatt aus dem Weg, um so an die in der Humusschicht lebenden Kleintiere zu kommen. Kleine Gehäuseschnecken werden vor dem Verzehr auf einem festen Untergrund zertrümmert.
  Das Nest hat meist 24 bis 30 cm Durchmesser und einen seitlichen Eingang. Es wird aus Wurzeln, Ästchen und Blättern erbaut und ist kuppelförmig, also oben geschlossen. Das Gelege besteht aus zwei bis fünf weißen Eiern mit dunkler Sprenkelung. Die Eimaße der Bindenpittas auf Java liegen bei etwa 25 × 22 mm. Beide Altvögel brüten abwechselnd 13 Tage lang das Gelege. Nach 14 Tagen verlassen die Jungen das Nest und werden noch einige Tage von den Altvögeln versorgt, bevor sie ihrer eigenen Wege gehen.
Unterbringung: Ganzjährig nur innen; mind. 3 × 3 × 2 m; mind. 20 °C; dichte Bodenbepflanzung als Deckung und Niststandort
Ernährung: Wie alle Pittas bevorzugen Bindenpittas Invertebraten wie Schnecken, Spinnen, Würmer, Insekten und deren Larven, sie nehmen aber auch ein gutes Insektenfresserfutter an.
Haltung und Zucht: Fast alle bekannten Pittabruten fanden in bepflanzten großen Volieren oder Tropenhäusern statt. Die Vögel brauchen ausreichend Deckung, um sich wohl zu fühlen. Der Boden sollte mit Naturboden und/oder Lauberde bedeckt sein.

> **Info**
> Die wesentlichen Anforderungen für eine erfolgreiche Zucht sind wohl
> • eine Raumtemperatur über 20 °C und 70 % Luftfeuchtigkeit,
> • dichte Vegetation und viele Versteckmöglichkeiten,
> • ad libitum Fütterung mit Würmern, Schnecken und Insekten,
> • wenig Störungen durch Menschen oder Mitbewohner.

Im Vogelpark Walsrode befanden sich die Nester zwischen 1,5 und 3 m Höhe auf einem Vorsprung, in einer Nische oder auf einem Baumstumpf. Der Nestbau an sich benötigt etwa zwei bis acht Tage. Das Gelege besteht aus zwei bis fünf Eiern, wie im Freiland.
Kennzeichnung: Bindenpittas werden mit zehn Tagen mit 5,5-mm-Ringen gekennzeichnet und es gelten die gleichen Vorsichtsmaßnahmen wie bei der Kappenpitta.

Cotingidae – Schmuckvögel

Bei Schmuckvögeln handelt es sich um oft bunt gefärbte etwa 7 bis 50 cm große **Waldbewohner**. Die Männchen haben häufig ein prächtiges und buntes Gefieder. Es gibt recht bizarre Arten mit nackten Hautlappen an Schnabelwinkel oder Stirn, aufblasbaren Kehlsäcken sowie besonderen Prachtfedern. Die Weibchen sind dagegen schlichter gefärbt. Schmuckvögel bewohnen die Tropen und Subtropen von Mittel- bis Südamerika. Einige haben durchdringende, charakteristische **Stimmen**, so wie etwa die Nacktgesichtkotinga (*Procnias nudicollis*). Die **Nester** sind artspezifisch sehr unterschiedlich, von Napfnestern bis hin zu geflochtenen Nestern. Dies gilt auch für die vielfältig gewählten **Neststandorte**: Erdhöhlen, Felsen oder äußere Zweigenden. Nur die Weibchen sorgen sich um das Gelege und die Jungen. Schmuckvögel legen beige- bis olivefarbene Eier mit dunkelbrauner oder grauer Sprenkelung. Ihre Nahrung besteht vornehmlich aus Insekten und anderen Wirbellosen sowie Beeren und Früchten.

Türkisblaue Kotinga
Halsbandkotinga
Cotinga cayana (Linne, 1766)
GB: Spangled Cotinga

Unterarten: Keine
Status: Freilandbestände nicht gefährdet
Haltung: < 10 in Zoos; < 10 in Privathand. Bis zum Importverbot wurde die Art nur in der jüngeren Vergangenheit häufiger von Händlern angeboten.
Beschreibung: Diese Kotinga wird bis zu 20 cm groß und erreicht ein Gewicht von 56 bis 72 g. Beim Männchen ist die Oberseite dunkel türkisblau auf Rücken und Scheitel schwarz gesprenkelt. Kehle ist rotviolett, restliche Unterseite türkisblau, Flügel und Schwanz

Die Männchen der Türkisblaue Kotinga gehören zu den auffälligen Regenwaldbewohnern.

Haltungs- und Zuchtbedingungen ähnlich
- Nacktkehl-Glockenvogel
- Purpurlatzkotinga
- Schirmvogel
- Weißflügel-Pompadourkotinga

sind schwarz. Innere Hand- und Armschwingen blau gesäumt, Flügelbug blau geschuppt. Das oberseits braune, sowie hellere Gefieder des Weibchens ist elfenbeinfarben geschuppt. Die Iris ist dunkel, Beine und Schnabel sind schwarz. Die Jungvögel gleichen den Weibchen.
Herkunft und Lebensweise: Türkisblaue Kotingas kommen in Kolumbien östlich der Anden über das Bergland von Guayana und das gesamte Amazonastiefland vor. Sie bewohnen den Kronenbereich feuchter Wälder bis etwa 1300 m ü. NN. Ihre Nahrung besteht aus Beeren und Früchten, aber auch aus Schmetterlingsraupen und anderen Insekten.

> **Info**
> Kotingas sind selbst kleineren Vogelarten gegenüber friedlich und können deshalb gut vergesellschaftet werden. Im Vogelpark Walsrode wurde ein Paar lange Zeit mit Türkisnaschvögeln und Prachtfruchttauben zusammengehalten und alle drei Arten brüteten in dieser Gemeinschaftsvoliere.

Unterbringung: Türkisblaue Kotingas sollten ganzjährig in einer Innenvoliere von mindestens 10 m² gehalten werden. Sie benötigen eine hohe Luftfeuchtigkeit und eine Temperatur von 20 °C.

Ernährung: Das Futter besteht aus einer Obstmischung mit Heidelbeeren, Mango, Papaya, Birne, Weintrauben und Apfel. Daneben wird auch ein Insektenfresserfutter, angereichert mit lebenden Insekten wie Heimchen und Mehlkäferlarven, gefüttert. Die Kotingas naschen auch gerne an Nektar.

Haltung und Zucht: Die Haltung von Kotingas ist im Gegensatz zur Zucht nicht besonders schwierig. Weibchen dieser Art wurden immer schon deutlich seltener angeboten als Männchen und es bestand zudem die Problematik, dass „sichere" Weibchen nach einiger Zeit zu Männchen umfärbten, da sie nun erst geschlechtsreif wurden.

Es gab zwar hin und wieder Nachzuchterfolge, doch züchteten die Paare meist nicht kontinuierlich über mehrere Jahre. Um die Art auch erfolgreich züchten zu können, benötigt man ein harmonierendes Paar und dies scheint nicht so einfach zu sein.

Gelegt wird immer nur ein Ei, das ausschließlich vom Weibchen bebrütet wird. Im Vogelpark Walsrode züchtete das Paar Türkisblaue Kotingas nur ein Jahr lang (drei Gelege), danach kam es nicht mehr zu Eiablagen. Vielleicht benötigen erfolgreiche Paare nach der Brut einen „Volierenwechsel", um wieder in Brutstimmung zu kommen, vielleicht genügt auch, sie für einige Zeit aus ihrer gewohnten Umgebung zu nehmen und dann wieder zurückzusetzen. Auf jeden Fall sollte man über Veränderungen in der Voliere nachdenken, wenn ein harmonierendes Paar nicht mehr zur Brut schreitet.

Kennzeichnung: Die im Vogelpark Walsrode von Hand aufgezogenen Jungvögel wurden im Alter von zehn Tagen mit Ringen der Größe 5,0 mm beringt.

Andenfelsenhahn
Rupicola peruvianus (Latham, 1790)
GB: Andean Cock-of-the-Rock

Unterarten: *R. p. sanguinolentus, R. p. aequatorialis, R. p. peruvianus, R. p. saturatus*. Während die beiden erstgenannten Formen die nördlichen Bereiche der Gesamtverbreitung bewohnen, kommen die beiden anderen im Süden bis Bolivien vor. Die Männchen von *R. p. sanguinolentus* und *R. p. saturatus* sind kräftig reinorange, während die Nominatform und *R. p. aequatorialis* mehr pastellorange sind.

Status: Im Verbreitungsgebiet noch nicht selten, da der Vogelfang aber ihre Bestände dezimieren könnte, wurde die Art durch das Washingtoner Artenschutzabommens (CITES) geschützt (in Anhang II gelistet). In der EG ist ein Herkunftsnachweis erforderlich, hier ist die Art im Anhang B aufgeführt.

Haltung: < 10 in Zoos, in der privaten Vogelhaltung spielen Andenfelsenhähne keine Rolle.

Beschreibung: Mit einer Länge von 32 bis 35 cm und einem Gewicht von 213 bis 226 g gehört der Andenfelsenhahn zu den größten Schmuckvögeln. Seine Gestalt ist gedrungen und seine Füße sind außerordentlich kräftig. Der männliche Andenfelsenhahn ist insgesamt pastellorange befiedert. Sein Schopf reicht wie ein Fächer von der Kopfmitte bis zur Schnabelspitze. Die schwarzen Flügel werden von kräftigen grauen Schirmfedern begrenzt. Das Weibchen hat einen kleineren Schopf und ist insgesamt ockerbraun gefärbt, Schwanz und Flügel sind dunkler, nur die Unterflügeldeckfedern hellorange.

Herkunft und Lebensweise: Der Andenfelsenhahn bewohnt die Bergwälder der Anden bis 2400 m, bevorzugt entlang der zahlreichen Zuflüsse von Orinoko und Amazonas. Hier ernährt er sich von Früchten und Insekten. Während der Balzzeit versammeln sich die männlichen Felsenhähne auf offenen Plätzen im Wald, die sie von Gezweig befreien oder an freien felsigen Orten, um dort ihre gemeinschaftlichen Tänze abzuhalten. Vorzugsweise nisten die Felsenhähne in Felsspalten oder auf nacktem Fels. Das flache, napfförmige Nest wird aus Lehm und dünnen Zweigen gebaut und von außen mit Laub verkleidet. Die Weibchen brüten die beiden bräunlich gefleckten Eier alleine aus.

> **Haltungs- und Zuchtbedingungen ähnlich**
> - Tiefland-Felsenhahn
> - Zapfen-Schirmvogel

Andenfelsen-Männchen im Zoo Wuppertal.

Unterbringung: Felsenhähne benötigen eine sehr geräumige auf mindestens 15 °C temperierte Volierenanlage. Eine paarweise Haltung ist angeraten. Felsenhähne sind gegen Kleinvögel nicht aggressiv, jagen aber gleichgroße, ähnlich gefärbte Vogelarten und besonders Artgenossen unerbittlich. Auch zwischen den Partnern kommt es hin und wieder zu Aggressionen, an deren Ende beide Vögel nicht selten ineinander verkrallt am Boden liegen und völlig erschöpft sind.

Ideal für die Haltung von Felsenhähnen wären zwei große nebeneinander liegende Innenvolieren. Durch eine Verbindungstür könnte man so die Partner zu Beginn der Brutzeit zusammenlassen und danach wieder trennen. Leichter wäre dies natürlich mit handzahmen Tieren, die man mit Leckerbissen von einer Voliere in die andere locken könnte.

Ernährung: Im Vogelpark Walsrode werden Felsenhähne mit kleingeschnittenem Obst und Beeren gefüttert. Eine besondere Vorliebe haben sie für Weintrauben.

> **Info**
> Innerhalb kurzer Zeit werden Felsenhähne so zutraulich, dass sie dem Pfleger Früchte aus der Hand nehmen. Während der Brutzeit erhalten die Vögel zusätzlich verschiedene Insekten.

Haltung und Zucht: Zum Nestbau wurde dem Weibchen eine Mischung aus Lehm, Hobelspänen und Kokosfasern gereicht. Damit baute das Weibchen ein flaches Nest in einer Nische des aus Kalksandsteinplatten gebauten Wasserfalls. Das Männchen flog das Nest hin und wieder an, wurde aber vom Weibchen stets vertrieben. Es balzte ausdauernd, doch eine Kopulation konnte nie beobachtet werden. Obwohl das Weibchen zahlreiche Gelege zeitigte, war nie ein Ei befruchtet. Mehr Erfolg hatte der Zoo Wuppertal mit seinem Paar, denn die Vögel legten bereits mehrfach und es wurden inzwischen mehrere Jungvögel von Hand aufgezogen. Auch eine Naturbrut gelang dort in der geräumigen Tropenhalle. Das Weibchen legt meist zwei bräunliche Eier, die Brutzeit beträgt 28 Tage. Nach einer Nestlingszeit von 42 bis 48 Tagen sind die jungen Felsenhähne flügge. Sie gleichen dem Weibchen, junge Männchen sind aber bereits nach wenigen Wochen an ersten orangefarbenen Federn zu erkennen. Die Umfärbung ins Adultgefieder ist nach etwa 18 Monaten abgeschlossen.

Kennzeichnung: Da Felsenhähne sehr kräftige Beine haben, ist eine Ringgröße von mindestens 7,0 mm notwendig. Die Kennzeichnung sollte nach etwa 14 Tagen erfolgen.

Pipridae – Pipras

Die Männchen vieler der 58 Arten aus 18 Gattungen gehören zu den farbenprächtigsten Kleinvögeln, die uns die Neotropen zu bieten haben. Schnurrende Fluggeräusche, die sie bei der Balz erzeugen, machten sie auch unter der Bezeichnung Schnurrvögel bekannt. Beeren, Früchte und Insekten bilden ihre Nahrung. Die Männchen etlicher Arten unterhalten regelrechte Tanzarenen, wo sie sich durch **kompliziertes Balzverhalten** zur Schau stellen und um die von ihnen getrennt lebenden Weibchen werben.

Das Weibchen wählt seine Geschlechtspartner aus und lässt sich oft von unterschiedlichen Männchen auf mehreren „Tanzplätzen" begatten. Die Männchen sind polygam und überlassen das Brutgeschäft ausschließlich den Weibchen.

Einen besonderen Gemeinschaftstanz kennen wir von Vertretern der sogenannten „Chorpipras", beispielsweise der Blaubrustpipra (*Chiroxiphia caudata*). Mehrere Männchen tanzen geräuschvoll flatternd und schnurrend in genau abgestimmter Reihenfolg vor einem Weibchen oder wenn keines in der Nähe ist, notfalls vor einem „abkommandierten" rangniedrigen Jungmännchen.

Blaubrustpipra
Blaubrustschnurrvogel
Chiroxiphia caudata (Shaw & Nodd, 1793)
GB: Blue Manakin, Swallow-tailed Manakin

Unterarten: Keine
Status: Nicht gefährdet
Haltung: < 10 in Zoos; < 10 in Privathand
Blaubrustpipras wurden in der Vergangenheit nur vereinzelt importiert. Auf Grund fehlender Nachzuchten ist die Art nahezu aus den Haltungen verschwunden. Da die Fänger die Pipras hauptsächlich an den Balzplätzen fingen, gelangten immer wesentlich mehr Männchen als Weibchen in menschliche Obhut.
Beschreibung: Bei einer Länge von 15 cm wiegen Blaubrustpipras etwa 25 g. Das Gefieder des Männchens ist vorwiegend blau gefärbt, mit schwarzen Flügeln, schwarzem Kopf, rotem Scheitel und verlängerten blauen Schwanzfedern. Das Weibchen ist mattgrün, mit dunklerem Flügelsaum, hellerem Bauch sowie olivgrüner Kehle und Brust. Jungtiere ähneln den Weibchen. Männliche Pipras färben erst mit drei Jahren ins Adultgefieder um und so erlebten viele Halter eine böse Überraschung, als ihre „Weibchen" sich nach einiger Zeit als junge Männchen zu erkennen gaben.
Herkunft und Lebensweise: Die Blaubrustpipra leben in Südostbrasilien, Ostparaguay und Nordostargentinien in Primär- und Sekundärwäldern bis 1500 m ü. NN.

> **Haltungs- und Zuchtbedingungen ähnlich**
> - Fadenpipra
> - Gelbscheitelpipra
> - Helmpipra
> - Prachtpipra

Mehrere Männchen versammeln sich auf einem Tanzplatz im lichten Unterholz und vollführen Tänze, um Weibchen auf sich aufmerksam zu machen. Beim Balztanz gibt jeder Vogel verschiedene Rufe von sich und verursacht mit den Flügeln schnurrende und knackende Geräusche. Das Weibchen wählt einen Partner aus, paart sich mit diesem und fliegt anschließend davon. An Nestbau, Brut und Aufzucht der Jungtiere beteiligen sich die Männchen nicht.
Unterbringung: Da Balzarena der Männchen und Nistgelegenheiten der Weibchen nicht zu nah beieinander liegen sollten, können Pipras nur in großen Volieren oder Freiflughallen gehalten und vermehrt werden. Die Größe sollte nicht unter 12 m² liegen. Die Vögel können nur im Sommer Zugang zu einer Außenanlage erhalten, die Temperatur darf ganzjährig nicht unter 20 °C fallen. Pipravolieren können reichlich bepflanzt werden, da die Vögel keine Vegetation zerstören.
Ernährung: Pipras benötigen eine Diät bestehend aus Insekten, Beeren und anderen kleinen Früchten. Sie

Die Blaubrustpipra-Männchen balzen gemeinsam.

trinken gerne Nektar und fressen, gut eingewöhnt, auch ein feines Insektenfresserfutter.
Haltung und Zucht: In einem napfförmigen Nest im Geäst werden in der Regel zwei Eier gelegt. Die Brutzeit beträgt 17 bis 19 Tage. Das Weibchen füttert die Jungen mit Insekten und saftigen Früchten. Mit etwa 17 Tagen verlassen die Jungtiere das Nest und halten sich als typische Ästlinge in den ersten Tagen sehr versteckt in der Volierenbepflanzung auf. Erst nach einigen Tagen erkunden sie ihre Umgebung mehr und mehr.
Kennzeichnung: Blaubrustpipras haben sehr dünne Beine, wir schlagen eine Beringung mit 3,0-mm-Ringen vor.

Tyrannidae – Tyrannen

Die 429 Arten der Tyrannen sind sehr vielgestaltig und besiedeln die unterschiedlichsten Lebensräume. Ihr Verbreitungsgebiet reicht von Kanada bis nach Feuerland. Etwa zehn Prozent aller südamerikanischen Vogelarten gehören der Familie der Tyrannen an. Die Vögel, die hoch im Norden oder weit im Süden leben, sind Zugvögel.

Fast alle ernähren sich überwiegend von Insekten. Ihren Namen verdanken sie ihrer Aggressivität, sie leben meist **territorial** und verteidigen ihre Reviere lauthals und mit gewagten Flugangriffen, selbst wenn es sich dabei um größere Greifvögel handelt. Außerhalb der Brutzeit, wenn viele Arten aus den kälteren Lebensräumen ins Amazonasbecken ausweichen, verhalten sie sich friedlicher. Dort kann man dann große Schwärme verschiedener Tyrannenarten beobachten.

Die Größe der Tyrannen reicht von 5 bis 30 cm, und ihr Gewicht von 4,5 bis 80 g. Die Männchen vieler Arten sind schwerer und größer als die Weibchen. Der kleinste Tyrann ist der Stummelschwanz-Zwergtyrann, er hat etwa die Maße eines kleinen Kolibris. Nur wenige Arten haben ein buntes Federkleid, die meisten sind eher **unauffällig gefärbt**. Einige besitzen verlängerte Kopffedern, die sie bei Erregung aufstellen können.

Bei etlichen Arten sind die Weibchen alleine für Nestbau und Brut zuständig. Die Nester sind sehr unterschiedlich, so bauen einige Arten kunstvolle Napf-, andere hängende Beutelnester. Das Gelege besteht aus zwei bis vier weißen, braun gesprenkelten Eiern.

Tyrannen ernähren sich hauptsächlich von Insekten und anderen Wirbellosen, fressen aber auch Beeren und Früchte. Viele sind **Ansitzjäger** und erbeuten einen Großteil ihrer Nahrung im Flug. Wegen dieser Konvergenz zu Vogelgruppen aus der Alten Welt nennt man die Tyrannen auch „Neuwelt-Fliegenschnäpper".

Rubintyrann
Pyrocephalus rubinus (Boddaert, 1783)
GB: Vermilion Flycatcher

Unterarten: Zwölf, sie variieren in der Intensität ihres roten Gefieders, wobei kein Vertreter wirklich rubinrot ist. Der englische Name, vermilion = zinnoberrot, kommt der Farbe eventuell näher. In Südamerika kennt man auch ein braune Morphe mit einzelnen roten Federchen rund um den Kopf oder am Steiß.
Status: Im Freiland ist der Bestand des Rubintyranns nicht gefährdet.
Haltung: <10 in Zoos. Vor der Importsperre vereinzelt eingeführt, ist die Art inzwischen fast vollständig aus den Haltungen verschwunden.
Beschreibung: Rubintyrannen wiegen bei einer Länge von 13 cm nur 11 bis 14 g. Das Männchen ist an Kopf, Brust und Unterseite rot; Rücken, Flügel, Bürzel, Schwanz und Augenstreif sind braunschwarz; Weibchen sind oberseits grau bis gelbbraun mit hellem Überaugenstreif; die Unterseite ist weißlich und grau gestrichelt oder hell braunbeige.
Herkunft und Lebensweise: Dieser Tyrann lebt vom Südwesten der USA südwärts über Mittelamerika bis in den Süden der argentinischen Pampa und auf den Galapagos-Inseln. Die südlichen Populationen überwintern in Amazonien, die nördlichen in Zentralamerika. Der Vogel bewohnt offene, sowohl feuchte als auch trockene Landschaften mit Baum- und Buschvegetation. Man kann ihn sogar bis in 3000 m Höhe finden. Der Rubintyrann jagt bevorzugt von einem exponierten Ansitz aus nach vorbeifliegenden Insekten.
Unterbringung: Rubintyrannen benötigen eine ganzjährig auf mindestens 20 °C klimatisierte Voliere mit einer Mindestfläche von 8 m². In den Sommermonaten ist auch eine Unterbringung mit Zugang zu einer Außenvoliere möglich. Obwohl allgemein aggressiv, lassen sie sich mit größeren Vogelarten recht gut vergesellschaften. Idealerweise hält man sie in einem großen Tropenhaus, wie dies im Zoo Wuppertal und im Zoo Zürich der Fall ist. In solchen Anlagen besteht auch die größte

Haltungs- und Zuchtbedingungen ähnlich
- Königstyrann
- Litormaskentyrann
- Schwefeltyrann

Rubintyrann bei der Versorgung seiner Jungen am Nest.

Chance, diese Vögel zur Fortpflanzung zu bringen.
Ernährung: Kleine Insekten wie Mikroheimchen, Pinkies, Buffalos und kleine Mehlkäferlarven bilden den Hauptbestandteil der Nahrung.
Haltung und Zucht: Das in einer Astgabel aufgehängte Napfnest aus dünnen Zweigen und Gräsern wird mit Tierhaaren und Federn gepolstert. Das Weibchen bebrütet die zwei bis vier Eier etwa 14 Tage lang, während das Männchen das Nest aggressiv verteidigt. Beide Altvögel versorgen die Jungen nach dem Schlupf. Sie verlassen das Nest nach zwei Wochen. Die Geschlechtsreife ist bereits nach einem Jahr erreicht.
Kennzeichnung: Da sich die Jungtiere sehr schnell entwickeln, sollten sie im Alter von etwa sieben Tagen mit einem geschlossenen Ring der Größe 3,0 mm beringt werden.

Pycnonotidae – Bülbüls (Haarvögel)

Bülbüls sind eine eher schlicht gefärbte, altweltliche Vogelfamilie mit 138 Arten. Hals und Flügel sind in der Regel kurz, der Schwanz ist relativ lang. Einige Arten, so der Rotohrbülbül, *Pycnonotus jocosus*, haben eine Federhaube. Als Besonderheit weist diese Vogelgruppe im Nacken **dünne Haarfedern** auf. Daher werden sie mitunter auch als Haarvögel bezeichnet.
Die meisten der 14 bis 28 cm großen Bülbülarten findet man in Afrika. Doch etliche leben auch in Asien und in Teilen der Erde, wo der Mensch sie angesiedelt hat. Obgleich meist im Tiefland anzutreffen, gibt es Arten, die in Gebirgen bis zu 3500 m vorkommen, so der Blasswangenbülbül (*Pycnonotus flavescens*) auf Borneo. Etliche Arten müssen als Kulturfolger betrachtet werden, sie sind oft mitten in Dörfern und Städten anzutreffen.
Bülbüls ernähren sie vor allem von Früchten, Beeren, Insekten und anderen Wirbellosen. Sie bauen offene Napfnester aus Zweigen und anderen Pflanzenteilen. Es werden bis zu fünf Eier gelegt. Die Brutdauer beträgt zwölf bis 14 Tage. Bereits nach etwa zwei Wochen sind die Jungen flügge.

Rotohrbülbül
Pycnonotus jocosus (Linnaeus, 1758)
GB: Red-whiskered Bulbul

Unterarten: *P. j. jocosus* – Südostchina, roter Ohrfleck unten mit schwarzem Federsaum gefasst; *P. j. abuensis* – Nordwest-Indien, wie *fuscicaudatus*, ohne weiße Flecken an der Schwanzunterseite, aber Brustband nicht geschlossen; *P. j. emeria* – Ostindien, Bangladesh Nord-, West- und Südmyanmar und Südwestthailand, Wangenband bis zur Brust, nicht geschlossen, tiefschwarz; *P. j. fuscicaudatus* – West- und Zentralindien, schwarzes Halsband auf der Brust geschlossen; *P. j. hainanensis* – Nordvietnam und Südchina; *P. j. monticola* – Osthimalaya im Nordosten Indiens, Südtibet bis Nordmyanmar und Südchina, insgesamt sehr dunkel; *P. j. pattani* – Südmyanmar, Thailand, Nordmalaysia,

Laos und Südindochina; *P. j. pyrrhotis* – Nordindien und Nepal, Brustband nicht geschlossen, alle Schwanzfedern weiß; *P. j. whistleri* – Andamanen, insgesamt kleiner, kürzere Haubenfedern.
Status: Nicht gefährdet, häufig
Haltung: >100 in Zoos; >100 in Privathand
Beschreibung: Länge 18 bis 20,5 cm; Gewicht 25 bis 31 g; Federhaube, Stirn, Nacken und angedeutetes Halsband schwarz; Rücken und Flügel braunbeige; Unterschwanzdecken rot; roter Ohrfleck; Wange, Kehle, Brust und Bauch weiß; Auge dunkel; Beine schwärzlich; Geschlechter gleich gefärbt.
Herkunft und Lebensweise: Rotohrbülbüls findet man im Himalaja und weiten Teilen des indischen Subkontinents bis nach Südostchina, Südthailand und Indochina. In vielen Gegenden der Erde sind sie eingebürgert worden, so auf Hawaii, Borneo, in Florida und Australien. In hügeligem Waldland, vor allem entlang von Ufern, aber auch in Parks und Gärten, also in menschlicher Nähe, sind diese Bülbüls zu Hause. Hier trifft man sie paarweise oder in lockeren Trupps von bis zu 30 Vögeln, selten gar 100. In Myanmar sind Schlafgemeinschaften außerhalb der Brutzeit von bis zu 1000 Vögeln bekannt.

Rotohrbülbüls sind Opportunisten und Generalisten, sie finden fast überall ihr Auskommen. Neben Früchten und Beeren naschen sie vom Nektar der Blüten oder verzehren diese ganz. Aber auch Blütenknospen und Invertebraten aller Art bereichern ihren Speiseplan.

Die Brutzeit variiert je nach Lebensort. Sie bauen ein recht tiefes Napfnest aus Gräsern, Blättern und anderen Pflanzenfasern. Innen wird es gerne mit feinen Wurzeln oder Tierhaaren ausgekleidet. Es hat im Schnitt einen Durchmesser von 10 cm und eine Tiefe von rund 7,5 cm. Die Nester finden sich zumeist in Höhen von 1 bis 3 m, selten bis 5 m.

Es werden zwei bis vier Eier gelegt, gewöhnlich drei. Die Brut beginnt mit dem ersten Ei, was einen versetzten Schlupf der Jungen mit sich bringt. Die Brutzeit im Freiland wird mit zwölf bis 14 Tagen angegeben.

Haltungs- und Zuchtbedingungen ähnlich

- Braunohrbülbül
- Chinabülbül
- Goldbrustbülbül
- Goldzügelbülbül
- Grünflügelbülbül
- Kotilangbülbül
- Streifenbülbül
- Weißohrbülbül

Für den Rotohrbüllbül scheint die Zukunft in unseren Volieren gesichert.

Die Nestlingszeit beträgt ebenfalls annähernd zwei Wochen.
Unterbringung: Ganzjährig nur innen oder Innen-/Außenvoliere; für ein Paar mind. 2 × 1 × 2 m; mind. 15 °C
Ernährung: Sie nehmen so ziemlich alles, was man ihnen anbietet. Als Nahrung dienen ein mittelfeines Weichfuttergemisch, Früchte, Beeren und Insekten wie Blattläuse, Drosophilas, Heimchen und Mehlkäferlarven. Außerdem wird auch pelletiertes Futter, beispielsweise Beoperlen gefressen. Banane, Apfel, Kiwi, Melone und Apfelsine nehmen die Vögel besonders gerne, auch als ganze oder halbierte Frucht einfach auf einem Ast aufgespießt.

> **Info**
> Je nach Größe der Unterbringung kann man Rotohrbülbüls auch mit anderen Vogelarten vergesellschaften – allerdings können sie während der Brutzeit recht aggressiv werden.

Haltung und Zucht: Die Unterbringung in einer bepflanzten Voliere mit angeschlossenem, auf 15 °C beheiztem Innenraum oder in einem geschlossenen Vogel-/Tropenhaus ist in unseren Breiten anzuraten. Das Futter ist bei kombinierten Anlagen ausschließlich innen anzubieten, dann lernen die Vögel, den Innenraum aufzusuchen und die Nahrung ist entsprechend geschützt.

Hat man ein harmonierendes Paar, ist die Zucht des Rotohrbülbüls meist einfach. Bevorzugt in einem dichten Busch bauen sie ein napfförmiges Nest. Auch diese Vögel akzeptieren gerne Draht- oder Weidenkörbchen oder Kanarienvogelnester als Unterlage zum Nestbau. Als Nistmaterial können ihnen Gräser, Sisal oder Kokosfasern angeboten werden. Das Gelege besteht aus zwei bis vier Eiern. Die Brutdauer beträgt zwölf bis 14 Tage. Als Aufzuchtfutter sind insbesondere in den ersten Tagen kleine Insekten, Ameiseneier oder Ähnliches notwendig. Wenn die Jungen älter sind, so bieten die Altvögel ihnen auch Ebereschen-, Holunder- oder Brombeeren an.

Mit ihrem Gesang, den sie von exponierten Sitzwarten vortragen, ihrem hübschen Aussehen mit der schwarzen Federhaube sowie ihrer nicht zu komplizierten Haltung gilt dieser Vogel durchaus auch als Anfängervogel für den Weichfresserhalter. Obgleich Rotohrbülbüls recht zutraulich werden können, verhalten sie sich in großen Volieren und Tropenhäusern eher scheu und vorsichtig. Rotohrbülbüls sonnen sich gerne und baden mehrfach am Tage.

Kennzeichnung: Im Alter von einer Woche kann man junge Rotohrbülbüls mit einem 3,5-mm-Ring kennzeichnen.

Irenidae – Feenvögel

Feenvögel sind mittelgroße südostasiatische Baumbewohner. Es gibt nur zwei Arten. Sie haben glänzend blaues und samtschwarzes Gefieder. Die Weibchen sind schlicht blaugrün gefärbt. Die Iris ist tiefrot.

Die Nester der Feenvögel bestehen aus einer flachen Zweigunterlage, die in einer Astgabel gebaut wird. Das Gelege umfasst zwei bis drei glänzend bläulich, braun gefleckte Eier.

Türkisfeenvogel
Elfenblauvogel
Irena puella (Latham, 1790)
GB: Asian Fairy-Bluebird

Unterarten: Folgende Unterarten wurden beschrieben: *I. p. puella, I. p. andamanica, I. p. malayensis, I. p. crinigera, I. p. turcosa, I. p. tweeddalei.* Diese Reihenfolge entspricht der Verbreitung von West nach Südost. Das Männchen der Unterart *I. p. crinigera* zeichnet sich durch extrem lange Oberschwanzdecken aus.

Status: Im Freiland nicht gefährdet.

Haltung: < 100 in Zoos; < 50 in Privathand
Vor dem Importverbot wurden Türkisfeenvögel regelmäßig eingeführt und waren sehr beliebt. Doch Zuchterfolge waren eher selten, da man sie meist mit etlichen anderen Arten in Gemeinschaftsanlagen hielt. In den letzten Jahren hört man aber häufiger von Zuchterfolgen.

Beschreibung: Türkisfeenvögel werden 21 bis 26 cm lang und wiegen 57 bis 75 g. Das Männchen ist samtschwarz gefärbt mit leuchtend türkisblauen Scheitel, Rücken- und Oberschwanzdecken. Das Weibchen ist insgesamt blaugrau. Beide haben eine rote Iris.

Herkunft und Lebensweise: Die Gesamtverbreitung erstreckt sich entlang der Westküste Indiens, sowie vom östlichen Himalaja über Südostasien bis nach Borneo und Java. Die Art lebt in dichten Wäldern bis in 1900 m Höhe. Meist sind sie in kleinen Trupps im Kronenbereich der Bäume unterwegs auf der Suche nach Früchten. Insekten, Spinnen und Nektar ergänzen die Nahrung.

Unterbringung: Ganzjährig nur innen oder Innen-/Außenvoliere, mind. 4 × 2 × 2 m; mind. 15 °C, gut bepflanzt.

Ernährung: Lebende, gefrostete und mit Mineralstoffen und Vitaminen panierte Insekten wie Heimchen, Mehlkäferlarven, Pinkies und Ameiseneier und ein feines Weichfresserfutter bilden die Hauptnahrung, komplettiert durch kleingeschnittenes Obst und Nektar.

Haltung und Zucht: Im Kölner Regenwaldhaus auf einem Mauersims oder einem Längsbalken etwa 4 m über dem Boden baut das Weibchen das napfförmige Nest aus kleinen Zweigen, Kokosfaser und Blättern. Es bebrütet die zwei bläulichen, braun gesprenkelten Eier allein. Nach 14 Tagen Brutzeit schlüpfen die spärlich bedunten Jungen, die nach weiteren 14 Tagen, noch

> **Haltungs- und Zuchtbedingungen ähnlich**
> • Kobaltirene

Chloropseidae – Blattvögel

Blattvögel sind mit elf Arten im tropischen Südostasien verbreitet und bewohnen in kleinen Gruppen die Laubregionen der Bäume bis etwa 1300 mü. NN. Am Boden sind sie nur selten anzutreffen. Ihre **Beine** sind im Verhältnis zur Körpergröße relativ **kurz** und der **Schnabel** ist **lang** und **spitz**. Mit dem überwiegend grünen Federkleid sind sie dem Leben im Kronenbereich bestens angepasst. Sie besitzen ein langes, grünes, dichtes Federkleid, die Männchen zeichnen sich zusätzlich durch eine andersfarbige Gesichtsmaske aus. Weibchen sind insgesamt schlichter gefärbt.

Ihre Nahrung besteht aus Insekten, Früchten, Beeren, Pollen und Nektar. Sie sind recht ausdauernde, gute Sänger und können die Stimmen anderer Arten imitieren.

Das Männchen des Türkisfeenvogels unterscheidet sich mit seinen intensiven Farben deutlich vom Weibchen.

Orangebauch-Blattvogel
Hardwick's Blattvogel
Chloropsis hardwickii (Jardin & Selby, 1830)
GB: Orange-bellied Leafbird

Unterarten: Vier: *C. h. hardwickii* – Nordindien bis Yunnan und Nordwestthailand; *C.h. malayana* – Südmyanmar und Malaiische Halbinsel; *C.h. melliana* – Südostchina; *C.h. lazulina* – Hainan. Die Unterarten unterscheiden sich in der Intensität der Masken- und Unterseitenfärbung.
Status: Sie sind in ihrem großen Verbreitungsgebiet noch recht häufig.
Haltung: < 10 in Zoos; < 20 in Privathand
Beschreibung: Bei einer Länge von 17 bis 20 cm erreichen diese Blattvögel ein Gewicht zwischen 30 und 40 g. Im Vergleich zum Weibchen ist das Männchen wesentlich intensiver gefärbt und weist eine orangefarbene bis bräunliche Bauchzeichnung auf; Maske unter den Augen, Kehle und Brust schwarz, violettblauer Bartstreifen; Die Jungen sehen grün aus, sind aber vom Weibchen durch einen leichten Anflug von Türkis in den Flügeldecken gut zu unterscheiden.
Herkunft und Lebensweise: Orangebauch-Blattvögel bewohnen tropische und subtropische Wälder in Südostasien, hier kommen sie bis in Höhen von 1300 m

recht unvollständig befiedert das Nest verlassen, sich in den nächsten Tagen im Gebüsch verstecken und hier von beiden Eltern gefüttert werden. Bei uns gelang in den letzten Jahren nur einmal die Elternaufzucht, alle anderen Versuche schlugen nach wenigen Tagen fehl, da die Eltern offensichtlich die Nestlinge unzureichend fütterten. Daraufhin entschlossen wir uns zur Handaufzucht. So konnten mehrere Eier in der Brutmaschine ausgebrütet und die Küken erfolgreich aufgezogen werden. Inzwischen gelingt uns auch die Elternaufzucht mit einem anderen Paar regelmäßig.
Kennzeichnung: Unsere Jungtiere beringen wir nach etwa zehn Tagen mit einem geschlossenen Ring der Größe 4,5 mm. Da das Geschlecht der Jungtiere erst nach einigen Monaten erkennbar ist, ziehen wir meist gleichzeitig einige Federn zur früheren Geschlechtsbestimmung.

Info
Türkisfeenvögel fressen sehr gerne Blaubeeren!

Haltungs- und Zuchtbedingungen ähnlich
- andere Blattvögel wie
- Blauflügel-Blattvogel
- Dickschnabel-Blattvogel
- Goldstirn-Blattvogel

Turdidae – Drosseln

Die Familie umfasst 60 Gattungen. Bei den meisten der 336 Arten sind Weibchen und Männchen ähnlich gefärbt, meist grau, braun oder schwarz. Die Vögel sind 11 bis 35 cm groß und halten sich gerne **am Boden** auf. Dort findet auch die Nahrungssuche statt. Sie erbeuten Wirbellose wie Würmer, Arthropoden und Schnecken, fressen aber auch Beeren. Die Nester sind zumeist napfförmig und befinden sich am Boden, in Bäumen oder in Büschen. 36 Arten dieser Familie gelten derzeit als gefährdet.

Schwarzbrustdrossel
Turdus dissimilis Blyth, 1847
GB: Black-breasted Thrush

Unterarten: Keine
Status: Die Freilandpopulation ist nicht gefährdet.
Haltung: <50 in Zoos; <50 in Privathand
Beschreibung: Schwarzbrustdrosseln sind so groß wie unsere einheimischen Amseln und erreichen ein Gewicht von 60 bis 75 g. Oberseite schwarzgrau; Bauch und Flanken orangebraun; Schnabel gelblich
Herkunft und Lebensweise: Immergrüner Tropenwald aber auch Eichen- und Nadelwald zwischen 1200 bis 2500 m ü. NN gehört zum Lebensraum dieser Drosselart. In Ostindien, Burma, China und Nordvietnam ist sie beheimatet. Im Falllaub sucht sie nach Insekten, Würmern, Schnecken, frisst aber auch Beeren und reife Feigen. Die Brutzeit liegt zwischen April und Juli und die Nester finden sich in einer Höhe bis zu 16 m und werden aus Gräsern, Blättern, Wurzeln, und Moos gebaut.
Unterbringung: Schwarzbrustdrosseln sollten in einer großen Innen- und Außenvoliere untergebracht werden. Diese Art gilt zwar als „winterhart", wir empfehlen aber eine Unterbringung nicht unter 10 °C. Die Außenvoliere sollte reichlich bepflanzt werden und der Boden mit einer Laubschicht abgedeckt werden. Eine Vergesellschaftung mit anderen Vogelarten ist möglich.
Ernährung: Neben Regenwürmern, Tauwürmern und Mehlkäferlarven sollten auch Beeren und andere Früchte verfüttert werden. Ein handelsübliches Insektenfresserfutter rundet den Speiseplan ab.

> **Haltungs- und Zuchtbedingungen ähnlich**
> - andere tropische Drosseln wie
> - Rotkappendrossel

Der Orangebauch-Blattvogel, hier ein Männchen, singt auch recht schön.

vor. Sie ernähren sich von Nektar, Früchten, kleinen Insekten und anderen Wirbellosen.
Unterbringung: Ganzjährig nur innen oder Innen-/Außenvoliere mind. 3 × 1 × 2 m; mind. 15 °C; gut bepflanzt
Ernährung: Das Futter sollte aus Mehlkäferlarven, Buffalos (Getreideschimmelkäferlarven), kleinen Heimchen, weichen süßen Obstsorten und einer Nektarlösung bestehen. Man kann diesen Vögeln auch ein feines Insektenfresserfutter und einen Obstbrei anbieten.
Haltung und Zucht: Es werden drei Eier gelegt und ausschließlich vom Weibchen 14 Tage lang bebrütet. Die Jungtiere verlassen nach zwölf Tagen das Nest. Sie sind am Anfang sehr unbeholfen und sitzen oft in Bodennähe. Sie werden noch etwa drei Wochen ausschließlich mit tierischer Nahrung gefüttert, bevor sie selbst Futter aufnehmen.
Kennzeichnung: Orangebauch-Blattvögel können mit einem Ring der Größe 3,5 mm gekennzeichnet werden.

Eine der wenigen Drosseln, die sich in unseren Volieren etabliert hat, ist die Schwarzbrustdrossel.

Haltung und Zucht: Schwarzbrustdrosseln sind recht scheue Volierenbewohner. Nach etwa zweitägigem Nestbau legen sie drei bis vier cremefarbene gefleckte Eier. Bebrütet wird das Gelege meist nach dem zweiten Ei nur durch das Weibchen. Beide Eltern füttern die Jungtiere bevorzugt mit Regenwürmern. Nach 14 Tagen verlassen sie das Nest und werden nun ausschließlich vom Männchen gefüttert, während das Weibchen oft schon mit der nächsten Brut beginnt. In den ersten Tagen nach dem Ausfliegen sind die Jungtiere sehr nervös und verletzen sich nicht selten beim Anflug ans Gitter. Deshalb kann es sinnvoll sein, dieses beispielsweise mit Jutesäcken abzuhängen, bis die Jungvögel ruhiger geworden sind.
Kennzeichnung: Die Beringung der Nestlinge kann im Alter von etwa einer Woche mit einem Ring der Größe 4,5 mm geschehen.

Sumbawadrossel

Zoothera dohertyi (Hartert, 1896)
GB: Chestnut-backed Thrush, Sumbawa Ground-Trush

Unterarten: Keine
Status: Wegen abnehmender Freilandbestände und kleinem Verbreitungsgebiet als „schwach gefährdet" eingestuft.

Haltung: < 100 in Zoos; < 50 in Privathand
Beschreibung: Sumbawadrosseln erreichen eine Länge von 16 bis 18 cm und ein Gewicht von 50 bis 60 g. Die schwarz, braun und weiß gefleckten Drosseln zeigen keinen Geschlechtsunterschied. Mit ihren weißen Gesichtsflecken ähneln sie der Rostkappendrossel oder Rotrückendrossel.
Herkunft und Lebensweise: Die Kleinen Sundainseln Lombok, Sumbawa, Flores und Timor sind die Heimat dieser Drosselart. Hier lebt sie in Höhen zwischen 350 bis 2300 m im Unterholz der Wälder und ernährt sich von verschiedenen Kerbtieren und Beeren.
Unterbringung: Sumbawadrosseln sollten in einer dicht bepflanzten Außenvoliere mit mindestens 10 m^2 Grundfläche und einem anschließenden auf mindestens 15 °C temperierten Innenraum gehalten werden. Sie sind meist friedlich gegenüber anderen Vögeln und können selbst mit gleichgroßen Arten vergesellschaftet werden.
Ernährung: Neben Regen- oder Tauwürmern und Lebendinsekten aller Art kann man ein gutes Insektenfresserfutter und Beeren und kleingeschnittenes Obst reichen.
Haltung und Zucht: Sumbawadrosseln sind nicht sehr anspruchsvolle Pfleglinge, besonders in großen Tropenhäusern scheinen sie sich sehr wohl zu fühlen. Um die

Sumbawadrosseln sind eigentümlich gefärbt.

Schneescheitelrötel
Weißscheitelrötel
Cossypha niveicapilla (Lafresnaye, 1838)
GB: Snowy-crowned Robin-chat, Snowy-headed Robin-chat

Unterarten: Keine; die schwarzrückige Form wird mitunter als eigene Unterart, *C. n. melanonota* angesehen.
Status: Nicht gefährdet, teilweise häufig
Haltung: > 50 in Zoos; < 50 in Privathand
Beschreibung: Länge 20,5 bis 22 cm; Gewicht etwa 34 bis 45 g; Maske bis in den Nacken, Mantel, Flügel, und mittlere Schwanzfedern rußschwarz, Scheitel weiß, oft geschuppt; Nackenband, Kehle, Unterseite und Bürzel fuchsrot; Schnabel schwarz; Auge dunkel.
Herkunft und Lebensweise: Der Schneescheitelrötel lebt in Äquatorialafrika von Senegal bis zum Viktoriasee. Seine bevorzugten Habitate sind Dickichte in Savannen, üppiger Bewuchs entlang von Flussläufen und alte Plantagen. In Kamerun und Ostafrika kommt er bis über 2000 m ü. NN vor. Dieser Rötel wird mitunter mit dem größeren Schuppenkopfrötel (*Cossypha albicapilla*) verwechselt.

Wie viele andere Rötel, so hat auch der Schneescheitelrötel einen sehr melodischen, flötenartigen Gesang. Er erinnert ein wenig an den des Sonnenvogels (*Leiothrix lutea*). Auch Weibchen singen, aber leiser.

Die Nahrung, die überwiegend auf dem Boden gesucht wird, besteht hauptsächlich aus Insekten und Beeren.

Die beanspruchte Reviergröße ist abhängig vom Nahrungsangebot und kann bis 1 ha groß sein. Der Schneescheitelrötel ist Standvogel, der zur Brutsaison in die alten Reviere zurückkehrt. Der sonst friedliche Vogel wird während der Brutperiode sehr aggressiv und verteidigt sein Revier gegenüber Artgenossen und anderen Vogelarten äußerst heftig.

Das Napfnest wird aus verschiedensten Pflanzenteilen in Astgabeln aber auch Felsnischen erbaut. Es wer-

Art erfolgreich zu züchten, sollte man allerdings ein Paar möglichst allein in eine Voliere setzen und diese reichlich bepflanzen und an geeigneten Stellen mit Nistkörben versehen. Sowohl in Zoos als auch bei Privathaltern gelang die Zucht in den letzten Jahren vermehrt. Es werden in der Regel drei Eier gelegt und das Weibchen beginnt nach der Ablage des zweiten Eies mit der Brut. Nach 15 Tagen schlüpfen die Jungtiere und werden in den ersten Tagen ausschließlich vom Weibchen gefüttert. Das Männchen übergibt dem Weibchen Futter, füttert die Jungtiere aber erst, nachdem diese im Alter von 14 Tagen das Nest verlassen. Ist ein Paar erst einmal erfolgreich, kommt es oft schon kurz nach dem Ausfliegen der Jungtiere zu einer erneuten Eiablage.
Kennzeichnung: Jungvögel können im Alter von einer Woche mit einem geschlossenen Ring der Größe 3,5 mm beringt werden.

Haltungs- und Zuchtbedingungen ähnlich
- Amurrötel
- Bergrötel
- Grauflügelrötel
- Kaprötel
- Natalrötel
- Schuppenkopfrötel
- Tropfenrötel
- Weißbrauenrötel
- Weißkehlrötel

Haltungs- und Zuchtbedingungen ähnlich
- Scheckendrossel
- Schieferdrossel
- Rotkappendrossel

Sicher der am häufigsten gesichtete Rötel: der Schneescheitelrötel.

den zwei bis drei olivgrüne Eier gelegt, die mitunter bräunliche Abzeichen haben.
Unterbringung: Ganzjährig nur innen oder Innen-/Außenvoliere; mind. 2 × 1 × 2 m; mind. 15 °C; Rückzugsmöglichkeiten und Ansitzwarten durch entsprechende Bepflanzung und/oder Steinhaufen tragen zum Wohlbefinden der Vögel bei.
Ernährung: Außerhalb der Brutzeit bekommen die Rötel ein Insektenfutter, welches mit geriebenem Apfel und Hüttenkäse angereichert wird. Lebendfutter kann man in dieser Zeit stark reduzieren, allenfalls ein paar Kerbtiere pro Tag und Vogel geben. Zur Aufzucht von Jungen wird besondere in den ersten fünf Tagen fast ausschließlich Lebendfutter gereicht. Diese als auch das Weichfutter sollte man regelmäßig mit Vitamin- und Mineralstoffgaben anreichern.
Haltung und Zucht: Erfolgreiche Zuchten von Schneescheitelröteln sind bereits aus Volieren bekannt, die nur die Maße von 1,1 × 2,4 × 2,2 m aufwiesen. Größere und zudem bepflanzte Volieren sind aber anzuraten.
Die Vögel bauen ihre napfförmigen Nester sowohl freistehend in Astgabeln als auch in Halbhöhlen. Die

Info Viele Züchter empfehlen zur Zucht die paarweise Haltung ohne Vergesellschaftung, zumal in der Natur aggressive Nestraumverteidigung beschrieben ist. Ferner hat man bei der Einzelhaltung von Paaren mehr Kontrolle über die Futteraufnahme.

bevorzugte Nisthöhe liegt bei 1,5 bis 2,0 m. Das Nest wird ausschließlich vom Weibchen in zwei bis vier Tagen gebaut. Es werden ein bis drei Eier gelegt, selten vier. Mit der Ablage des letzten Eies beginnt das Weibchen mit der Brut. Die Brutdauer liegt bei 13 bis 14 Tagen. Die Eischalen werden vom Weibchen nach dem Schlupf entfernt. Das Männchen beteiligt sich erst einige Tage nach dem Schlupf an der Aufzucht der Jungen. Diese werden in den ersten acht Tagen vom Weibchen gehudert. Die Nestlingszeit beträgt 13 bis 16 Tage. Etwa zwei Wochen nach dem Ausfliegen sind die Jungvögel selbstständig und können von den Eltern getrennt werden.
Kennzeichnung: Es wird ein Ring mit 3,5 mm Durchmesser empfohlen.

Rubinkehlchen
Taiga-Rubinkehlchen
Luscinia calliope (Pallas, 1776)
GB: Siberian Rubythroat

Unterarten: In älterer Literatur ist gelegentlich von zwei Unterarten die Rede, heute gilt die Art als monotypisch.
Status: Nicht gefährdet, in weiten Teilen häufig.
Haltung: < 10 in Zoos; < 50 in Privathand
Beschreibung: Länge etwa 14 cm; Gewicht 16 bis 29 g; Körperbau schlank; lange dünne Beine; charakteristisch ist der orangerot gefärbte Kehllatz – nur beim Männchen; schmaler weißlicher Überaugen- und Bart-

Rubinkehlchen (Männchen).

streif; Schnabel schwarz; Gefiedergrundfarbe graubraun, Bauchseite heller; Kehllatz beim Weibchen weißlich; Füße hellbraun

Herkunft und Lebensweise: Rubinkehlchen haben ein großes Verbreitungsgebiet: vom westlichen Sibirien bis nach Kamtschatka und Japan. Sie sind Zugvögel und überwintern im südostasiatischen Raum, vor allem in Indochina und auf den Philippinen. Ihr bevorzugter Lebensraum ist die offene Taiga. Doch bewohnen sie auch Waldränder sowie Sumpf- und Moorgebiete oder Feuchtwiesen.

Rubinkehlchen leben recht zurückgezogen, vornehmlich in den unteren Vegetationsschichten. Sie bewegen sich hüpfend auf dem Boden umher. Außerhalb der Paarungszeit sind sie Einzelgänger, nur hin und wieder sieht man kleine Trupps zusammen. Während der Brutzeit sind sie sehr territorial. Im Freiland liegt die Reviergröße pro Paar, abhängig vom Nahrungsangebot, bei bis zu 1 ha. Ihren Gesang, der dem der Nachtigall ähnelt, lassen sie bereits frühmorgens hören.

Diese Vogelart ernährt sich zu etwa 85 % insectivor. Neben Spinnentieren werden vor allem Insekten und deren Larven erbeutet. Im Herbst, wenn die Insektenzahl zurückgeht, fressen Rubinkehlchen auch Früchte und Beeren.

Die Balz beginnt meist Anfang Mai, Paarung und Eiablage finden ab Ende Mai oder im Juni/Juli statt. Je nach Wetter und Nahrungsangebot zieht sie sich bis in den August. Die Vögel führen eine monogame Saisonehe. Ihre Nester findet man auf dem Boden, in dichter Vegetation, auch in Wassernähe, sie sind napfförmig und oft von umgebender Vegetation überdacht. Es werden bis zu sechs hell blaugrüne Eier gelegt.

Bei guter Witterung und günstigem Nahrungsangebot sind Zweitbruten möglich. Die Brutdauer beträgt etwa 14 Tage. Vor allem in den ersten Tagen werden ausschließlich Insekten verfüttert. Mit etwa drei Wochen sind die Jungvögel flügge und verlassen das Nest, werden aber noch einige Tage von den Altvögeln versorgt.

Unterbringung: Ganzjährig nur innen oder Sommer Innen-/Außenvoliere von mind. 2 × 1 × 2 m. Manche Züchter halten sie ganzjährig in Außenvolieren, ein temperierter Innenraum ist, sofern die Voliere wind- und wettergeschützte Bereiche aufweist, nicht zwingend erforderlich. Wir empfehlen allerdings die frostfreie Überwinterung. Die Volieren sollten über Naturboden verfügen und bepflanzt sein, zum Beispiel mit Koniferen, Brombeeren, Gräsern oder Ähnlichem. Volieren ohne Innenraum sollten zumindest zu einem Drittel überdacht sein, um Trockenbereiche zu schaffen. Im Winter kann man die Vögel einzeln in geräumigen Kistenkäfigen unterbringen.

Ernährung: Insektenweichfutter und lebende Insekten im Verhältnis von 40:60 stellen das Grundfutter außerhalb der Brutzeit dar. Wenn Junge im Nest sind, nimmt der Anteil an Lebendfutter auf bis zu 100 % zu. Man kann ihnen Fliegenlarven, Drohnenbrut, Buffalo- und Mehlkäferlarven, Heimchen, Fruchtfliegen oder Wachsmotten anbieten, auch Blattläuse und Ameisenpuppen verzehren sie gerne.

Haltung und Zucht: Ihren Gesang lassen sie, ähnlich der Nachtigall, auch nachts hören. Als Nistmöglichkeit dienen halboffene Nistkästen, die man möglichst versteckt anbietet. Dort hinein legen die Vögel in das aus allerlei Pflanzenmaterial erbaute Nest 4 bis 5 Eier. Die Brutdauer beträgt rund 14 und die Nestlingszeit etwa 21 Tage.

Kennzeichnung: Nach gut einer Woche mit einem Ring der Größe 3,2 mm.

Haltungs- und Zuchtbedingungen ähnlich
- Bergrubinkehlchen
- Blaunachtigall
- Rotkopfnachtigall

Schamadrossel
Schama
Copsychus malabaricus (Scopoli, 1788)
GB: White-rumped Shama, Common Shama

Unterarten: *C. m. malabaricus* – West- und Südindien; *C. m. albiventris* – Andamanen, Bauch weiß; *C.m. barbouri* – Maratua, Nordborneo, weiße Kopfplatte; *C. m. interpositus* – Nepal, Nord-, Zentral- und Nordostindien, Myanmar, Südchina, Thailand, Indochina, kurzer Schwanz; Weibchen sehr dem Männchen ähnlich; *C.m. leggei* – Sri Lanka, kleiner als Nominatform; *C.m. macrourus* – Cou-Son-Insel, Vietnam, weniger weiß am Unterschwanz; *C. m. melanurus* – Westsumatra; *C. m. mirabilis* – Prinsen; *C. m. nigricauda* – Kangeaninseln, Indonesien, Schwanz fast völlig schwarz; *C. m. suavis* – Borneo; Sarawak, Kalimantan; *C. m. stricklandii* – Nordborneo, weiße Kopfplatte; *C. m. tricolor* – Westmalaysia, Sumatra, Java, Bangka, Belitang, Natuna, Anamba.
Status: Nicht gefährdet, lokal häufig.
Haltung: >100 in Zoos; >100 in Privathand
Beschreibung: Länge 21 bis 28 cm, davon rund 10 cm Schwanz; Gewicht 31 bis 42 g; Männchen: Kopf, Brust, oberer Rücken, Flügel, Oberschwanz schwarz; Bürzel weiß; Bauch fuchsrot; Auge dunkel, Füße fleischfarben; Unterschwanz weiß; Weibchen: wie Männchen, aber insgesamt mehr grauschwarz, Schwingen bräunlich gesäumt.
Herkunft und Lebensweise: Schamadrosseln sind von Indien über Südwestchina und Indochina bis Sumatra, Borneo und Java anzutreffen. Auf Hawaii wurden sie eingebürgert. Sie leben im Unterholz der Wälder, an deren Rändern und an Flussufern, aber auch in Sekundärwäldern oder Plantagen. Auf Thailand kommen sie bis auf 1500 m ü. NN vor.

Dieser Standvogel ernährt sich vor allem von Arthropoden inklusive Ameisen, Schmetterlingen, Spinnen, nimmt aber auch gerne Beeren auf. Er sucht die Nahrung vornehmlich auf dem Boden und in den unteren Vegetationsschichten.

Die Brutzeit wechselt mit den jeweiligen Herkunftsbereichen. Schamadrosseln bauen ein Napfnest aus Wurzeln, Gräsern, Bambusblättern und anderem Pflanzenmaterial, gewöhnlich in 2 bis 5 m Höhe. Es werden

> **Info**
> Schamadrosseln wurden früher gerne allein ihres Gesanges wegen gehalten. Dies sollte man heute unterlassen, vielmehr sollte man Paare zusammenführen und die Vermehrung anstreben.

Das prächtige Männchen der Schamadrossel.

> **Haltungs- und Zuchtbedingungen ähnlich**
> - Dajaldrossel
> - Damadrossel

zwei bis vier Eier gelegt. Die Brutdauer beträgt rund 14 Tage, die Nestlingszeit 13 Tage. Drei Wochen nach dem Ausfliegen kann man die Jungen als selbstständig betrachten.
Unterbringung: Ganzjährig nur innen oder Innen-/Außenvoliere; mind. 2 × 1 × 2 m. Es wird eine bepflanzte Voliere mit angeschlossenem, auf 15 °C beheizten Schutzraum oder ein Vogelhaus empfohlen. Bei feuchtkaltem Wetter sollten die Vögel nicht draußen übernachten müssen. Es gibt Halter, die sie vom Frühjahr bis in den Spätherbst ganz draußen halten und zur Überwinterung einzeln in Kistenkäfigen von 120 × 60 × 60 cm unterbringen. Erst im nächsten Jahr werden die Vögel wieder vergesellschaftet. Es emp-

> **Info**
> Es gibt Halter, die ihren Altvögeln während der Jungenaufzucht „Freigang" ermöglichen. Dies ist aber immer risikobehaftet, denn sie können Beutegreifern zum Opfer fallen, auch wenn sie in der Nähe der Voliere bleiben.

fiehlt sich, zuerst das Weibchen in die Voliere zu lassen und das Männchen erst dann hinzuzugeben, wenn das Weibchen sein Revier kennt. Im Kölner Zoo halten wir Schamadrosseln ganzjährig zusammen im Tropenhaus.
Ernährung: Außerhalb der Brutzeit reicht eine gute, mit Äpfeln, Möhren geraspelt und Magerquark leicht angefeuchtete Insektenfertigfuttermischung. Gelegentlich ist die Gabe von Lebendfutter anzuraten. Um die Vögel zur Brut zu stimulieren, sollte die Lebendfuttergabe erhöht werden.
Haltung und Zucht: Das Männchen verfolgt das Weibchen und wirbt mit tänzerischen Balzhandlungen, aufgestelltem Schwanz und gesträubtem Federkleid um die Partnerin. Die Zucht kann schon in Volieren von 1 × 3 × 2 m gelingen. Die Vögel nehmen gerne halboffene Nistkästen zur Brut an und verwenden als Nistmaterial Blätter, Kokosfasern, Tierhaare oder trockenes Gras. Das Nest wird vom Weibchen in fünf bis sechs Tagen gebaut und es werden drei bis fünf Eier gelegt. Die Brutdauer beträgt etwa elf Tage.

Lebendfutter ist zur Aufzucht der Jungen unerlässlich, besonders Ameisenpuppen und Wachsmotten. In den ersten Tagen werden die Kotballen der Jungen noch von den Altvögeln verschluckt, um das Nest sauber zu halten, später fortgetragen. Mit knapp zwei Wochen fliegen die Jungen aus. Im Alter bis zu 28 Tagen werden die Jungen noch von den Altvögeln versorgt.

Mehrere Bruten im Jahr sind möglich. Die Lebenserwartung in menschlicher Obhut liegt bei 20 Jahren, mitunter sogar mehr.
Kennzeichnung: Die Jungen können nach fünf bis sechs Tagen mit einem Ring von 3,5 mm beringt werden.

Muscicapidae – Sänger

Diese Familie hat in jüngerer Vergangenheit einige systematische Veränderungen erfahren. Man unterscheidet derzeit 116 Arten, die alle in der alten Welt zu Hause sind. Gemeinsamkeiten des Stimmapparates, welche sie zum namensgebenden Gesang befähigen, sind kennzeichnende Merkmale. **Altwelt-Fliegenschnäpper**, wie man die Gruppe auch nennt, ernähren sich von Insekten und anderen Wirbellosen über kleine Wirbeltiere bis hin zu Beeren und Früchten.

Spiegelrotschwanz
Phoenicurus auroreus (Pallas, 1776)
G.: Daurian Redstart

Unterarten: *P. a. auroreus* – Süd- und Zentralsibirien, Mongolei, bis Amurland über Korea und Nordostchina; überwintert in Japan, Taiwan und Südostchina; *P. a. leucopterus* – Nordostindien, Zentral- und Ostchina; Überwinterung im Osthimalaya sowie Ost- und Nordindochina.
Status: Nicht gefährdet, fast überall häufig.
Haltung: In Zoologischen Gärten wird die Art momentan nicht gehalten, < 50 in Privathand
Beschreibung: Länge 15 cm; Gewicht 11 bis 20 g; Männchen: Kopfplatte und Nacken grau; Stirn, Gesicht und Kehle schwarz; Rücken und Flügel schwarzgrau mit großem weißen Spiegel; Füße und Auge schwärzlich; Weibchen: mehr oder weniger braungrau; Flügel mit kleinem weißen Spiegel; Schwanz unterseits rotbraun, oberseits schwarz; ähnliche einheimische Arten sind Garten- und Hausrotschwanz.
Herkunft und Lebensweise: Zu den Verwandten des Spiegelrotschwanzes gehört der Riesenrotschwanz (*Phoenicurus erythrogastrus*). Das Verbreitungsgebiet des Spiegelrotschwanzes liegt in Ostasien, wie bei den Unterarten beschrieben. Er bewohnt die subalpinen Waldgebiete, aber auch Busch- oder Kulturland wie Teeplantagen oder Gärten. Im Sommer steigt er bis 3700 m ü. NN auf.

Insekten, Beeren und Sämereien bilden die Grundnahrung des Spiegelrotschwanzes, wobei die Insekten deutlich überwiegen. Die Brutzeit variiert von April bis August. Das napfförmige, aus Pflanzenteilen und Tierhaaren erbaute Nest wird in Höhlen und Spalten auf dem Boden, in Bäumen, Felsen, Klippen oder gar an Häusern erbaut. Die Brutdauer liegt zwischen 16 und 18 Tagen, die Nestlingszeit bei etwa 14 Tagen. Im Winter ziehen die Vögel in tiefere, wärmere Lagen oder südlichere Gefilde.
Unterbringung: Ganzjährig nur innen oder im Sommer Innen-/Außenvoliere oder Außenvoliere mit Witterungsschutz. Im Winter Kistenkäfig bei Einzelhaltung, sonst mind. 2 × 1 × 2 m; mind. 15 °C; bepflanzt
Ernährung: Neben einem feinen Insektenweichfutter muss man den Spiegelrotschwänzen vor allem zur

> **Haltungs- und Zuchtbedingungen ähnlich**
> - Bachrotschwanz
> - Diademrotschwanz
> - Riesenrotschwanz

Muscicapidae – Sänger   111

Männlicher Spiegel-Rotschwanz – diese Vögel werden schnell mit der Pflege vertraut.

Brutzeit tierisches Futter anbieten. Gerne genommen werden Getreideschimmelkäferlarven, Mehlkäferlarven, Fliegenmaden und Ameisenpuppen, aber auch Wiesenplankton ist empfehlenswert.
Haltung und Zucht: Die erfolgreichen Züchter bringen diese Vögel in dicht bepflanzten Volieren unter, zum Beispiel 5 × 5 × 2,2 m. Fast immer verfügen diese über einen Naturboden. Als Pflanzen haben sich bewährt: Thuja, Bodendecker, Holunder und Efeu. Manche Halter überwintern die Spiegelrotschwänze einzeln in geräumigen Kistenkäfigen (1,2 × 06, × 0,6 m) oder kleinen Volieren und bringen sie erst im Frühjahr wieder zusammen. Dies entspricht auch ihrem Verhalten im Freiland.

Zur Brut sollte man halboffene Nistkästen anbieten, die an möglichst unterschiedlichen Orten in der Voliere, am besten gut versteckt anzubringen sind. Bewährt haben sich Kästen von 15 × 15 cm und 24 cm Höhe. Die Eier sind cremefarben mit rötlich braunen Sprenkeln. Spiegelrotschwänze kann man mit den unterschiedlichsten Vogelarten vergesellschaften, beispielsweise mit Finken (Carduelidae) oder Ammern (Emberizidae).
Kennzeichnung: Nach sieben Tagen können die Jungtiere mit einem geschlossenen 2,7-mm-Ring gekennzeichnet werden.

Rotbauch-Blauschnäpper
Rotbauchniltava, Rotbauchfliegenschnäpper
Niltava sundara (Hodgson, 1837)
GB: Rufous-bellied Niltava, Sundara Niltava

Unterarten: *N. s. sundara* – Zentral- und Osthimalaya, Südchina bis Myanmar; *N. s. whistleri* – Nordwesthimalaya von Pakistan bis Nordindien; *N. s. denotata* – zur Brutzeit Ostmyanmar bis Südchina, außerhalb der Brutzeit Thailand bis nördliches Indochina.
Status: Nicht bedroht, regelmäßig anzutreffen.
Haltung: < 20 in Zoos; < 20 in Privathand
Beschreibung: Länge 15 bis 18 cm; Gewicht 19 bis 24 g; Diese hübsche Fliegenschnäpperart zeigt Geschlechtsdimorphismus. Das Männchen ist überwiegend blau und rotbraun gefärbt, die Weibchen schlichter graubraun. Davidblauschnäpper (*Niltava davidi*) und Sumatrablauschnäpper (*Cyornis ruckii*) sind dem Rotbauch-Nilltava zum Verwechseln ähnlich.
Herkunft und Lebensweise: Rotbauch-Blauschnäpper leben vorwiegend im Unterholz der Bergwälder und in Flussnähe. Ihre Verbreitung erstreckt sich von Pakistan über die Himalajaregion bis in die Bergregionen Südwestchinas. Im Winterhalbjahr suchen sie tiefer gelegene Gebiete auf.

Ihre Nahrung besteht aus verschiedenen Insekten und anderen Wirbellosen, die auf dem Boden oder im Flug erbeutet werden. Im Winter werden vermehrt Beerenfrüchte gefressen – dies sollte auch bei der Haltung berücksichtigt werden.

Außerhalb der Brutzeit leben Männchen und Weibchen getrennt. Während der Brutzeit jedoch verteidigen sie gemeinsam ihr Revier, das oft in höheren Lagen zwischen 1600 bis 3200 m ü. NN liegt. Die Brutzeit reicht von April bis August. Wenn das Nahrungsangebot stimmt, können zwei Jahresbruten vorkommen. Beide Partner beteiligen sich am Nestbau, Brüten und der Aufzucht. Rotbauch-Blauschnäpper sind Halbhöh-

> **Info**
> Bei der Zusammenführung muss man Vorsicht walten lassen. Ein guter Zeitpunkt ist, wenn die Männchen im Frühjahr laut und anhaltend mit dem Gesang beginnen. Idealerweise werden die Männchen in Käfigen mit Sichtkontakt zur späteren Zuchtvoliere gehalten, während die Weibchen sich dort schon einleben können.

Systematik

Das Rotbauch-Blauschnäpper-Männchen verteidigt sein Revier auch gegen größere Volierenbewohner heftig.

lenbrüter, ihre Nester findet man in Nischen an Böschungen, Baumwurzeln, Fels- und Baumspalten. Das Gelege besteht aus drei bis vier Eiern. Die Brutdauer liegt bei zwölf bis 13 Tagen. Nach etwa zwei Wochen fliegen die Jungen aus. Die jungen Männchen sind dann schon an den blauen Schwanzfedern zu erkennen.
Unterbringung: In einer kombinierten Innen- und Außenvoliere aber auch einem Tropenhaus von mind. 2 × 1 × 2 m. Überwinterung bei mindestens 10 °C wird empfohlen. Wichtig ist, dass die Voliere dicht bepflanzt wird.
Ernährung: Als Futter bietet man ein gutes Insektenfuttergemisch, das man mit Schichtkäse, geraspelten Karotten und Ei anreichern kann.
Lebendfutter wie Mehlkäferlarven, Fliegenmaden, Heimchen oder Ameisenpuppen, werden gerne genommen. Für die Jungenaufzucht ist lebende Nahrung unerlässlich.
Haltung und Zucht: Bereits 1901 wurde der Rotbauch-Blauschnäpper zum ersten Mal nach England, zwei Jahre später nach Deutschland eingeführt. Nach der Importsperre wurde er in unseren Volieren jedoch zur Seltenheit. Der Rotbauch-Blauschnäpper sollte in einer natürlich gestalteten, biotopgerechten Voliere gehalten werden.

Gegenüber ihrem Pfleger wird diese Schnäpperart meist schnell zutraulich. Im Gegensatz zu manch anderer Schnäpperart leben diese Vögel ähnlich unserem heimischen Rotkehlchen (*Erithacus rubecula*) in Bodennähe und suchen dort ihre Nahrung.

Nachdem das Nest in nur wenigen Tagen in einer Halbhöhle errichtet wurde, beginnt das Weibchen zu legen. Die Brutzeit beginnt mit dem letzten Ei und beträgt knapp zwei Wochen.

Die Nestlingszeit liegt bei zwei Wochen. Beim Ausfliegen erinnern die Rotbauch-Blauschnäpper mit ihrem gesprenkelten, braunen Gefieder an junge Gartenrotschwänze (*Phoenicurus phoenicurus*). Die Geschlechter kann man schon im Nest unterscheiden: Weibliche Tiere besitzen den sichelförmigen Fleck auf der Brust, das Gefieder der Männchen ist vor allem dunkler. Für jede Brut wird ein neues Nest angelegt.
Kennzeichnung: Nach etwa einer Woche mit einem 3,0-mm-Ring.

Haltungs- und Zuchtbedingungen ähnlich

- Brauenschnäpper
- Braunkehliger Blauschnäpper
- Elsterschnäpper
- Graubrust-Paradiesschnäpper
- Japanschnäpper
- Kobaltniltava
- Meerblauer Fliegenschnäpper
- Narzissschnäpper
- Zimtfliegenschnäpper

Info

Vom Rotbauch-Blauschnäpper ist bekannt, dass man die Elternvögel während der Jungenaufzucht in den Freiflug entlassen kann. Dann suchen sie sich die zur Jungenaufzucht notwendigen Insekten selbst. Diese Haltungsart hängt aber stark davon ab, wie oder wo man wohnt!

Platysteiridae – Schnäpperwürger

Die Schnäpperwürger wurden früher oft als Unterfamilie der Fliegenschnäpper oder der Würger angesehen, heute bilden sie eine eigene Familie. Insgesamt kennt man sechs Gattungen und 30 Arten, von denen eine Art als gefährdet eingestuft wird. Eine monotypische Art, der Wardschnäpper (*Pseudobias wardi*) lebt auf Madagaskar.

Es sind kleine bis mittelgroße Vögel von 8 bis 16 cm Länge. Einige Arten besitzen einen sehr kurzen Schwanz. Geschlechtsdimorphismus ist bei den meisten Arten gegeben. Bei einigen Arten sind die namensgebenden Hautlappen um die Augen charakteristisch, man nennt diese Arten auch Lappenschnäpper.

Die Schnäpperwürger sind kontrastreich gefärbt, mit einem relativ abgeflachten Schnabel und bewohnen ausschließlich Afrika, bevorzugt Wald- und Buschland. Man trifft die Vögel paarweise, in kleinen Familienverbänden oder auch in gemischten Vogelgruppen an. Die Platysteiridae gelten während der Brutzeit als sehr territorial und monogam.

Alle Schnäpperwürger ernähren sich von Insekten, die sie sowohl im Fluge als auch auf dem Boden fangen. Sie bauen napfförmige Nester und legen zwei bis fünf Eier.

Lappenschnäpper
Braunkehl-Lappenschnäpper
Platysteira cyanea (Müller, 1776)
GB: Brown-throated Wattle-eye

Unterarten: *P. c. aethiopica* – Südäthiopien und Südostsudan, kleiner und heller als Nominatform; *P. c. nyansae* – Osten der Zentralafrikanischen Republik, Westkenia, Nordwesttansania, dünner weißer Streifen zwischen Schnabelansatz und Auge; *P. c. cyanea* – Senegal bis Westen der Zentralafrikanischen Republik, südwärts bis Nordwestangola, Kongo);
Status: Nicht gefährdet, grundsätzlich häufig.
Haltung: < 10 in Zoos. Uns ist momentan nur die Haltung von drei Tieren im Zoo Frankfurt bekannt.
Beschreibung: Länge etwa 13 cm; Gewicht etwa 12 bis 17 g; Männchen: oberseits dunkelgrau bis schwarz; Kehle weiß, breites Brustband schwarz; weißer Flügelspiegel; nackter roter Hautlappen über dem Auge; Weibchen: Wie Männchen, aber oberseits meist grauer, Kehle und obere Brust kastanienbraun, Kinn weiß. Sehr ähnlich ist der Schwarzkehl-Lappenschnäpper, doch fehlt diesem der weiße Flügelspiegel, das Brustband des Männchens ist schmal und das Weibchen hat eine schwarze Brust und Kehle.

Das Männchen des Lappenschnäppers zeigt das dunkle Brustband.

Herkunft und Lebensweise: Dieser Lappenschnäpper, den man früher als Braunkehl-Lappenschnäpper bezeichnete, bewohnt Afrika von Senegal bis Äthiopien und nach Süden bis zur Demokratischen Republik Kongo. Er lebt in lichten Wäldern, Buschland und Kulturland. In Äthiopien kommen die Vögel in Höhen von bis zu 3000 m ü. NN vor.

Lappenschnäpper ernähren sich von Wirbellosen, vorwiegend Insekten und -larven, die sie sowohl am Boden als auch im Flug erbeuten. Gelegentlich werden auch Schnecken gefressen.

Lappenschnäpper leben paarweise oder in kleinen Gruppen und gelten in ihren natürlichen Lebensräumen als Standvögel. Bereits mit etwa einem Jahr sind sie geschlechtsreif. Ihr Gesangsrepertoire gilt als umfangreich, vor allem begeistert der synchrone Duettgesang von Männchen und Weibchen zur Brutzeit.

Ihr napfartiges Nest von rund 6,5 bis 7,5 cm Durchmesser wird in niedrigen Bäumen oder Büschen aus feinen Fasern und vielen Spinnweben gebaut und außen mit Flechten und trockenen Blattstückchen verkleidet. Das Weibchen legt zwei bis drei creme- bis

Haltungs- und Zuchtbedingungen ähnlich
- Glanz-Lappenschnäpper
- Kapbatis
- Schwarzkehl-Lappenschnäpper
- Weißflankenbatis

olivfarbige Eier mit dunkler Fleckung. Das Gelege wird nur vom Weibchen über einen Zeitraum von 17 Tagen bebrütet. Die Jungvögel werden von beiden Elternteilen versorgt. Mit 18 bis 20 Tagen sind sie flügge.
Unterbringung: Ganzjährig nur innen; mind. 2 × 1 × 2 m; mind. 20 °C; bepflanzt
Ernährung: Als Hauptfutter akzeptieren Lappenschnäpper fast ausschließlich lebende Nahrung in Form von mit Vitaminen und Mineralstoffen panierten, frisch gehäuteten Mehlkäferlarven, Spinnen, mittelgroßer Heimchen und Wachsmotten. Auch als Wiesenplankton bezeichnete Insekten werden zielstrebig erbeutet. Können nicht ausreichend Nachtfalter oder Ähnliches gefüttert werden, verblassen und schrumpfen die roten Augenlappen. In Volieren, in denen nektarivore Vögel gehalten wurden, sah man sie auch schon am Nektarfutter naschen.
Haltung und Zucht: Lappenschnäpper gehörten nie zu den häufig importierten Vogelarten, blieben meist Spezialisten oder wenigen Zoologischen Gärten vorbehalten. Man kann sie entweder paarweise oder aber auch mit anderen Vogelarten vergesellschaftet halten, allerdings eher nicht mit näher verwandten Arten.

Am besten bringt man die Vögel in einer gut bepflanzten Voliere unter. Zum Nestbau verwenden sie Pflanzenfasern, Wurzelchen, Rindenstücke oder Spinnweben. Auch Kokosfasern, Moos und Flechten kann man ihnen als Nistmaterial reichen. Das Napfnest wird in rund 0,5 bis 2 m Höhe errichtet, im Gezweig oder auf einem horizontalen Ast. Nach dem Schlupf der Jungen bringt das Männchen das Futter heran, übergibt es dem Weibchen und dieses füttert dann die Jungen. Das Männchen entsorgt in den ersten Tagen nach dem Schlupf auch die Kotballen des Weibchens, nicht nur die der Jungen. Für jede Brut wird ein neues Nest errichtet.
Kennzeichnung: Ein Ring der Größe 2,5 mm könnte für die Beringung geeignet sein.

> **Die Balz wird von Kleefisch so beschrieben:**
>
> *„Während das Männchen hoch gestreckt mit leicht gesträubtem Kehl- und Brustgefieder sowie gefächertem Schwanz seine erweiterte Strophe vortrug, die von häufigem „Schnabelknacken" begleitet wurde, nahm das Weibchen eine recht geduckte Haltung ein. Unterbrochen von vertikalen, kreisförmigen Balzflügen, wobei ebenfalls das „Schnabelklappen" zu hören war, näherte sich das Männchen mehr und mehr dem Weibchen. Dieses nahm schließlich die Kopulationshaltung ein, das Männchen flatterte mit vernehmbaren Flügelschlägen mehrere Sekunden dicht über dem Weibchen, bevor es auf ihm landete und die Paarung vollzog".*

Timaliidae – Timalien

Dies ist eine besonders formen- und artenreiche Familie mit rund 84 Gattungen und 309 Arten. Davon gelten derzeit 28, also fast 10 %, als gefährdet!

In Größe und Gestalt variiert diese Vogelgruppe enorm. Es handelt sich um 7 bis 30 cm große Singvögel. Die Gruppe der Timalien war lange Zeit ein Sammelbecken für Vogelarten, die man nicht anderweitig einordnen konnte. Es galt der Spruch: *„Was Du nicht bestimmen kannst, sieh als Timalie an!"* Timalien haben in der Regel kurze, abgerundete Flügel und viele einen relativ langen Schwanz. Obwohl es sehr farbenfrohe Arten gibt, ist die Mehrzahl eher einfarbig und schlicht gefärbt.

Sie bewohnen, bis auf eine Art, die im Westen Nordamerikas lebt, überwiegend das östliche Asien. Nur wenige kommen im arabischen Raum, in Afrika oder auf Madagaskar vor. Wälder, Busch- und Grasland sowie Wüstenränder bilden die vielfältigen Habitate, in denen sich die Timalien aufhalten.

Oft sieht man sie auf dem Boden oder geschickt im Geäst hüpfend nach Nahrung suchen. Diese besteht aus Früchten und Beeren, Insekten, Wirbellosen und mitunter, vor allem bei den größeren Arten, auch aus kleinen Wirbeltieren. Die Nester sind entweder napfförmig oder nach oben hin geschlossen mit einem seitlichen Eingang. In menschlicher Obhut gelten die meisten als robuste und ausdauernde Vögel.

Diademyuhina
Yuhina diademata Verreaux, 1869
GB: White-collared Yuhina

Unterarten: *Y. d. diademata* – Zentralchina; *Y. d. ampelina* – Nordostmyanmar, östlich bis Südchina und Nordvietnam, dunkler, mehr graubraun.
Status: Nicht gefährdet, häufig bis sehr häufig.
Haltung: < 10 in Zoos; > 20 in Privathand. In den Zoos werden nur noch wenige Individuen gehalten, bei den Privathaltern scheint die Art noch recht häufig zu sein und es bleibt zu hoffen, dass sie in unseren Volieren erhalten werden kann.
Beschreibung: Länge 14,5 bis 18 cm; Gewicht 15 bis 29 g; Rücken graubraun; Bauch heller; Brust, Schwingen und Kehle dunkler; Stirn und Haube sepiabraun, begrenzt von breitem weißen Band vom Auge bis in den Nacken (Diadem); grauweiße Strichelung auf der Wange; Geschlechter gleich gefärbt, während der Brutzeit erscheint das Männchen jedoch intensiver. Fälschlicherweise wird die Art gelegentlich Weißnackenyuhina genannt.

Timaliidae – Timalien   115

Diademyuhina mit aufgerichteter Haube.

Herkunft und Lebensweise: Diademyuhinas bewohnen von immergrünen Wäldern über Sekundärwälder bis zu Teeplantagen eine große Bandbreite unterschiedlicher Habitate. In China kommen sie in Höhen von 800 bis 3600 m ü. NN vor. Meist kann man sie paarweise oder in kleinen Trupps beobachten, die auf Nahrungssuche sind. Insekten, inklusive Käfer, Sämereien aber auch Pollen und Nektar stehen auf dem Speisezettel.

Das Nest wird in Höhen bis 2 m über dem Boden gebaut. Es werden zwei bis drei Eier gelegt. Beide Altvögel brüten, wenn auch das Weibchen deutlich mehr als das Männchen.

Unterbringung: Diademyuhinas können in kombinierten Innen-/Außenvolierenanlagen oder ganzjährig innen gehalten werden. Die Voliere sollte nicht kleiner als 2 × 1 × 2 m sein. Wenn die Tiere stets Zugang zu einem auf 15 °C beheizten Innenraum haben, dann kann man sie bis zur Frostgrenze ins Freie lassen.

Ernährung: Man reicht ein gutes Weichfutter mit Magerquark, frisch gehäutete Mehlkäferlarven, Ameisenpuppen, „Drohnenbrut" oder Wiesenplankton. Gerne fressen sie auch Obst und Beeren, Gurke und Tomaten. Manche Züchter bieten auch erfolgreich Beoperlen an.

Yuhinas sind neugierig und lassen sich gut mit der Futtersuche beschäftigen. Dazu gibt man kleine Insekten in einen großen Plastikbehälter mit Rindenstücken und Zweigen, sodass die Vögel darin nach dem Futter stöbern müssen.

Haltung und Zucht: Es ist eine kontaktfreudige, soziale Vogelart, bei der die Partner oft eng beieinander sitzen und sich gegenseitig das Gefieder pflegen. Die Balz der Diademyuhinas ist recht lebhaft.

Ein Napfnest mit einem Innendurchmesser von etwa 6 cm und einer Tiefe von 5 cm wird aus verschiedensten Materialien wie Kokosfasern und Moosen in etwa ein bis zwei Wochen gebaut. Es werden meist vier weißgrüne Eier mit dunkelbraunen Flecken gelegt (15,6 × 21,9 mm). Beide Partner brüten. Die Brutdauer liegt bei zwölf bis 13 Tagen. Nach weiteren zwölf Tagen verlassen die Jungen das Nest.

Diademyuhinas verhalten sich außerhalb der Brutzeit friedfertig gegenüber anderen Volierenbewohnern, auch gegen kleinere Arten. Zur Brutzeit können sie aber gelegentlich ziemlich streitsüchtig werden. Ihr Badebedürfnis ist groß.

Kennzeichnung: Ein Ring der Größe 2,5 mm kann zur Beringung verwendet werden.

Haltungs- und Zuchtbedingungen ähnlich

- Braunkopfyuhina
- Gelbnackenyuhina
- Gelbstreifenyuhina
- Kehlstreifenyuhina
- Meisenyuhina
- Zwergtimalie

Eine der bedrohtesten Vogelarten der Erde: der Blaukappenhäherling.

Blaukappenhäherling
Blaukronenhäherling
Dryonastes courtoisi (Ménégaux, 1923)
GB: Blue-crowned Laughingthrush

Unterarten: Keine, bis vor kurzem galt der Blaukappenhäherling noch als Unterart des Gelbbauchhäherlings (*Dryonastes galbanus*). Beide wurden in der Gattung *Garrulax* geführt. **Status**: Kritisch bedroht, 50 bis 249 Tiere im Freiland(!)
Haltung: >100 in Zoos; >20 in Privathand
Beschreibung: Länge 24 bis 25 cm; Gewicht rund 90 g; Stirn und Gesichtsmaske sind schwarz, der restliche Kopf graublau; die Kehle ist gelb, die restliche Unterseite mehr sandgelb; der Mantel ist braunbeige und die Unterschwanzdecken sind weiß; Die Geschlechter sind gleich gefärbt; Insgesamt erinnert die Art doch sehr an den etwas blasser wirkenden Gelbkehlhäherling.
Herkunft und Lebensweise: Diese Art galt bereits als ausgestorben, doch fand Prof. He Fen-qui von der Zoologischen Akademie Sinica, Peking, diese Vögel 1997 in Yunnan wieder. Das letzte Vorkommen beschränkt sich auf ein kleines Gebiet in der Simao-Region. 2008 zählte man vier Brutstätten mit fünf Brutkolonien und rund 200 Vögeln. Ihr Lebensraum sind die immergrünen Laubwälder und Bambus- und Baumbestände entlang von Straßen, oft in der Nähe menschlicher Siedlungen.

Die Vögel ernähren sich von Invertebraten und Samen. Zur Jungenaufzucht werden besonders in den ersten Tagen ausschließlich Insekten verfüttert. Die Futtersuche findet oft in Gruppen von bis zu 40 Vögeln statt. Auf dem Boden drehen sie die Blätter um auf der Suche nach Nahrung oder hüpfen und klettern suchend durchs Geäst.

Die Brutzeit liegt zwischen April und Juli. Oft gibt es zwei Bruten im Jahr. Sie brüten in kleinen, lockeren Kolonien. Das napfförmige Nest besteht aus dünnen Zweigen, Gräsern und anderen Pflanzenteilen. Es wird in Höhen zwischen 4 bis 10 m Höhe errichtet, gerne in Bäumen. Drei bis fünf Eier werden gelegt. Die Brutdauer liegt bei rund 14 Tagen und die Nestlingszeit zwischen 13 und 16 Tagen. Nach der Brutzeit verlassen sie das Gebiet, wohin sie wandern ist noch nicht genau bekannt.
Unterbringung: Ganzjährig nur innen oder Innen-/Außenvoliere; mind. 3 × 1,5 × 2 m; mind. 10 °C; bepflanzt
Ernährung: Im Kölner Zoo werden derzeit acht Blaukappenhäherlinge gehalten, deren Nahrung hauptsächlich aus Heimchen, mit Mineralstoffen und Vitaminen panierten Mehlkäferlarven, einem Insektenfresserfutter und verschiedenen Obstsorten besteht, die teilweise gewürfelt, aber auch einfach halbiert in der Voliere aufgespießt werden.

> **Info**
> Der Zoo von Chester, Leeds Castle und die Zoologische Gesellschaft für Populations- und Artenschutz (ZGAP) fördern die Erhaltungs- und Forschungsprogramme für diese stak bedrohte Art. Das ESB geht auf eine Initiative des Kölner Zoos zurück, der bereits Mitte der 1990er Jahre zu einem Programm aufrief.

Haltungs- und Zuchtbedingungen ähnlich
- Grauflankenhäherling
- Schwarzkehlhäherling
- Spiegelhäherling
- Weißkehlhäherling

Haltung und Zucht: Eine Vergesellschaftung mit anderen Vogelarten wie Fasanen ist möglich. Andere Häherlinge sollte man aber nicht in der gleichen Voliere halten.

Die Brutzeit kann sich in unseren Breiten von März bis Juni erstrecken. Als Niststandort nehmen die Vögel Bambus, Rotdorn, Lebensbaum oder gar Fichten an. Die Nester werden in der Regel frei gebaut, ein Nestkörbchen als Unterlage sei dennoch empfohlen und wird gerne angenommen. Am liebsten nutzen die Vögel wohl welke Grashalme zum Nestbau.

Man kann Blaukappenhäherlinge paarweise, aber auch in einem Trio oder in großen Gehegen gar in kleinen Gruppen zur Brut bringen. Bis zu vier Gelege machen die Vögel pro Jahr. Der Nestbau dauert nur wenige Tage, beide Partner beteiligen sich. Meist werden zwei bis fünf Eier gelegt, die etwa 26 × 19 mm messen. Die Brutdauer beträgt 16 Tage.
Kennzeichnung: Dieser Häherling wird bei uns mit einem Ring der Größe 4,5 mm gekennzeichnet.

Weißhaubenhäherling
Garrulax leucophus (Hardwicke, 1815)
GB: White-crested Laughingthrush

Unterarten: *G. l. belangeri* – Südl. Zentral- und Südmyanmar, West-Thailand, graue Nackenpartie der Nominatform bräunlich; *G. l. diardii* – Südostmyanmar, Nordwest-, Nordost- und, Südostthailand, Indochina, Südchina, heller braun als Nominatform, gesamte Unterseite bis auf Afterregion weiß; *G. l. leucolophus* – Süd-Haimachal-Pradesh, Nepal bis Nordostindien, Südchina, nur Kehle und Brust weiß; *G. l. patkaicus* – Südost-Arunchal-Pradesh und Nordostindien, Ostbangladesh, Myanmar und Südchina, wie Nominatform aber wesentlich dunkler. Der Sumatra-Weißhaubenhäherling, früher *G. l. bicolor*, hat neuerdings Artstatus und wird als Schwarzweißhäherling, *Garrulax bicolor*, bezeichnet.
Status: Nicht gefährdet, teilweise häufig.
Haltung: < 20 in Zoos; < 50 in Privathand
Beschreibung: Länge 26 bis 31 cm; Gewicht 108 bis 131 g; Gefieder überwiegend dunkel- bis kastanienbraun; Brust, Kehle, Kopf und kleine Haube weiß;

Weißhaubenhäherlinge gehören zu den robustesten Weichfresserarten und sind auch für Anfänger geeignet.

Nacken grau; vom Schnabelansatz bis hinter die Augen zieht sich ein schwarzes Band; Schnabel schwarz.
Herkunft und Lebensweise: Der Weißhaubenhäherling ist ein geselliger Vogel, der in kleinen Trupps lärmend mit wie Gelächter klingenden Rufen durch die lichten Wälder streift.

Das Verbreitungsgebiet erstreckt sich südlich des Himalajas ostwärts bis nach Thailand und Vietnam. Besonders häufig ist der Weißhaubenhäherling in Nordostindien anzutreffen, wo er in den Bergwäldern bis in Höhen über 2.100 m ü. NN lebt, aber auch in Plantagen und Gärten zu sehen ist.

Er sucht seine Nahrung aus Insekten, Beeren, Blütennektar und kleinen Wirbeltieren im Geäst der Sträucher und Bäume und auf dem Boden. Bei der Futtersuche sind Trupps von sechs bis zwölf, selten bis zu 40 Vögel zu beobachten.

Weißhaubenhäherlinge errichten ihre napfförmigen Nester aus Zweigen, Halmen und anderen Pflanzenteilen, je nach Verbreitung zwischen Februar und September. Die Art schreitet bei günstigem Nahrungsangebot

Info Dieser Häherling gilt als guter Sänger und wird in seiner Heimat gerne als Einzelvogel im Käfig gehalten. Er kann Stimmen anderer Vögel nachahmen.

> **Haltungs- und Zuchtbedingungen ähnlich**
> - Augenbrauenhäherling
> - Sumatrahäherling
> - Waldhäherling

mehrfach zur Brut, bei dieser wird sie durch Helfer, meist vorjährige Jungtiere, unterstützt.

Das große, napfförmige Nest wird in der Regel zwischen 1,8 und 6,0 m Höhe errichtet. Es besteht aus Ästchen, Wurzeln und Blättern. Die Gelegegröße variiert zwischen zwei und sechs Eiern, in Indien sind es gewöhnlich vier bis fünf, in Myanmar nur zwei bis drei. Beide Altvögel beteiligen sich an der Bebrütung, die rund zwei Wochen dauert sowie an der Versorgung der Jungvögel werden von beiden Altvögeln versorgt. Einige Kuckucksarten nutzen den Weißhaubenhäherling als Wirtsvogel wie der Koromandel- (*Clamator coromandus*) und der Jakobinerkuckuck (*Clamator jacobinus*).

Unterbringung: Ganzjährig nur innen oder Innen-/Außenvoliere; Sommer Außenvoliere mit Witterungsschutz; mind. 3 × 1,5 × 2 m. Die Voliere sollte bepflanzt sein. Der Innenraum braucht für die recht robusten Vögel im Winter nur auf 10 °C temperiert werden.

Ernährung: Neben verschiedenen Insekten, gibt man ein grobes Weichfutter und etwas Obst.

Haltung und Zucht: Man kann die Art gut mit größeren Vögeln wie Fasanenartigen vergesellschaften, bei kleineren Vogelarten allerdings können Gelege und Jungvögel leicht zur Beute des kräftigen Häherlings werden.

Meist beginnen die Weißhaubenhäherlinge im April mit der Brut. Gerne nutzen sie Körbchen als Nistunterlage. Man sollte diese mit Zweigen verkleiden oder in Büschen oder Thujas anbringen. Die Vögel suchen bevorzugt geschützte Nistbereiche.

Bis zu vier Bruten pro Jahr sind möglich. Meist werden drei bis vier Eier gelegt. Die Brutdauer liegt bei 14 bis 15 Tagen. Bereits mit 14 Tagen verlassen die Jungen das Nest und klettern im Geäst umher. Bis zur Selbstständigkeit vergehen aber noch weitere vier bis fünf Wochen.

Kennzeichnung: Zur Beringung ist ein Ring der Größe 5,5 mm geeignet.

> **Info**
> Das Lebendfutter kann man in großen Plastikwannen oder Aquarien anbieten. Dann kann dieses nicht entweichen.

Rotschwanzhäherling
Trochalopteron milnei (David, 1874)
GB: Red-tailed Laughingtrush

Unterarten: *T. m. milnei* – Südostchina, Nordwest-Fujian; *T. m. sharpei* – Südchina, Nordostmyanmar, Nord- und Zentrallaos, Nordwestvietnam, Nordwestthailand, wie Nominatform, aber Ohrfleck silbern; *T. m. vitryi* – Südlaos; *T. m. sinianum* – Südostchina, Guangdong, Guangxi, Nord-Guizhou, Krone blasser, Ohr mehr silberfarben, Kehle schwarz.

Status: Nicht gefährdet. Die Nominatform gilt als weniger häufig, in China gar als selten.

Haltung: < 50 in Zoos; < 50 in Privathand

Beschreibung: Länge 26 bis 28 cm; Gewicht 66 bis 93 g; Geschlechter gleich gefärbt; Schwanzoberseite und Flügeldecken auffallend rotbraun; Ober- und Unterseite grau.

Herkunft und Lebensweise: Der Unterwuchs immergrüner Wälder, dichte Bambusbestände oder Schilfgürtel sind die bevorzugten Habitate des Rotschwanzhäherlings. Er ist in Höhen von 600 bis 2500 m, meist über 900 m zu beobachten.

Seine Nahrung besteht aus Wirbellosen, wobei auch Käfer und Tausendfüßer akzeptiert werden. Beeren und Früchte ergänzen den Speiseplan. Die Nahrungssuche findet überwiegend paarweise oder in kleinen Gruppen statt.

Die Brutzeit fällt in die Monate April bis Juni. Das Nest, häufig aus Bambusblättern, Gräsern und Wurzeln erbaut, befindet sich fast immer in mehr als einem Meter Höhe über dem Boden. Das Gelege besteht aus zwei bis drei Eiern. Die Brutdauer beträgt 17 bis 18 Tage, die Nestlingszeit 14 bis 16 Tage. Beide Altvögel ziehen die Jungvögel auf.

Unterbringung: Ganzjährig nur innen oder Innen-/Außenvoliere; mind. 3 × 1,5 × 2 m; mind. 15 °C; bepflanzt

Ernährung: Unsere Rotschwanzhäherlinge erhalten neben allerlei Lebendfutter ein handelsübliches Insektenfresserfutter, sowie Beoperlen und eine Obstmischung. Zur Jungenaufzucht ist genügend Lebendfutter unerlässlich.

Haltung und Zucht: Im Kölner Zoo halten wir derzeit drei Paare dieser Häherlingsart, deren Unterbringung recht unterschiedlich ist. Während ein Paar unseren

> **Haltungs- und Zuchtbedingungen ähnlich**
> - Karminflügelhäherling
> - Schwarzscheitelhäherling

Ein Rotschwanzhäherling im Tropenhaus des Kölner Zoos, sein Name erklärt sich von selbst.

> **Info**
> Wir haben die Erfahrung gemacht, dass unsere Vögel erst, seit wir unser Lebendfutter mit Mineralstoffen und Vitaminen bestäuben, den Nachwuchs erfolgreich aufziehen.

großen Tropenhausfreiflug bewohnt und hier erfolgreich züchtet, ist das zweite Paar in einer etwa 20 m² großen Innenvoliere mit reichlicher Bepflanzung untergebracht. Diese Voliere teilt es sich mit einem Paar Albertistauben (*Gymnophaps albertisii*). Das dritte Paar bewohnt im Sommer eine reine Außenvoliere, wird zur Überwinterung dann aber in eine Innenvoliere umgesetzt.

Besonders zur Balzzeit lassen die Rotschwanzhäherlinge ihren Duettruf ertönen. Ihr Nest bauen sie gerne in Astgabeln dichter Sträucher. Mitunter nehmen sie Nisthilfen, beispielsweise Körbchen an. Beide Altvögel wechseln sich bei der Brut, dem Hudern und der Nahrungsversorgung der Jungen ab. Die Nestlingszeit beträgt 16 Tage. Noch Wochen nach dem Ausfliegen sitzen die Jungen regelmäßig mit einem Elternteil

> **Info**
> Wie bei fast allen anderen Häherlingsarten auch, sind die ersten Tage und Wochen nach dem Ausfliegen eine sehr kritische Zeit für die Jungvögel. Hocken die Jungtiere am Boden und sind nicht in der Lage auf die angebotenen Äste zu fliegen, ist es besser, sie möglichst in Handaufzucht nehmen, denn sie sterben sonst recht schnell.

zusammengekuschelt auf einem Ast, während der andere Elternteil meist schon das nächste Gelege bebrütet. Man sollte den Jungtieren auf jeden Fall genügend Gesträuch anbieten, in das sie sich zurückziehen können.
Kennzeichnung: Rotschwanzhäherlinge kennzeichnen wir mit 5,0 mm Ringen.

Omeihäherling
Liocichla omeiensis (Riley, 1926)
GB: Grey-cheeked Omeiensis

Unterarten: Keine
Status: Gefährdet; CITES II, EG B, für die Haltung wird ein Herkunftsnachweis benötigt
Haltung: < 50 in Zoos; < 50 in Privathand
Beschreibung: Länge 19 bis 20,5 cm; Gewicht 70 g; Weibchen wie Männchen gefärbt, aber insgesamt blasser und statt der beiden orangefarbenen Querbinden auf dem Flügel und der orangefarbenen Endbinde des Schwanzes gelb-weiße Abzeichen. Insgesamt erinnert der Omeihäherling im Aussehen ein wenig an den Sonnenvogel, doch es fehlt ihm der gegabelte Schwanz, der rote Schnabel und die goldgelbe Kehle.
Herkunft und Lebensweise: Der Omeihäherling bewohnt das südliche Sichuan und nordöstliche Yunnan im Süden Zentralchinas. Er steht verwandtschaftlich dem Formosahäherling (*Liocichla steeri*) sehr nahe. Der Omeihäherling lebt im Unterwuchs der immergrünen Wälder, in Bambuswäldern und bis hinein in offene Landschaften. Zusammenhängende Vegetationszonen werden bevorzugt. Man trifft diese Vögel in

Für den Omeihäherling ist es wichtig, dass alle Halter zusammenarbeiten.

> **Info**
> Für den Omeihäherling gibt es ein Europäisches Zuchtbuch. Es beruht auf einer Initiative, die vor Jahren durch engagierte private Züchter und den Kölner Zoo ins Leben gerufen wurde.

Haltung und Zucht: Die Volieren, in denen der Omeihäherling untergebracht wird, sollten gut bepflanzt sein. Als Neststandort bevorzugt er zum Beispiel Bambusdickichte. Das Nest ist napfförmig. Nisthilfen wie Draht- oder Weidenkörbchen werden gelegentlich angenommen. Die Brutdauer beträgt 17 Tage. Das Gelege wird überwiegend vom Weibchen bebrütet. Die Nestlingszeit wird ebenfalls mit rund 17 Tagen angegeben, dann verlassen die noch stummelschwänzigen Jungen das Nest.

Omeihäherlinge gehören zu den friedfertigen Timalienarten. Sie lassen sich gut mit anderen Arten vergesellschaften.

Kennzeichnung: Ein Ring der Größe 4,5 mm ist für diese Art geeignet.

Höhen zwischen 600 bis 2400 m, meist wohl zwischen 1700 und 2000 m ü. NN an. Er ist einzeln, paarweise und in Gruppen anzutreffen. Die Nahrung besteht aus Früchten, Beeren und Wirbellosen aller Art, die zumeist in den unteren Regionen der dichten Vegetation gesucht werden.

Die Brutzeit des Omeihäherlings liegt zwischen Mai und Juni. Er baut ein napfförmiges Nest aus Blättern und anderen Pflanzenteilen in Höhen von 0,3 bis 1 m Höhe über dem Boden. Das Gelege besteht aus drei bis vier bläulich gefärbten Eiern, die eine dunkle Zeichnung aufweisen. Die Brutdauer liegt bei gut zwei Wochen, die Nestlingszeit ebenso.

Unterbringung: Ganzjährig nur innen oder Innen-/Außenvoliere; mind. 3 × 1,5 × 2 m; mind. 15 °C; bepflanzt

Ernährung: Als Grundnahrung dient ein feines Insektenweichfutter, das mit Magerquark, Bierhefe und kleingeschnittenem Obst angereichert wird. Zur Aufzucht der Jungen ist Lebendfutter unentbehrlich. Besonders gerne verfüttern die Altvögel kleine Heimchen, Mehlkäferlarven und Drohnenbrut.

Haltungs- und Zuchtbedingungen ähnlich
- Brustbandhäherling
- Formosahäherling
- Schwarzkappentimalie

Blauflügelsiva
Siva cyanouroptera (Hodgson, 1837)
GB: Blue-winged Siva

Unterarten: *S. c. cyanouroptera* – Ostindien bis Bhutan, Nordostindien, Nordwestmyanmar; *S. c. aglae* – Nordostindien, Westmyanmar, intensiver gestrichelte Krone; *S. c. wingatei* – Nordostmyanmar, Nordthailand, Laos, Vietnam, Südchina, keine weiße Abzeichen an Schwingen und Schwanzspitze; *S. c. sordida* – Südostmyanmar, Nordwest- und Westthailand, weniger Strichelung auf der Krone, dunklere Oberseite, hellere Unterseite; *S. c. sordidior* – Südthailand, Malaiische Halbinsel, insgesamt blasser; *S. c. rufodorsalis* – Südostthailand, Südwestkambodscha, kastanienfarbene Krone und Nacken; *S. c. orientalis* – Südvietnam, Südwestkambodscha, größte Unterart, Oberseite fast gänzlich grau, Handschwingen blassblau, Krone fast ohne Strichelung.

Status: Nicht gefährdet, in manchen Gegenden gar häufig

Haltung: < 10 in Zoos; < 20 in Privathand

Beschreibung: Länge 14 bis 15,5 cm; Gewicht 14 bis 28 g; Geschlechter gleich; eine insgesamt elegant wirkende kleine Timalie mit braunbeigefarbenem Rückengefieder und markant blauen Schwingen, Unterseite grauweiß, Kopfplatte gestrichelt.

Herkunft und Lebensweise: Die immergrünen Wälder, aber auch die Misch- und Nadelwälder, Bambushaine und Kulturland werden von der Blauflügelsiva

Die Blauflügelsiva wurde früher regelmäßig importiert.

bewohnt. Sie wird regelmäßig bis in 3000 m ü. NN gesehen.

Ihre Nahrung besteht neben Insekten vor allem aus Beeren und Sämereien. Außerhalb der Brutzeit bilden sich Trupps von fünf bis 20 Vögeln, auch gemischte Gruppen mit anderen Vogelarten.

Das kleine Nest wird meist unter einem Meter Höhe gebaut, auch in Böschungen von Bachläufen. Es werden zwei bis fünf Eier gelegt. Die Brutdauer beträgt 14 Tage und die Nestlingszeit 14 bis 16 Tage.
Unterbringung: Ganzjährig nur innen oder Innen-/Außenvoliere; mind. 2 × 1 × 2 m; mind. 15 °C. Auch für diese Timalienart gilt, dass die Voliere bepflanzt sein sollte. Dies gibt den Vögeln ausreichend Nist- und Versteckmöglichkeit und dem Besitzer die Möglichkeit das natürliche Verhalten der Tiere zu beobachten.
Ernährung: Ein gutes Insektenweichfutter als Grundnahrung, daneben fressen die Vögel allerlei Obst und Beeren, sowie tierisches Futter wie kleine Grillen, Heimchen, Fliegenmaden, Ameisenpuppen und Ähnliches.
Haltung und Zucht: Blauflügelsivas stellen mehr oder weniger die gleichen Ansprüche an die Haltung wie

Haltungs- und Zuchtbedingungen ähnlich
- Bändersiva
- Goldaugentimalie
- Malaienalcippe
- Rotschwanzsiva

Sonnenvögel. Am besten hält man sie in kleineren Volieren paarweise oder in sehr großen Anlagen auch in kleinen Trupps. Die Volieren müssen den Paaren durch Größe und Strukturierung die Möglichkeit geben, sich zur Brut separieren zu können. Sie sind mit vielen anderen Kleinvögeln zu vergesellschaften, allerdings sollten sie weder mit Silberohr- noch mit Sonnenvögeln in einer Voliere gehalten werden.
Kennzeichnung: Ein Ring der Größe 3,0 mm ist zur Kennzeichnung geeignet.

Silberohr-Sonnenvogel
Mesia argentauris (Hodgson, 1837)
GB: Silver-eared Mesia, Silver-eared Leiothrix

Unterarten: *M. a. argentauris* – Ost-Uttaranchal-Pradesh bis Bhutan, Nordostindien, Westmyanmar, Südchina; *M. a. galbana* – Ost- und Südostmyanmar, Nord- und Westthailand, oberseits grüner als Nominatform, unterseits blasser; *M. a. ricketti* – Süd-China, Nord- und Zentrallaos, Nordvietnam, orangerote Kehle und Brust, unterseits dunkler; *M. a. cunhaci* – Südlaos, Vietnam, Ostkambodscha, vom gelben Stirnfleck in die Kopfplatte übergehende Strichelung; *M. a. tahanensi* – Südthailand, Nordmalaysia; *M. a. rookmakeri* – Nordsumatra, wie *laurinae*, aber insgesamt grüner; *M. a. laurinae* – Westsumatra, orangefarbener Stirnfleck über Schnabel.
Status: Nicht gefährdet, CITES Anhang II, EG Anhang B; Herkunftsnachweis erforderlich.
Haltung: <20 in Zoos; <20 in Privathand

Zu den farbenprächtigsten Timalien gehört der Silberohr-Sonnenvogel.

Beschreibung: Länge 15,5 bis 17 cm; Gewicht 22 bis 31 g; Kopf schwarz, markanter silberner Ohrfleck; Kehle, Brust und Nackenband gelb; restliche Unterseite schilfgrün; oberseits graugrün; Flügelfleck und Bürzel rostbraun. Die Weibchen sind in der Regel blasser, weniger kontrastreich gefärbt.

Herkunft und Lebensweise: Der Silberohr-Sonnenvogel lebt in immergrünen Laubwäldern, offenen Buschlandschaften, Sekundärwäldern und bis in die Nähe menschlicher Siedlungen. In kleinen Verbreitungsinseln ist die Art im Himalaja bis nach Sumatra zu Hause. Meist trifft man sie zwischen 600 und 2000 m ü. NN an. Im Winter wandern sie in tiefer gelegene nahrungsreichere Regionen.

Außerhalb der Brutzeit leben Silberohr-Sonnenvögel gesellig und streifen in kleinen Trupps, auch mit anderen Arten vergesellschaftet, umher. Silberohr-Sonnenvögel ernähren sich von Insekten, Früchten und Beeren, gelegentlich auch Sämereien und Nektar.

Das napfförmige Nest aus feineren Pflanzenteilen findet sich meist in Höhen bis zu 2 m über dem Boden. Es werden zwei bis fünf Eier gelegt. Beide Altvögel brüten. Die Brutdauer beträgt 13 bis 14 Tage, die Nestlingszeit ebenfalls.

Unterbringung: Die Voliere von mindestens 2 × 1 × 2 m sollte gut bepflanzt sein. Da diese Vogelart als recht unempfindlich gilt, genügt bei der Haltung in einer Außenvoliere ein Schutzraum mit einer Mindesttemperatur von 10 °C. Dieser muss für die Vögel aber jederzeit erreichbar sein.

Ernährung: Silberohr-Sonnenvögeln bietet man ein handelsübliches, mittelfeines Weichfutter für Insektenfresser. Viele Halter reichern es mit Magerquark und/oder geraspelten Möhren an. Darüber hinaus sollte man Obst anbieten, kleingeschnitten oder auch als halbierte Früchte. Insekten, etwa Mehlkäferlarven oder Heimchen, sind ebenfalls wichtig und unabdingbar zur Jungenaufzucht.

Haltung und Zucht: Silberohr-Sonnenvögel sollte man paarweise halten. Außerhalb der Brutzeit ist eine Vergesellschaftung im Schwarm möglich. Mit anderen Arten wie Sonnenvögel (*Leiothrix lutea*), Siva-Arten (*Minla spp.*) oder größeren Vogelarten, wie Tauben (Columbidae), kann man sie ganzjährig zusammenhalten. Während der Brutzeit können Silberohr-Sonnenvögel jedoch aggressiv werden.

Sie nehmen gerne Nisthilfen an, zum Beispiel Körbchen. Für den Nestbau benötigen die Vögel meist nur drei bis vier Tage. Drei bis vier weißliche Eier mit braunen, mehr zum stumpfen Pol verteilten Tüpfeln, werden gelegt. Die Bebrütung beginnt mit dem vorletzten Ei. Die Brutzeit beträgt zwölf Tage.

Kennzeichnung: Im Alter von sechs bis sieben Tagen sollte man die Jungen mit 3,5-mm-Ringen kennzeichnen.

Sonnenvogel

Chinesische Nachtigall, Chinanachtigall
Leiothrix lutea (Scopoli, 1786)
GB.: Red-billed Leiothrix, Pekin Nightingale, Pekin Robin

Unterarten: *L. l. lutea* – Süd- und Zentralchina; *L. l. calipyga* – Nepal bis Bhutan, Nordostindien, Südchina, Nordwestmyanmar; *L. l. kumaiensis* – Nordwesthimalaia; *L. l. kwangtungensis* – Süd- und Südostchina, Nordvietnam; *L. l. yunnanensis* – Nordostmyanmar, Südchina.

Status: Nicht gefährdet, CITES II, EG Anhang B; Herkunftsnachweis erforderlich

Haltung: > 100 in Zoos; > 100 in Privathand

Beschreibung: Länge 14 bis 15 cm; Gewicht 18 bis 28 g; etwas kleiner als der Silberohr-Sonnenvögel, ohne schwarze Kopfzeichnung, Unterarten nur geringfügig unterschiedlich; Männchen olivgrüne Oberseite und dunkler, gegabelter Schwanz; hellgelbe und orangefarben gesäumte Handschwingen; bräunlich orangefarbene Brust; gelber Kehlfleck; Weibchen etwas kleiner, mehr olivgrün auf dem Kopf, grauere Wangen, insgesamt matter.

Haltungs- und Zuchtbedingungen ähnlich
- Alcippen
- kleine Timalien

Timaliidae – Timalien

> **Info**
> Der Sonnenvogel wird oft noch als Chinesische Nachtigall oder Chinanachtigall bezeichnet, obwohl er mit Nachtigallen eigentlich nichts zu tun hat. Der unverwechselbare, laute Gesang, brachte ihm den Namen ein.

Herkunft und Lebensweise: Sonnenvögel bewohnen inselartig ein riesiges Gebiet vom Norden Pakistans bis nach Südchina. Auf Hawaii, in Teilen der USA und sogar Frankreichs wurden sie vom Menschen eingeführt. Ihr Lebensraum liegt in 1500 bis 3200 m, meist 900 bis 2400 m Höhe. Außerhalb der Brutzeit halten sie sich gerne in Gruppen auf und durchstöbern das Unterholz von Bambus-, Laub- und Nadelwäldern auf der Suche nach Nahrung. Diese besteht vornehmlich aus Insekten und anderen Wirbellosen wie Regenwürmern.

Die Nester sind napfförmig und werden an den unterschiedlichsten Stellen im Gezweig gebaut, häufig in Bodennähe. Als Niststoffe dienen Laub und Moos und feinere Fasern für die Auspolsterung. Gewöhnlich besteht ein Gelege aus drei bis fünf Eiern, die von beiden Altvögeln in 13 Tagen erbrütet werden. Die Nestlingszeit liegt zwischen neun und zwölf Tagen, häufig wird ein zweites Mal in der Saison gebrütet.

Unterbringung: Sonnenvögel vertragen das mitteleuropäische Klima gut. Bei einer Haltung in einer bepflanzten Außenvoliere von mindestens 2 × 1 × 2 m reicht ein auf 10 °C temperierter Schutzraum, der ständig zugängig sein muss aus.

Ernährung: Neben einer guten Insektenfutterfertigmischung, mit Hüttenkäse, Möhren, Äpfeln und Ähnlichem angereichert, nehmen Sonnenvögel auch Grünfutter, wie Löwenzahn, Salat oder Vogelmiere. Dieses kann man extra oder im Futter untergemischt, anbieten. Beeren und Früchte sind ebenfalls begehrt. Lebendfutter ist unabdingbar, besonders zur Jungenaufzucht. Dazu zählen Essigfliegen, Fliegenmaden, kleine Heimchen und Grillen, Getreideschimmelkäfer- und kleine Mehlkäferlarven oder Wachsmotten. In regelmäßigen Abständen ist das Lebendfutter mit Vitaminen und Mineralstoffen anzureichern. Laubwalderde und Grit sollten ebenfalls angeboten werden.

Haltung und Zucht: Sonnenvögel gelangten erstmalig 1866 nach Europa, in den Zoologischen Garten Lon-

> **Haltungs- und Zuchtbedingungen ähnlich**
> - Alcippen
> - kleine Timalien

Es muss gelingen, den Sonnenvogel in unseren Anlagen zu erhalten.

don. Seitdem wurden sie, mit Ausnahme der Kriegsjahre, regelmäßig und in größeren Anzahlen eingeführt. Mit dem europäischen Importstopp für Wildvögel wurde aus der „Massenware" ein begehrter Volierenvogel.

Die Erstzucht gelang schon 1873 K. Ruß. Leider bemühen sich Halter erst jetzt vermehrt um die Zucht dieser schönen Vogelart. Sonnenvögel können unter optimalen Bedingungen bis zu vier Jahresbruten tätigen. Hier ist aber Vorsicht geboten, die Eltern sollten sich nicht zu sehr verausgaben.

In Volieren von 3 × 2 × 2 m ist die Zucht bereits gelungen. Die Volieren sollten bepflanzt sein, etwa mit Schneebeerensträuchern oder Thujas. Als Nestmaterial wird fast alles verbaut, so Kokosfasern, Scharpie, Moos und kurzes, weiches Gras. Allerdings bestehen bei den Vögeln individuelle Vorlieben für bestimmte Materialien.

Es werden sowohl freistehende Nester gebaut als auch Nisthilfen, wie ein Kaisernest, genutzt. Drei bis vier weißliche Eier mit hellroten bis braunen Sprenkeln werden gelegt. Meist wird ab dem zweiten Ei gebrütet. Die Jungen schlüpfen nach 13 Tagen.

Zu dieser Zeit muss man besonders kleine Insekten, zum Beispiel Getreideschimmelkäferlarven (Buffalos) und Wachsmotten reichen. Beide Eltern füttern. In den ersten Tagen wird der Kot der Jungen von den Eltern abgeschluckt, später mehr und mehr wegtransportiert, das Nest also sauber gehalten. Anfänglich sind die Jungen fast nackt und blind, darauf folgt ein graues Dunenkleid. Oft verlassen die Jungen das Nest bereits mit zwölf Tagen, sie sind dann noch stummelschwän-

zig und werden von den Eltern weiter gefüttert. Etwa um diese Zeit erweitern die Altvögel den Speiseplan der Jungen um Früchte und Weichfutter. Mit etwa einem Monat sind die Jungen unabhängig. Im Alter von rund zwölf Wochen zeigen sie das Gefieder der Eltern.
Kennzeichnung: Die Beringung kann am sechsten Tag mit einem Ring der Größe 3,0 mm vorgenommen werden.

Aegithalidae – Schwanzmeisen

Sie werden von manchen Systematikern noch zu den Meisen (Paridae) gestellt, gelten heute aber allgemein als eigenständige Familie, die Aegithalidae. Es handelt sich um kleine bis sehr kleine Vögel mit einem mittellangen bis sehr **langen Schwanz** sowie runden Flügeln und kurzem Schnabel. Diese Familie wird in vier Gattungen und 13 Arten unterteilt. Keine der Arten gilt als gefährdet.

Insgesamt wirken sie auf den Menschen als hübsch und niedlich, sie entsprechen dem **Kindchenschema**. Viele Arten sind sehr sozial und in Gruppen anzutreffen, sowohl bei der Nahrungsaufnahme als auch beim Ruhen. Die Gefiederfarben sind eher schlicht und gedeckt.

Sie bewohnen Europa, Asien, den Westen Nordamerikas, sowie Mittelamerika. Dort leben sie in den waldreichen Gebieten bis hinauf zur Baumgrenze sowie in Park- und Gartenanlagen. Ihre Nahrung besteht aus Spinnen und Insekten, aber auch Knospen und gelegentlich kleinen Sämereien. Mitunter hangeln sie **kopfüber** im Geäst, um die Beutetiere aus Spalten und Ritzen zu zerren. Das beutelförmige Nest hat einen seitlichen Einflug, wird aus Moos, Tierhaaren und Flechten gebaut und innen oft mit Federn ausgepolstert.

Schwarzkehl-Schwanzmeise
Rostkappenschwanzmeise
Aegithalos concinnus (Gould, 1855)
GB: Black-throated Tit, Red-headed Tit

Unterarten: *A. c. annamensis* – Südlaos, Vietnam, Kambodscha, Kopfplatte grau, Brust und Bauch dunkelbeige; *A. c. concinnus* – Zentrum und Osten von China, sowie auf Taiwan, Kopfplatte zimtfarbig, Bauch weiß; *A. c. iredalei* – Pakistan, westlicher Himalaya bis Nord-Indien, weißer Kopfstreif über schwarzem Zügel, Kopfplatte braun, Brust/Bauch grau-beige; *A. c. manipurensis* – südliches Assam, nördliches Indien, westliches Myanmar, *A. c. pulchellus* – östliches Myanmar, Kopf-

Ein echter Winzling: die Schwarzkehl-Schwanzameise.

platte grau; *A. c. talifuensis* – nordöstliches Myanmar, westliches China, nördliches Vietnam. Bei den in Menschenobhut gehaltenen Tieren handelt es sich überwiegend um die Nominatform.
Status: Nicht gefährdet, häufig bis sehr häufig
Haltung: In Zoos wird die Art momentan nicht gehalten, < 20 in Privathand
Beschreibung: Länge etwa 10,5 cm; Gewicht 4 bis 9 g; Kopfplatte, Flanken und Brustband rostbraun, schwarze Gesichtsmaske und Kehlfleck; Kinn, Latz und sonstige Unterseite weiß, Rücken grau, Iris gelblich, Schnabel kurz und schwarz; kein Geschlechtsdimorphismus;
Herkunft und Lebensweise: Die Schwarzkehl-Schwanzmeisen leben im Himalaja von Pakistan über Südwestchina bis Taiwan und Hainan. Im südlichen Vietnam existiert eine isolierte Population. Als Lebensraum bevorzugen sie Laubwälder und dichtes Unterholz, sind aber auch in Rhododendron- oder Bambusbeständen bis in 3900 m Höhe ü. NN anzutreffen. Ihr Brutgebiet liegt allerdings deutlich tiefer.

Die Nahrung besteht vorwiegend aus Insekten, sowie Beeren und Früchten. Diese werden vornehmlich in der unteren und mittleren Busch- und Baumregion gesucht. Die Vögel leben sozial und werden des Öfteren in kleinen Gruppen gesichtet, die aus bis zu 40 Individuen bestehen können. Selbst während der Brutzeit, in der sich die Paare separieren, findet man noch kleine Schwärme, die aus nicht verpaarten Vögeln bestehen. Nach der Brut trifft man sie allenthalben in Familientrupps.

Die Brutzeit variiert je nach Herkunft von Februar bis Mai. Der Nestbau benötigt etwa zehn bis 14 Tage, das kugelrunde Nest hat einen Durchmesser von 10 bis

> **Haltungs- und Zuchtbedingungen ähnlich**
> - Königsmeise
> - Rostkappen-Schwanzmeise
> - Schmuckmeise

15 cm. Dabei ist das seitliche Einschlupfloch so klein, dass ein Vogel gerade so hineinschlüpfen kann.

Es werden drei bis sechs Eier gelegt. Die Brutdauer, beide Altvögel brüten, beträgt 14 bis 16 Tage. Die Jungen bleiben knapp drei Wochen im Nest und werden von beiden Eltern versorgt. In China wurden Helfer beobachtet, die den Eltern sowohl bei der Brut als auch der Aufzucht der Jungen zur Seite standen.

Unterbringung: Schwarzkehl-Schwanzmeisen sollten stets Zugang zu witterungsgeschützten, trockenen Bereichen haben, besser noch zu einer Innenvoliere mit im Winter mindestens 10 °C. Die Voliere sollte 2 × 1 × 2 m nicht unterschreiten, gut bepflanzt sein und somit viele Versteckmöglichkeiten bieten.

Ernährung: Diese kleinen Vögel haben einen recht hohen Stoffwechsel und sollten daher ad libitum gefüttert werden. Lebende Insekten verschiedener Art, Blattläuse aus dem Garten – nicht gespritzt! – sind dazu geeignet. Die Blattläuse lesen sie gerne auch direkt von befallenen Pflanzen ab. Kleine Fliegen, Larven des Getreideschimmelkäfers, sowie ein feines Insektenfertigfutter mit Magerquark ergänzen die Nahrungspalette. Manche Züchter mischen Bierhefe und Traubenzucker unter. Wichtig ist auch eine ausreichende Versorgung mit Vitamin K.

Haltung und Zucht: Der bisher einzige, volle Bruterfolg gelang mit einer Gruppe von sieben Schwarzkehl-Schwanzmeisen (4,3) in einer überdeckten und geschützten Außenvoliere von 3 × 2 × 2 m, gut strukturiert mit Efeu und Koniferen. Verschiedene Nistmöglichkeiten können angeboten werden. Zum Nestbau werden Gräser, Wollfäden, Sisalfasern und Tierhaare gereicht, zum Auskleiden der Nistmulde zusätzlich Daunenfedern. Das Gelege besteht aus vier bis sechs Eiern, die Brutdauer liegt bei 14 bis 16 Tagen, gut zwei Wochen später verlassen die Jungen das Nest, werden aber noch weitere 14 Tage gefüttert.

Kennzeichnung: Die Beringung kann mit einem 2,2-mm-Ring erfolgen.

> **Info**
> Diese Vögel eignen sich sehr gut zur Vergesellschaftung mit kleineren Arten, etwa Finken (Fringillidae) oder Kleibern (Sittidae).

Nectariniidae – Nektarvögel

Die Nektarvögel sind ökologisch gesehen, die Gegenstücke der amerikanischen Kolibris, leben aber nur in den Tropen der Alten Welt, also Afrika, Asien, Australien und den vorgelagerten Inseln. Man unterscheidet heute 132 Arten in 16 Gattungen.

Im Gegensatz zu den Kolibris können sie nur eine kurze Zeit auf der Stelle fliegen. Sie haben **kräftige Beine**, mit denen sie sich bei der Nahrungsaufnahme gut festhalten können. Auffällig ist der mehr oder weniger lange, abwärts gebogene **Schnabel**. Ihre Nahrung besteht vorwiegend aus Spinnen, Insekten, Pollen und Nektar.

Die Weibchen der meisten Nektarvogelarten sind schlicht gefärbt, die Männchen vieler Arten weisen ein glänzendes, buntes Gefieder auf. Bei einigen Arten mausern sie dies in ein Schlichtkleid, dann sind sie kaum von den Weibchen zu unterscheiden.

Die Nester sind beutelförmig, mit seitlichem Eingang. Gerne hängen sie diese an eine Zweigspitze über Wasser. Das Gelege besteht meist aus ein bis drei Eiern. Bei den meisten Nektarvogelarten brüten die Weibchen die Eier alleine aus. Nur beim Nestbau und bei der Fütterung der Jungen werden etliche Arten vom Männchen unterstützt. Die Brutdauer beträgt etwa zwei Wochen und die Nestlingszeit 15 bis 18 Tage.

Ziernektarvogel
Gelbbauch-Nektarvogel
Cinnyris venustus (Shaw & Nodder 1799)
GB: Variable Sunbird, Yellow-bellied Sunbird

Unterarten: *C. v. albiventris* – Somalia, Ost- und Südäthiopien, Nord- und Ostkenia, Männchen mit weißem Bauch; Weibchen oberseits gräulich braun, unterseits weißlich, schwache Strichelung auf Kehle und Brust; *C. v. falkensteini* – Kenia, Sudan, Tansania, Malawi, Mosambik, Sambia, Zimbabwe, Kongo, Angola, Männchen intensiver gelb als die Nominatform; *C. v. fazoqlensis* – Äthiopien, Sudan, Bauchfärbung ähnlich *falkensteini* aber metallisch grün, nicht purpurblau; *C. v. igneiventris* – Kongo, Ruanda, Uganda, Tansania, Männchen oberer Bauch orangefarben; *C. v. venustus* – Senegal, Gambia, Sierra Leone, Nigeria bis Nordkamerun.
Status: Nicht gefährdet, in den meisten Teilen seiner Verbreitung häufig.
Haltung: < 10 in Zoos; < 10 in Privathand
Beschreibung: Länge 10 bis 12 cm; Gewicht 5 bis 9 g; Männchen an Kopf und Brust violett beziehungsweise grün schillernd, die restliche Unterseite ist schwefel-

Das Männchen des Ziernektarvogels im prächtigen Brutkleid.

gelb; Weibchen sind unterseits blassgelb mit weißlicher Kehle, oberseits grünbeige; schwarzer, leicht gebogener Schnabel. Außerhalb der Brutzeit tragen die Männchen ein dem Weibchen ähnliches Ruhekleid, doch erkennt man sie an einzelnen grünen und violetten Federchen.

Herkunft und Lebensweise: Der Ziernektarvogel bewohnt weite Teile Afrikas südlich der Sahara bis hinunter nach Zimbabwe und Mosambik. In Dornbuschsavannen, lichten Wäldern, Farm- und Kulturland, Parks und Gärten ist dieser hübsche Nektarvogel anzutreffen. Am Ruwenzori-Gebirge in Uganda trifft man ihn in Höhen von bis zu 2700 m an.

Haltungs- und Zuchtbedingungen ähnlich

- Amethyst-Glanzköpfchen
- Gould-Nektarvogel
- Halsband-Nektarvogel
- Kap-Honigfresser
- Kupfernektarvogel
- Malachitnektarvogel
- Pracht-Nektarvogel
- Preuss-Nektarvogel
- Scharlachbrust-Nektarvogel
- Schwalbennektarvogel
- Spinnenjäger
- Stahlnektarvogel
- Waldnektarvogel
- Ziernektarvogel

Info
Da Nektarvogelpaare während der Brutzeit gegen andere Nektarvögel sehr aggressiv sein können, sollte man nicht mehrere Paare oder verschiedene Arten zusammen halten.

Seine Nahrung besteht aus Termiten, Ameisen und Spinnen, aber auch Pollen und Nektar der Blüten. Es ist eine sehr aktive Vogelart, die ständig unterwegs ist. Unter und auf den Blättern sucht er nach Fressbarem und für kurze Zeit kann man ihn kolibrigleich vor den Blüten, in der Luft stehend, am Nektar naschen sehen.

Der Nestbau wird vom Weibchen durchgeführt. Es benötigt zwischen zehn und 20 Tagen zur Fertigstellung. Es werden ein bis drei Eier gelegt und nur vom Weibchen bebrütet. Die Brutdauer liegt bei 14 Tagen. Beide Altvögel versorgen die Jungen, die nach rund 18 Tagen das Nest verlassen. Man weiß, dass der Klaaskuckuck (*Chrysococcyx klaas*) Ziernektarvögel als Brutwirte nutzt. Dieser Kuckuck ist um ein Vielfaches größer als der Ziernektarvogel, demnach muss die Beutelnestkonstruktion sehr dehnbar sein.

Unterbringung: Ganzjährig nur innen; mind. 2 × 1 × 2 m; mind. 20 °C; gut bepflanzt.

Ernährung: Ziernektarvögel wie auch andere Nektarvögel ernährt man mit einer Nektarlösung, die man im Handel beziehen kann. Vorsicht! Achten Sie dabei auf Sauberkeit und Frische des Futters. Außerdem werden allerlei Wirbellose gefressen. Die Fütterung von kleinen Heimchen, Drosophilafliegen und Wachsmotten hat sich bewährt.

Gerne naschen die Vögel auch an Blüten, so kann man Obstbaumäste in Blüte reichen. Auch Obst wird gefressen, süße Apfelsinen kann man halbiert anbieten, anderes Obst auch sehr kleingeschnitten als Fruchtsalat.

Haltung und Zucht: Nektarvögel sollten stets in bepflanzten Volieren gehalten werden, zumeist ganzjährig innen. Sie lassen sich auch mit anderen, nicht verwandten Arten vergesellschaften. Es empfiehlt sich die paarweise Haltung.

Info
Ein Züchter reichte seinen Ziernektarvögeln während der Aufzucht folgendes Futter: zerschnittene Weintrauben, weiche Birnen, Apfelsinen, Weichfutter, zerkrümelter Rührkuchen, Mikrowürmchen, Mehlkäferlarven, Fruchtfliegen, Spinnen in großen Mengen, 150 bis 200 Tiere pro Tag, sowie Bio-Nektar.

Als Nistmaterial kann man den Vögeln unter anderem Kokosfasern, Flachs, Filterwatte und Spinnweben anbieten. Das Nest, welches meist in Büschen errichtet wird, wird innen gern mit Federn oder Tierhaaren ausgepolstert.
Die Brutdauer beträgt rund zwei Wochen. Nach dem Schlupf werden die Jungen vorwiegend mit Spinnen und Insekten versorgt.

Der Kot der Jungen wird von den Eltern vor allem in den ersten Tagen aufgenommen oder weit vom Nest fortgetragen. Nach dem Ausfliegen werden die Jungen noch einige Tage von den Alten gefüttert. Es ist darauf zu achten, dass sie rechtzeitig aus der Voliere gefangen werden, bevor die Altvögel ihnen gegenüber aggressiv werden.
Kennzeichnung: Ziernektarvögel können mit einem 2,5-mm-Ring gekennzeichnet werden.

Zosteropidae – Brillenvögel

Die Brillenvögel sind eine Familie von 10 bis 15 cm großen Vögeln, die in Afrika, Südostasien, Australien und den pazifischen Inseln zu Hause sind. Sie leben in Gärten und bewaldeten Gebieten. Charakteristisch für die meisten der 98 Arten sind die **weißen Federn** um die **Augen**, die zum Namen Brillenvogel geführt haben. Die meisten Arten haben ein olivgrünes bis graubraunes Federkleid.

Sie ernähren sich von Insekten, Früchten, Beeren und Nektar. Bei der Futteraufnahme wird der Kopf meist tief in die Blüte gesteckt oder sie bohren den Blütenkelch von außen an. Die napfförmigen Nester errichten die Vögel in Astgabeln. Das Gelege besteht aus zwei bis fünf Eiern.

Gangesbrillenvogel
Zosterops palpebrosus (Temminck, 1824)
GB.: Oriental White-eye

Unterarten: Elf, die sich hauptsächlich in der Ausdehnung der gelben Gefiederbereiche unterscheiden.
Status: Wegen des großen Verbreitungsgebietes nicht gefährdet.
Haltung: < 100 in Zoos; < 20 in Privathand
Beschreibung: Länge 9,5 bis 11 cm; Gewicht 6 bis 11 g; am Rücken und Schwanz sind sie grünlich, Stirn und Kehle gelb, schmaler Augenring weiß, Bauch grauweiß, Schnabel schwärzlich.
Herkunft und Lebensweise: Gangesbrillenvögel leben im offenen Waldland Südostasiens von Indien über Südchina bis Indonesien. Sie sind gesellige Vögel, die

Brütender Ganges-Brillenvogel.

außerhalb der Brutzeit große Flüge aus bis zu 100 Tieren bilden. Neben Insekten gehören Nektar und verschiedene Früchte und Beeren zur Nahrung.

Zur Paarungszeit lösen sich die Schwärme auf und das Paar besetzt sein Revier. Es baut ein tiefes, schalenförmiges Nest aus Gräsern in Bäumen, Büschen oder im Bambusdickicht. Das Weibchen bebrütet die zwei bis fünf blassblauen Eier elf Tage lang. Die Jungvögel werden nach elf Tagen flügge.
Unterbringung: Ganzjährig nur innen oder Innen-/Außenvoliere; mind. 2 × 1 × 2 m; mind. 15 °C; die Voliere kann reichlich bepflanzt werden.
Ernährung: Brillenvögel sollten als Futter reife süße Früchte erhalten. Wichtig ist es auch, eine Nektarlösung anzubieten. Ein feines Insektenfresserfutter und kleine Lebendinsekten wie Getreideschimmelkäferlarven, runden den Speiseplan ab. Zur Zucht muss der Anteil an Lebendfutter stark erhöht werden.
Haltung und Zucht: Brillenvögel können als Gruppe gehalten werden, wenn die Anlage entsprechend groß ist. Hält man allerdings ein Paar alleine, stehen die Chancen auf Nachwuchs deutlich besser. Gelegt werden zwei bis vier Eier, die nach einer Brutzeit von zehn bis elf Tagen schlüpfen. Die Nestlingszeit beträgt daher

Haltungs- und Zuchtbedingungen ähnlich
- Bergbrillenvogel
- Kikuyubrillenvogel
- Rotflanken-Brillenvogel
- Senegalbrillenvogel

nur zehn bis elf Tage. Nach dem Ausfliegen sollte man die Jungtiere noch etwa zwei Wochen bei den Eltern lassen.
Kennzeichnung: Gangesbrillenvögel können mit einem 2,5-mm-Ring beringt werden.

Honigfresser – Meliphagidae

Die Honigfresser bilden eine Familie mit 175 Arten in 42 Gattungen. Die Vögel sind in Australien, auf Neuguinea, Neuseeland und vielen Inseln im Südpazifik in unterschiedlichen Lebensräumen verbreitet.

Ihre Körpergröße und auch die Gefiederfarbe zeigen ein breites Spektrum. Kennzeichnend für viele Arten sind der schmale gebogene Schnabel und oft auch **nackte Hautlappen** am Kopf. Dank der **pinselartig gefransten Zunge** sind sie in der Lage Blütennektar aufzunehmen und damit wichtige Bestäuber der australischen Flora.

Neben Pollen stehen Insekten, Beeren und Früchte auf dem Speiseplan, größere Arten „vergreifen" sich auch an Vogeleiern und Jungvögeln. Die Nester sind meist napfförmig, bei einigen Arten auch beutelförmig. Meist werden ein bis zwei Eier gelegt.

Blauohr-Honigfresser
Entomyzon cyanotis (Latham, 1802)
GB: Blue-eared Honeyeater

Unterarten: *E. c. albipennis* – Nordqueensland, westlich am Golf von Carpentaria bis ins Northern Territory und nach Westaustralien, Basis der Handschwingen auf der Flügelunterseite weiß, Augenlappen heller blau; Nominatform *E. c. cyanotis* – Cape-York-Halbinsel südlich durch Queensland bis nach Neusüdwales, Augenlappen dunkler, Unterseite der Schwingen schmutzig hellrosa, weißes Nackenband; *E. c. griseigularis* – Süd-Papua-Neuguinea), kleiner als die beiden anderen Formen.
Status: Nicht bedroht, regelmäßig anzutreffen.
Haltung: < 100 in Zoos; < 50 in Privathand
Beschreibung: Länge 26 bis 32 cm; Gewicht bis etwa 120 g; Rücken, Bürzel und Flügeldecken olivgrün; Kopf schwarz; weißer Streifen im Nacken; schwarzer Kehl- und Brustlatz, weiß gefasst, restliche Unterseite weiß; nackte Haut um die Augen blau.
Herkunft und Lebensweise: Neben dem Hauptverbreitungsgebiet in Nord- und Ostaustralien findet man sie auch im Süden Neuguineas. Blauohr-Honigfresser bevorzugen lichte Wälder und Buschlandschaften im Tief- und Bergland bis 900 m Höhe ü. NN. Man sieht sie auch regelmäßig in Kulturlandschaften, selbst in großen Städten. Sie leben in kleinen Gruppen, die ein festes Territorium besetzen und es gegen Eindringlinge vehement verteidigen.

Sie ernähren sich hauptsächlich von Früchten, Beeren, Nektar und Pollen aber auch Insekten. Die Brutzeit fällt in Australien in die Monate September bis November. Die großen napfartigen Nester werden in Bäumen oder Sträuchern errichtet. Gelegentlich übernimmt der Blauohr-Honigfresser auch die Nester anderer Vögel. Das Weibchen legt zwei bis drei Eier, die von ihr alleine über einen Zeitraum von 16 Tagen ausgebrütet werden. Die Jungvögel werden von beiden Altvögeln versorgt und sind mit etwa 25 Tagen flügge.

> **Info**
> Dem Neugierverhalten der Blauohr-Honigfresser halten die meisten Pflanzen mit weichen Blättern nicht lange stand.

> **Haltungs- und Zuchtbedingungen ähnlich**
> - viele Honigfresser
> - viele Lederköpfe

Blauohr-Honigfresser suchen überall nach Nahrung, auch auf dem Boden.

Unterbringung: Man kann Honigfresser in Innen- und Außenvolierenanlagen oder Tropenhäusern mit mind. 4 × 2 × 2 m unterbringen. Die Vögel sollten stets die Möglichkeit haben, einen 15 °C warmen Raum aufzusuchen.

> **Info**
> Bei der Haltung der Blauohr-Honigfresser muss man berücksichtigen, dass sie jede Lücke und offene Tür finden, die sich bietet, um zu entweichen.

Ernährung: Der Blauohr-Honigfresser ernährt sich von Früchten, Nektar und von Wirbellosen. Hierbei spielen Schaben, Käfer, Wanzen, Zikaden aber auch Ameisen und Termiten eine große Rolle. Um an den begehrten Nektar zu gelangen, turnen die Vögel geschickt an den äußersten Zipfeln der Äste umher. Man sollte auch stets ein mittelgrobes Weichfutter bieten, dem man Insekten untermischen kann. Auch Pelletfutter etwa in Form von Beoperlen nehmen die Vögel.

Haltung und Zucht: Blauohr-Honigfresser sind faszinierende, intelligente Vögel, die meist schnell zutraulich werden.

Das Nest dieser Honigfresser ist vielgestaltig. Sie bauen freistehende, halboffen Nester aus Zweigen, Blättern, Wurzeln und Gras, nutzen aber auch verlassene Nester anderer Vögel sowie Höhlen und Halbhöhlen. Sie sind nicht wählerisch in Bezug auf den Neststandort. Es werden meist zwei rosa- bis lachsfarbene Eier mit braunroter Fleckung und den Maßen 32 × 20 bis 23 mm gelegt. Die Brutdauer variierte bei uns im Kölner Zoo zwischen 15 und 17 Tagen. Die Nestlingszeit betrug 23 bis 25 Tage. Bis zu drei Bruten können im Jahr erfolgen.

In der Natur hat man Bruten mit Helfern beobachtet, in menschlicher Obhut sind uns aber solche Verhaltensweisen nicht bekannt. Es wäre in diesem Zusammenhang interessant, vielleicht auch riskant, einmal eine kleine Gruppe in einer großen Voliere zu halten.

Kennzeichnung: Jungvögel können nach etwa zehn Tagen mit einem Ring der Größe 5,0 mm beringt werden. Glänzende Ringe sollten unbedingt abgeklebt werden.

> **Info**
> Bei der Vergesellschaftung ist darauf zu achten, dass man nicht zu kleine Vögel mit den Honigfressern zusammen hält. Im Kölner Zoo haben wir gute Erfahrungen mit Palmkakadus (*Probosciger aterrimus*) gemacht.

Oriolidae – Pirole

Pirole bewohnen mit 30 Arten bevorzugt die wärmeren Regionen Europas, Asiens und Afrikas. Die Größe beträgt etwa 18 bis 32 cm. Die Männchen vieler Arten sind kontrastreich gefärbt. Bei den meisten Arten ist der Körper leuchtend gelb mit scharf abgesetzten schwarzen Zeichnungen am Kopf und an Schwingen oder Schwanz. Die Männchen einiger südostasiatischer Arten sind schwarz und zeigen rote oder silberweiße Zeichnungen. Die Weibchen sind grundsätzlich ähnlich wie die Männchen gefärbt, oberseits jedoch meist grünlich, unterseits aufgehellt. Weibchen sind daher insgesamt weit weniger kontrastreich und auffällig. Jungvögel ähneln den Weibchen, jedoch meist zusätzlich mit einer Streifenzeichnung.

Die Nahrung der Pirole besteht aus Insekten, aber auch Beeren und anderen Früchten. Pirole bauen in Baumkronen napfförmige Nester, die in horizontale Astgabeln gehängt werden. Die Eier sind reinweiß oder gelblich braun mit dunklen Flecken. Die Nestlinge sind bräunlich bedunt.

Schwarznackenpirol
Oriolus chinensis (Linnaeus, 1766)
GB: Black-naped Oriole

Unterarten: Zwanzig, die sich in Körpergröße, Form der schwarzen Gesichtsmaske und Ausdehnung von Schwarz auf dem Rücken unterscheiden.

Status: Im Freiland ungefährdet, im riesigen Verbreitungsgebiet häufige Vogelart.

Haltung: < 10 in Zoos; < 10 in Privathand

Beschreibung: Länge 23 bis 28 cm; Gewicht etwa 65 bis 100 g; Männchen sehr ähnlich unserem einheimischen Pirol überwiegend goldgelb gefärbt, breite schwarze Augenbinde reicht bei vielen Unterarten über den Nacken bis zum anderen Auge. Hand- und Armschwingen, sowie Schwanzdecken schwarz; kräftiger rosafarbener bis roter Schnabel; Weibchen durchweg blasser gelbgrünlich gefärbt.

Herkunft und Lebensweise: Schwarznackenpirole leben in West- und Ostindien, China, Indochina, Malaysia, Indonesien bis zu den Philippinen in Höhen bis zu 1600 m. Sie bewohnen offene Wälder, auch Plantagen, Parks, Mangroven, Strandwälder und immer wieder trifft man sie in der Nähe menschlicher Siedlungen an.

Der Schwarznackenpirol lebt in Paaren oder Familienverbänden. Er hält sich hauptsächlich in den Bäumen auf, geht aber zur Nahrungssuche auch auf den Boden.

Auf diesem Foto ist der namensgebende schwarze Nacken gut zu erkennen: Schwarznackenpirol.

Laniidae – Würger

Die Würger sind kleine bis mittelgroße Vögel. Die meisten der etwa 30 Arten sind 16 bis 25 Zentimeter lang, nur die Arten der Gattung *Corvinella* erreichen mit ihren extrem verlängerten Schwanzfedern bis zu 50 Zentimeter Länge. Das eher schlichte Gefieder wird von dezenten Farben bestimmt. Wenn auch ihr Name „Schlimmeres" anzudeuten scheint, besteht ihre Hauptnahrung aus Insekten. Nur gelegentlich erbeuten sie auch Jungvögel oder kleine Säuger. Der **hakenförmig übergreifende Oberschnabel** ist eine Anpassung an solche Beute. Größere Beutestücke, die nicht gleich verzehrt werden können, werden als Nahrungsreserve auf Dornen einzeln stehender Büsche gespießt.

Die Würger bevorzugen als Lebensraum offene Landschaften mit einzelnen Bäumen oder Sträuchern. Die meisten Arten der Familie besiedeln Afrika, Asien und Europa. Besonders artenreich sind hier Zentral- und Ostafrika sowie Vorderasien. Darüber hinaus werden auch Neuguinea und große Teile Nordamerikas durch jeweils zwei Arten besiedelt. Die meisten europäischen Arten sind Zugvögel, die in Afrika überwintern.

Seine Hauptnahrung sind Insekten und andere Wirbellose sowie Früchte und Beeren. Im Norden seines Verbreitungsgebietes ist der Schwarznackenpirol ein Zugvogel. Das tiefe Napfnest errichtet er in einer Astgabel.
Unterbringung: Ganzjährig nur innen oder Innen-/Außenvoliere; mind. 3 × 1,5 × 2 m; mind. 15 °C. Die Voliere kann reichlich bepflanzt werden.
Ernährung: Neben lebenden Insekten wie Heimchen und Mehlkäferlarven sollten Schwarznackenpirole ein handelsübliches Insektenfresserfutter erhalten. Dazu kann etwas Obst angeboten werden.
Haltung und Zucht: Diese Pirole sind bei Privathaltern und Zoos mittlerweile sehr selten geworden und so sollte derjenige, der das Glück hat, diese Vögel zu pflegen, alles daran setzen, sie auch zu züchten. Wir empfehlen deshalb, diese Art, wenn überhaupt, nur mit größeren Fruchtfressern wie etwa Fruchttauben oder Bodenvögeln zu vergesellschaften. Zur Brutzeit sollte man ihnen in Büschen oder Sträuchern Nistkörbchen anbieten.
Kennzeichnung: Ein Ring der Größe 4,5 mm ist geeignet.

Haltungs- und Zuchtbedingungen ähnlich
- Pirole
- Drougos

Elsterwürger
Corvinella melanoleuca (Jardin, 1831)
GB: Magpie Shrike , Long-tailed Shrike

Unterarten: Von Nord nach Süd der Gesamtverbreitung vier: *C. m. aequatorialis*, *C. m. angolensis*, *C. m. melanoleuca*, *C. m. expressa*.
Status: Nicht gefährdet.
Haltung: < 20 in Zoos; < 20 in Privathand
Beschreibung: Länge 35 bis 45 cm; Gewicht 70 bis 97 g; Gefieder schwarz mit weißen Flügelspiegeln und bis zu 30 cm langen Schwanzfedern.
Herkunft und Lebensweise: Verbreitet vom Viktoriasee bis Zentraltansania, sowie von Angola bis nach Südwestafrika. Der Elsterwürger ist ein typischer Bewohner der offenen Baumsavanne.
Unterbringung: Eine auf mindestens 15 °C temperierte Innenvoliere mit einer angrenzenden, reichlich bepflanzten Außenvoliere von mindestens 8 m^2 ist ideal für die Unterbringung dieser attraktiven Würgerart. Da

Haltungs- und Zuchtbedingungen ähnlich
- Fiskalwürger,
- Langschwanzwürger
- Schachwürger
- Scharlachwürger

Eine elegante Erscheinung: der Elsterwürger aus Afrika.

sie sich aggressiv gegenüber kleineren und gleich großen Vogelarten verhalten, sollten sie nur mit wehrhaften Bodenvögeln, Turakos oder großen Tauben vergesellschaftet werden. Wir halten eines unserer Paare in einer gut bepflanzten Anlage mit einem Paar Kongopfauen zusammen. Die Vergesellschaftung mit Weißhaubenturakos war aber fehlgeschlagen, da sich die Turakos mit dem Brutbeginn der Elsterwürger nicht mehr in die Außenvoliere trauten.
Ernährung: Unsere Elsterwürger werden überwiegend mit Heuschrecken, Heimchen und Babymäusen gefüttert, erhalten aber auch mit Vitaminen und Mineralstoffen panierte Mehlkäferlarven, Zophobas und ein Insektenfresserfutter.
Haltung und Zucht: Elsterwürger legen drei bis fünf Eier, die vom Weibchen 18 Tage lang bebrütet werden. An der Fütterung der Jungtiere, die nach etwa drei Wochen das Nest verlassen, beteiligt sich auch das Männchen.

Die Jungtiere können noch längere Zeit bei den Eltern bleiben, im Freiland beteiligen sie sich sogar an der Aufzucht jüngerer Geschwister. In Abhängigkeit von der Größe und Beschaffung der Volierenanlage sollte man aber das Verhalten der Eltern genau beobachten und die Jungtiere beim kleinsten Anzeichen von Aggressivität von den Eltern trennen.
Kennzeichnung: Unsere jungen Elsterwürger wurden nach etwa einer Woche mit geschlossenen Ringen der Größe 6,0 mm beringt. Zur Vorsicht haben wir die zu auffällig gefärbten Ringe mit Heftpflaster abgeklebt, damit die Eltern nicht an diesen herumpicken und so eventuell die Jungtiere verletzen oder sogar aus dem Nest werfen. Scheut man dieses Risiko, kann man sie anschließend nur noch offen beringen, da ihre Beine zum Zeitpunkt des Ausfliegens schon vollständig ausgewachsen sind.

Buschwürger – Malaconotidae

Früher wurden die Buschwürger als Gattungen der Würger betrachtet. Heute allerdings bilden sie eine eigene Familie, bestehend aus sieben Gattungen mit 46 Arten.

Sie kommen ausschließlich in Afrika vor und bewohnen Waldungen und Regionen mit Büschen und Sträuchern. Wie die Würger sind sie oft Ansitzjäger und machen gern von einer Warte aus Jagd auf Fluginsekten.

Goldscheitelwürger
Laniarius barbarus (Linne, 1766)
GB: Yellow-crowned Gonolek

Unterarten: *L. b. helenae* – Küste Sierra Leones;
L. b. barbarus – Senegal bis Kamerun.
Status: Im Freiland nicht gefährdet.
Haltung: < 10 in Zoos; < 10 in Privathand. Es gibt nur noch Einzeltiere in den europäischen Haltungen.
Beschreibung: Länge 22 bis 23 cm; Gewicht 42 bis

Unter Haltungsbedingungen verblasst das Rot des Goldscheitelwürgers oft.

56 g; Wie der Name verrät, ist die Kopfplatte goldgelb, der Augenstreif und sonstige Oberseite schwarz und die Unterseite intensiv rot.

Herkunft und Lebensweise: Dieser Würger ist ein häufiger Brutvogel im westlichen Äquatorialafrika. Als Lebensraum bevorzugt er offene Waldungen und Buschsavannen. Goldscheitelwürger ernähren sich von Insekten, die sie in Büschen oder auch am Boden erbeuten.

Typisch für diese Art sind die melodischen Duettgesänge des Paares. Das Gelege besteht aus zwei Eiern in einem napfförmigen Nest, das in einem Baum oder Busch gebaut wird.

Unterbringung: Ideal ist eine kombinierte Innen- und Außenvoliere, die nicht kleiner als 10 m² sein sollte, die Innenvoliere auf mindestens 15 °C temperiert und die Außenvoliere dicht bepflanzt. Blühende Sträucher ziehen zusätzlich viele Insekten an, die die Goldscheitelwürger dann erbeuten können.

Eine Vergesellschaftung mit größeren Vögeln ist problemlos möglich. Im Vogelpark Walsrode wurde diese Art lange Jahre mit verschiedenen Vogelarten in einer großen Tropenhalle gehalten. Störungen oder Aggressionen gegenüber anderen Vögeln konnten nicht beobachtet werden. In kleinen Anlagen, sollte man von einer Vergesellschaftung aber absehen.

Ernährung: Lebende und gefrostete Insekten aller Art bilden die Hauptnahrung, die durch regelmäßige Mineralstoff- und Vitamingaben ergänzt werden sollte. Da sich die Vögel auch am Boden aufhalten und dort nach Lebendfutter suchen, hat sich ein kleiner Misthaufen in der Außenanlage bewährt. Dieser sollte aus Kuh- oder Pferdedung bestehen, der zahlreiche Fliegen anzieht. Schon nach wenigen Tagen können sich die Buschwürger dann an die Suche nach Maden machen.

Haltung und Zucht: Die Zucht des Goldscheitelwürgers scheint schwierig zu sein, denn in der Literatur finden sich keine Erfolgsberichte. Grundlage ist hier, wie auch bei allen anderen Zuchtversuchen, ein harmonierendes Paar. Man sollte dieses alleine in einer ausreichend großen Voliere unterbringen, sodass es völlig ungestört ist.

Als weitere Stimulanz kann man mehrere Nistunterlagen anbringen. Sollte dies Erfolg haben, werden zwei bis drei blass blaugrüne, braun gefleckte Eier gelegt und vom Weibchen etwa 16 Tage bebrütet.

Kennzeichnung: Goldscheitelwürger können mit einem Ring der Größe 5,0 mm gekennzeichnet werden.

Haltungs- und Zuchtbedingungen ähnlich

- Fiskalwürger,
- Langschwanzwürger
- Schachwürger
- Scharlachwürger

Vangidae – Vangawürger

Vangawürger kommen ausschließlich auf Madagaskar und den benachbarten Komoren vor. Die Familie umfasst zwölf Gattungen mit 15 Arten, die zwischen 14 und 32 cm groß sind. Ähnlich wie die Darwinfinken auf den Galápagos-Inseln oder die Kleidervögel auf Hawaii besetzen die einzelnen Arten wegen fehlender Konkurrenz unterschiedliche ökologische Nischen und haben sich im Laufe der Evolution weit auseinander entwickelt. Deutlichstes Kennzeichen hierfür sind die sehr unterschiedlichen Schnabelformen.

Vangawürger gehen einzeln oder in kleinen Gruppen auf Nahrungssuche und halten sich bevorzugt im dichten Blätterdach der Wälder auf. Sie ernähren sich dort von Insekten und anderen Wirbellosen.

Ihre schalenförmigen Nester legen sie in den Bäumen an. Gebrütet wird in der Regel zwischen Oktober und Januar. Ein Gelege besteht aus ein bis vier Eiern, die je nach Art unterschiedlich gefärbt sind. Als Nistmaterial verwenden Vangawürger unter anderem Wurzelfasern, Blattstiele, Moose oder auch Spinnweben.

Sichelschnabelvanga
Sichelvanga
Falculea palliata (Geoffroy Saint-Hilaire, 1836)
GB: Sickle-billed Vanga

Unterarten: Keine
Status: Die Art scheint sehr anpassungsfähig zu sein, im großen Verbreitungsgebiet häufig.
Haltung: Momentan werden nur sechs Tiere dieser Art im Weltvogelpark Walsrode gehalten.
Beschreibung: Länge 32 cm; Gewicht 70 g; auffälligstes Merkmal des sonst schwarz und weiß befiederten Vogels ist der charakteristische sichelförmige Schnabel, der hell blaugrau gefärbt ist. Die Männchen scheinen längere und stärker gebogene Schnäbel zu besitzen als die Weibchen.
Herkunft und Lebensweise: Sichelschnabelvangas bewohnen Waldungen und Dornbuschsavannen in der trockeneren Westhälfte und im Süden Madagaskars. Besonders anziehend scheinen die charakteristischen Baobab-Bäume mit ihren mächtigen Stämmen auf die Art zu wirken. Man kann die Vögel überwiegend im Geäst und besonders im Stammbereich der Bäume beobachten, wo sie ununterbrochen in Spalten und abgestorbenen Baumteilen herumstochern.

Sichelschnabelvangas leben meist in Familienverbänden, suchen aber zur Dämmerung große Schlafbäume auf und bilden hier lärmende Gruppen mit bis zu 50 Tieren. Unter allen Vanga-Arten besitzen sie das vielfältigste Rufrepertoire, gegen Raubfeinde wie Greifvögel „hassen" sie ausgiebig und scheinbar furchtlos.

Sichelschnabelvangas ernähren sich von Kleintieren aller Art, wobei große Insekten und Larven, die sie mit Hilfe ihrer langen Schnäbel aus morschem Holz herausholen, einen Großteil der Beute ausmachen. Baumfrösche und kleine Reptilien, die sich unter Rinde oder in Astspalten verstecken, werden ebenfalls oft erbeutet. Auch als Nesträuber betätigen sie sich.

Die Brutzeit der Art beginnt im Oktober und erstreckt sich über die meist kurze Regenzeit Westmadagaskars. Das Nest wird hoch in die Krone besonders großer Bäume, vorzugsweise der Affenbrotbäume (Gattung *Adansonia*) gebaut. Es ist sehr umfangreich und

Info
Größere Beutetiere zerkleinern die sichelschnabelvangas unter Zuhilfenahme eines Fußes und dem Schnabel, der dabei geschickt wie eine Pinzette eingesetzt wird. Ungenießbare Teile werden entfernt. Die Nahrungsbrocken werfen die Vögel in die Luft und fangen sie so wieder auf, dass sie tief im Schlund landen.

Sichelschnabelvanga sucht auf einem Ast nach Nahrung.

besteht aus lose gefügten, oft dornigen Zweigen, die zu einem Haufen mit einem Durchmesser von etwa 30 cm geschichtet sind. Die Nestmulde ist mit feinerem Material ausgepolstert.

Das Gelege besteht aus vier creme-weißen Eiern mit braunen oder weinroten Flecken. Die Brutzeit liegt zwischen 16 und 18 Tagen. Beide Eltern kümmern sich um den Nachwuchs, der nach drei Wochen flügge ist.
Unterbringung: Sichelschnabelvangas sollten in einer Innen- und Außenvoliere mit mindestens 10 m² gehalten werden. Der Innenraum sollte mindestens auf 15 °C temperiert, die Außenvoliere reichlich bepflanzt und mit zusätzlich reichlich „Totholz" versehen sein. Diese Vangas stochern gerne in morschem Holz und suchen hier ausgiebig nach essbarem Kleingetier.
Ernährung: Im Vogelpark Walsrode wurden die Sichelschnabelvangas mit verschiedenen Insekten wie etwa Heimchen, Heuschrecken und Mehlkäferlarven gefüttert. Zusätzlich erhielten sie noch ein vitaminisiertes und mineralisiertes Insektenfresserfutter, welches mit Hackfleisch und kleingeschnittenen, gehäuteten Kükenteilen angereichert wurde.
Haltung und Zucht: Die erfolgreiche Zucht gelang im Vogelpark Walsrode bisher nur zwei Mal, obwohl das Paar nahezu jedes Jahr Eier legte. Zur Sicherheit wurden die Eier zur künstlichen Aufzucht entfernt. Die Handaufzucht ist schwierig, gelang aber 2009 bei allen vier geschlüpften Jungvögeln.
Kennzeichnung: Jungtiere wurden im Alter von sieben bis zehn Tagen mit einem geschlossenen Ring der Größe 5,0 mm beringt.

Haltungs- und Zuchtbedingungen ähnlich
- Vangas
- Spechte

Cracticidae – Würgerkrähen

Die Würgerkrähen bilden mit 13 Arten eine eigene Familie. Es sind krähengroße Vögel, die in Australien, Tasmanien bis nach Papua-Neuguinea vorkommen. Ihre Schnäbel sind kräftig und bei den *Würgeratzeln* ist die Schnabelspitze hakenförmig gebogen. Wie die echten Würger spießen sie ihre Beute gerne auf Dornen auf. Das Gefieder ist überwiegend schwarz-weiß oder grau gefärbt. Wegen ihrer melodischen, flötenden Rufe werden die Vertreter der Gattung *Gymnorhina* auch als Flötenvögel bezeichnet. Sie sind omnivor, ernähren sich von Insekten, Wirbellosen, Eidechsen oder jungen Vögeln, sowie Früchten, Samen und Getreide.

Flötenvogel
Gymnorhina tibicen (Latham, 1801)
GB: Australian Magpie

Unterarten: Neun, die sich in Körpergröße und Ausdehnung des weißen Nackenflecks unterscheiden.
Status: Im Freiland häufig, großes Verbreitungsgebiet.
Haltung: < 50 in Zoos; < 20 in Privathand
Beschreibung: Länge bis 42 cm; Gewicht bis etwa 250 g; Männchen Grundfarbe schwarz; Nacken, oberer Rücken, Unterschwanzdecken und Flügelbinde weiß; Schwanz weiß, die äußeren drei Federn schwarz; Iris bräunlich; spitzer langer Schnabel, silbrig, an der Spitze schwarz; Beine schwärzlich; Weibchen Rückenpartie matter.

Haltungs- und Zuchtbedingungen ähnlich
- Würgkrähen

Herkunft und Lebensweise: Australien einschließlich Tasmanien und dem Süden Neuguineas. Auf Neuseeland seit 1864, sowie auf Fidji und den Solomonen wurde er eingebürgert. Englisch auch „Australian Magpie", „australische Elster" genannt. Bevorzugte Habitate sind offene Wälder und Savannen, Kulturland, auch an den Küsten sind sie anzutreffen. Man sieht die Vögel einzeln oder in kleinen Gruppen. Flötenvögel ernähren sich vorwiegend von Würmern, Insekten und kleinen Wirbeltieren, verschmähen aber auch Samen, Früchte und andere Pflanzenteile nicht.

Sie bauen ein napfförmiges Nest aus Zweigen und Pflanzenteilen, wobei den überwiegenden Anteil des Nestbaus das Weibchen übernimmt. Die Eier variieren in der Färbung, meist haben sie eine bläulich graue Grundfarbe mit entsprechender Sprenkelung. Es werden bis zu fünf Eier gelegt. Die Brutdauer beträgt 20 bis 21 Tage. Nur das Weibchen brütet. Es wird während dieser Zeit vom Männchen bewacht und versorgt. Die Jungen ver-

> **Info**
> Flötenvögel sind vor allem in der Brutzeit sehr territorial und schrecken auch nicht davor zurück, Menschen zu attackieren, die ihrem Nest zu nahe kommen.

Flötenvögel sind sehr verspielt.

Sie schlagen dabei sogar Purzelbäume.

lassen mit etwa vier Wochen das Nest. Auch bei dieser Art wurden sogenannte Helfer beobachtet.
Unterbringung: Ganzjährig nur innen oder Innen-/Außenvoliere; mind. 4 × 2 × 2 m; mindestens 5 °C; eine Volierenbepflanzung ist möglich.
Ernährung: Wir füttern unsere Flötenvögel mit einem handelsüblichen Insektenfresserfutter, das mit Babymäusen, kleingeschnittenen und gehäuteten Eintagsküken, Heuschrecken, Zophobas und Mehlkäferlarven sowie einer Mineralstoffmischung ergänzt wird. Außerdem erhalten die Vögel regelmäßig Blaubeeren und kleingeschnittene Früchte.
Haltung und Zucht: Die im Kölner Zoo gehaltenen Weißrücken-Flötenvögel konnten wir erstmals im Jahr 2000 nachzüchten. Seitdem brüten sie jedes Jahr, übrigens immer im Februar/März in der Außenvoliere! Gerne nutzt das Paar die angebotenen Flechtkörbe als Unterbau für sein Nest. Das Weibchen legt bis zu vier Eier. Diese hatten bei uns die durchschnittlichen Maße von 37,5 × 38 mm. Zur Jungenaufzucht ist Lebendfutter unabdingbar.
Kennzeichnung: Unsere Jungvögel werden nach etwa zehn Tagen mit einem Ring der Größe 8,0 mm beringt, gleichzeitig ziehen wir auch immer einige Federkiele zur Geschlechtsbestimmung.

Paradisaeidae – Paradiesvögel

Vierzig Paradiesvogelarten leben in den Regenwäldern Australiens, einigen Inseln der Molukken und vor allem auf Neuguinea, das diesem Umstand auch den Beinamen „Insel der Paradiesvögel" verdankt. Auch das Wappen Papua-Neuguineas zeigt einen Paradiesvogel.

Wenn man die herrlichen Gefieder und vor allem den **Balztanz** einiger Arten sieht, fällt es nicht schwer, zu verstehen, wie diese Tiere zu ihrem Namen gekommen sind. Die Männchen fallen durch ein extrem buntes Federkleid auf.

So unterschiedlich wie das Aussehen der Tiere ist auch ihr Balzverhalten. Bei den männlichen Paradiesvögeln bedeutet das Werben um ein Weibchen zugleich einen Wettstreit. Hier balzen mehrere Männchen auf einem gemeinsamen Balzplatz, der im Einzugsbereich mehrerer Weibchen liegt. Durch laute **Rufe** locken sie die Weibchen herbei und werben durch Zurschaustellung ihrer **Schmuckfedern**.

Die Weibchen suchen sich eines der Männchen aus und lassen sich von diesem begatten, verlassen dann den Balzplatz und kümmern sich allein um das Brutgeschäft. So kann ein besonders dominantes Männchen mehrere Weibchen begatten, andere, weniger präch-

Das Männchen des Königs-Paradiesvogels: eine prächtige Erscheinung.

tige, bekommen keine Chance. Diese Paarungsstrategie wird als **Polygynie** (Vielweiberei) bezeichnet.

Königsparadiesvogel
Cicinnurus regius (Linnaeus, 1758)
GB: King Bird of Paradise

Unterarten: Neben der Nominatform mit *C.r. coccineifrons* eine weitere.
Status: Der Bestand gilt als stabil und nicht gefährdet. Königsparadiesvögel sind CITES II und in der EG unter Anhang B gelistet und damit kennzeichnungspflichtig!
Haltung: < 50 in Zoos
Beschreibung: Der männliche Königsparadiesvogel erreicht durch seine Schmuckfedern eine Gesamtlänge von 31 cm. Das Weibchen hingegen ist nur etwa 16 cm lang. Das Gewicht liegt bei etwa 60 g. Der Königsparadiesvogel ist die kleinste Paradiesvogelart. Sein Kopf sowie Kehle, Rücken und die Flügel sind schillernd rot, die Brust dagegen wird durch eine smaragdgrüne Querbinde gegen die weißliche, restliche Unterseite begrenzt. Die beiden mittleren und fadenförmigen Schwanzfedern enden in einer spiralförmigen Fahne. Die Beine sind blau gefärbt.

Haltungs- und Zuchtbedingungen ähnlich
- Paradiesvögel

> **Info**
> Da Paradiesvögel sehr empfänglich für die Eisenspeichererkrankung sind, wird überall darauf geachtet, dass das Futter möglichst eisenarm ist. Auch das Trinkwasser wurde in diesem Zusammenhang schon auf seinen Eisengehalt untersucht.

Herkunft und Lebensweise: Der Königsparadiesvogel lebt in Tieflandwäldern auf Neuguinea und einigen vorgelagerten Inseln. Seine Nahrung besteht in erster Linie aus verschiedenen Früchten sowie Insekten und anderen Wirbellosen.
Unterbringung: Im Vogelpark Walsrode bewohnte ein Zuchtpaar eine große, gut bepflanzte Voliere von etwa 80 m² mit einem angeschlossenen Innenraum von etwa 20 m². Der Innenraum war auf mindestens 15 °C temperiert. Diese Anlage teilte es mit einem Paar Kagus (*Rhynochetos jubatus*).
Ernährung: Im Vogelpark Walsrode erhielten die Königsparadiesvögel eine Obstmischung bestehend aus Papaya, Mango, Birne, Blaubeeren, Apfel, Feigen und etwas Banane. Nur während der Brutzeit erhielten sie auch tierische Nahrung in Form von Heimchen und Mehlkäferlarven.
Haltung und Zucht: Diese Paradiesvögel legen meist zwei, seltener nur ein Ei. Nach 16 Tagen Brutzeit schlüpft das Küken, das nach 14 Tagen flügge ist. Im Vogelpark Walsrode gelang die Handaufzucht mehrfach.
Kennzeichnung: Junge Königsparadiesvögel sollten nach sieben bis zehn Tagen mit einem Ring der Größe 4,5 mm beringt werden. Bei einer Elternaufzucht ist es wichtig, glänzende Ringe gut abzukleben, damit die Mutter nicht versucht, den Ring mit samt dem Jungtier daran aus dem Nest zu entfernen.

Ptilonorynchidae – Laubenvögel

Bei den Laubenvögeln besteht eine enge Verwandtschaft zu den Paradiesvögeln. Die 18 beschriebenen Arten kommen auf Neuguinea, den benachbarten Inseln und in Australien vor. Namensgebend war der **Laubenbau** der oft unscheinbar gefärbten Männchen, mit denen sie versuchen, ein Weibchen anzulocken. Die meisten Arten sind polygam.

Laubenvögel ernähren sich von verschiedenen Wirbellosen aber auch kleinen Wirbeltieren, Beeren und Früchten, die sie hauptsächlich am Boden suchen.

In der Gefiederfarbe sind die Weibchen überwiegend braun oder grau gefärbt. Die Männchen sind auffälliger befiedert, einige Arten ziert eine in den Kopffedern verborgene auffallende Kopfhaube, die nur für eine kurze Zeit während der Balz aufgestellt wird.

Je **unscheinbarer** ein **Männchen** gefärbt ist, umso **prachtvoller** fällt seine **Laube** aus, die auf einen freien, ebenen Platz im Dickicht gebaut wird. Da die Weibchen sich mit den Baumeistern der schönsten Lauben paaren, können diese Bauten als „sekundäre Geschlechtsmerkmale" angesehen werden.

Das Nest baut das Weibchen auf Bäumen. Gelegt wird meist nur ein Ei, das etwa 19 bis 21 Tage bebrütet wird. Das Männchen beteiligt sich nicht an Brut und Aufzucht.

Die **Lebenserwartung** liegt zwischen 20 und 30 Jahren, allerdings brauchen die polygamen Arten sieben Jahre zur Ausbildung des Adultgefieders.

Braunbauch-Laubenvogel
Chlamydera cerviniventris (Gould, 1850)
GB: Fawn-breasted Bowerbird

Unterarten: Keine
Status: Im Freiland nicht gefährdet.
Haltung: < 10 in Zoos; < 10 in Privathand. Momentan hält der Kölner Zoo das einzig bekannte Weibchen dieser Art in Europa.
Beschreibung: Der Braunbauch-Laubenvogel erreicht eine Körperlänge von 25 bis 30 cm und ein Gewicht von 120 bis 180 g. Wie Laubenvögel generell ist er unscheinbar gefärbt. Das Gefieder ist am Kopf, Rücken und Flügel braun bis dunkelbraun geschuppt. Die Bauchseite ist deutlich heller und variiert zwischen hellbraun und beige. Schnabel und Beine sind sehr kräftig und wie geschaffen für den Bau der aufwendigen Lauben.
Herkunft und Lebensweise: Der Braunbauch-Laubenvogel lebt in Nordaustralien, im Osten Neuguineas sowie auf einigen benachbarten Inseln. Er bewohnt Waldränder und schwach bewaldete Savannen. Als Allesfresser ernährt er sich von Beeren, Früchten, Sämereien, Blütennektar und Insekten, am Boden, auf Bäumen und Büschen.

Typisch sind die kunstvollen Lauben, die vom Männchen errichtet werden, um dem Weibchen zu imponieren. Dabei baut das Männchen beidseitig einer schmalen Gasse zwei Reihen aufwendig gesteckter Äste. Vor der Laube legt es bunte Beeren und Früchte aus, auch bunter Plastikmüll wird kunstvoll integriert.

> **Haltungs- und Zuchtbedingungen ähnlich**
> • Laubenvögel

Braunbauch-Laubvogel im Kölner Zoo vor dem Laubenausgang.

Nach erfolgreicher Paarung macht sich das Weibchen davon, um sich allein um Nestbau und Brutpflege zu kümmern. Das napfförmige Nest legt es meist in Astgabeln in Bäumen oder Büschen an.
Unterbringung: Im Kölner Zoo halten wir unsere Braunbauch-Laubenvögel in zwei nebeneinander liegenden Innenvolieren des Regenwaldhauses. Das Zuchtpaar bewohnt eine Voliere von der Grundfläche von 30 m², Höhe etwa 5 m, gemeinsam mit einem Arakakadu (*Probosciger aterrimus*) und einer Gruppe von Reisamadinen (*Padda oryzivora*).
Ernährung: Die Braunbauch-Laubenvögel im Kölner Zoo erhalten neben einer Obstmischung noch Beopellets, ein Fruchtfresser-Weichfutter und besonders zur Brutzeit einige Lebendinsekten.
Haltung und Zucht: Um den männlichen Laubenvogel zum Bau seiner Laube anzuregen, muss ihm ständig geeignetes Baumaterial zur Verfügung gestellt werden. Bei uns erhält er dazu kleingeschnittene Äste von verschiedenen Weichhölzern wie Birke, Weide oder Obstbäumen. Sobald unser Männchen mit dem Bau beginnt, bringen wir einen halboffenen Nistkasten in etwa 4 m Höhe in der Voliere an, in dem das Weibchen aus verschiedenen Fasern, Gräsern und Blättern ihr Nest errichtet. Im Jahr 2008 legte sie ein Ei, welches in der Brutmaschine bebrütet wurde. Es erwies sich als befruchtet und nach 19 Tagen schlüpfte das Junge. Es konnte mit Mäusebabys, Heimchen und Papaya aufgezogen werden.
Kennzeichnung: Das Jungtier im Kölner Zoo, vermutlich die erste Nachzucht in Europa, haben wir nach zehn Tagen mit einem geschlossenen Ring der Größe 8,0 mm beringt.

Corvidae – Rabenvögel

Rabenvögel sind mit 17 Arten fast überall auf der Erde anzutreffen. Einige Arten stellen die größten Vertreter der Singvögel dar. In der Vorstellung vieler sind Rabenvögel schwarz befiedert, doch gibt es auch viele sehr bunte Arten. Rabenvögel sind im weitesten Sinne Nahrungs- und Biotop-Generalisten, sie fressen quasi alles und kommen in allen Biotopen gut zurecht. Einige sind Kulturfolger geworden, so die einheimische Elster (*Pica pica*).

Kappenblaurabe
Cyanocorax chrysops (Vieillot, 1818)
GB: Plush-crested Jay

Unterarten: Von Nord nach Süd im Gesamtlebensraum vier: *C. c. diesingii, C. c. insperatus, C. c. chrysops, C. c. tucumanus*.
Status: Im Freiland nicht bedroht.
Haltung: < 10 in Zoos; < 10 in Privathand
Beschreibung: Der Kappenblaurabe erreicht eine Länge von 35 cm bei einem Gewicht von 150 bis 175 g. Charakteristisch sind die plüschartige kleine Federhaube, die gelbe Augeniris und der nackte blaue Bereich über den Augen. Sonst sind Kopf und Brust, Schnabel und Beine schwarz, die Oberseite blauschwarz, die Unterseite cremefarben.

Herkunft und Lebensweise: Vom südlichen Pantanal über Südwestbrasilien, Bolivien, Paraguay, Uruguay und Nordostargentinien bis zum Amazonasbecken erstreckt sich das Verbreitungsgebiet des Kappenblauraben. In kleinen, oft gemischten Flügen bewohnt die Art bevorzugt Regenwälder. Zur Brutzeit sind die Paare recht territorial und verteidigen ihr Revier gegenüber Artgenossen und Eindringlingen.

Kappenblauraben ernähren sich omnivor sowohl von Sämereien, Früchten, Beeren und verschiedenen

Info
Die Paare führen eine Einehe, die in der Regel ein Leben lang hält.

Kappen-Blaurabe - ständig aktiv.

> **Info**
> Vorsicht bei stark glänzenden oder auffällig gefärbten Ringen! Diese müssen unbedingt abgeklebt oder angemalt werden, um zu verhindern, dass die Eltern versuchen, den Ring vom Bein des Kükens zu ziehen und dieses dann Schaden nehmen könnte.

Ernährung: Kappenblauraben erhalten ein Insektenfresserfutter mit Lebendinsekten, kleingeschnittene und gehäutete Eintagsküken, Rinderherzstreifen, Mäusebabys und eine Obstmischung.

Haltung und Zucht: Die Vögel erreichen die Geschlechtsreife mit gut einem Jahr. Das Weibchen legt im eintägigen Abstand drei bis vier Eier. Die Brutzeit beträgt etwa 16 bis 18 Tage. Die Nestlingszeit erstreckt sich über 21 bis 24 Tage. Die Nestlinge werden von beiden Elternteilen mit Nahrung versorgt.

Kennzeichnung: Junge Kappen-Blauraben kann man nach etwa 14 Tagen mit einem Ring der Größe 6,5 mm beringen.

Nüssen als auch von Insekten und deren Larven, kleineren Wirbeltieren, Vogeleiern und Nestlingen. Gelegentlich wird auch Aas verzehrt. Ihre Nahrung finden sie sowohl auf dem Waldboden als auch im Geäst der Bäume.

Die napfartigen Nester, die in dichter Vegetation in niedrigen Bäumen oder Büschen angelegt werden, bestehen aus Wurzelwerk, Ästchen und Blättern. Ausgepolstert wird die Nestmulde mit Tierhaaren und weichen Pflanzenteilen. Beide Geschlechter sind am Nestbau beteiligt.

Unterbringung: Eine Voliere für Kappenblauraben sollte gut bepflanzt sein und eine Mindestgröße von 15 m², der angeschlossene Innenraum ganzjährig nicht unter 10 °C abkühlen. Im Weltvogelpark Walsrode wird diese Art seit vielen Jahren mit Riesentukanen (*Ramphastos toco*) und verschiedenen Hokkoarten vergesellschaftet. In dieser Kombination haben die Kappenblauraben und die Hokkos erfolgreich gezüchtet. Vorsicht ist allerdings bei Offenbrütern oder bei der Vergesellschaftung mit kleineren Vogelarten geboten.

Haltungs- und Zuchtbedingungen ähnlich
- Acapulcoblaurabe
- Azurblaurabe
- Grünhäher
- Schwarzbrust-Langschwanzhäher
- Yucatanblaurabe

Rotschnabelkitta
Urocissa erythrorhyncha (Boddaert, 1783)
GB: Red-billed Blue Magpie

Unterarten: Von West nach Ost fünf: *U. e. occipitalis, U. e. magnirostris, U. e. articola, U. e. brevivexilla, U. e. erythrorhyncha.*
Status: Im Freiland nicht bedroht.
Haltung: < 100 in Zoos; < 30 in Privathand
Beschreibung: Die dohlengroße etwa 200 bis 250 g schwere Rotschnabelkitta hat eine prächtige Schwanzschleppe, gebildet von zwei etwa 45 cm langen Schwanzfedern. Die Gesamtlänge beträgt 65 bis 68 cm. Der Kopf, Nacken und Brust sind schwarz, der Scheitel ist bläulich gepunktet. Schultern und Rumpf sind blau und die Unterseite ist weiß bis gräulich. Der lange Schwanz ist intensiver blau gefärbt als die Handschwingen und hat ein weißes Abzeichen. Der Schnabel, die Augenringe und die Beine sind leuchtend orange bis rot gefärbt.
Herkunft und Lebensweise: Ihre Heimat sind hügelige immergrüne Wälder in Ostasien vom westlichen Himalaja über Vietnam bis Nordostchina. Man sieht die Rotschnabelkitta sowohl am Boden als auch in den Bäumen. Sie nistet meist in hohem, dichtem Gestrüpp und legt drei bis fünf Eier.
Im Bezug auf ihre Nahrung ist sie nicht wählerisch und verzehrt neben allerlei Wirbellosen, kleinen Reptilien und Säugetieren auch Nestlinge und Vogelgelege. Früchte und Samen runden die Nahrungspalette ab.

Corvidae – Rabenvögel

Charakteristisch für die Rotschnabelkitta sind der fast 50 cm lange Schwanz und rote Schnabel.

Unterbringung: Die gut bepflanzte Voliere sollte mindestens 20 m² groß sein. Ein anschließender Schutzraum sollte ganzjährig mindestens 10 °C haben. Eine Vergesellschaftung mit großen Hühnervögeln kann versucht werden.
Ernährung: Ein grobes Insektenfresserfutter mit kleingeschnittenen Eintagsküken, Mäusen, Rinderherzstreifen,

> **Info** Zur Aufzucht der Jungen müssen große Mengen Lebendfutter angeboten werden.

verschiedenen Insekten und hartgekochtem Ei bildet das Hauptfutter dieser Rabenvögel. Abgerundet wird der Speiseplan mit verschiedenen Beeren und Früchten sowie wenigen Sämereien.
Haltung und Zucht: Zur Brutzeit sollte man den Rotschnabelkittas im Gebüsch Nistkörbchen anbieten, die sie gerne annehmen. Es werden drei bis fünf Eier gelegt und von beiden Eltern 15 bis 18 Tage bebrütet.
Die Nestlingszeit beträgt etwa vier Wochen. Wenn die Jungtiere selbstständig sind, sollte man das Verhalten der Eltern genau beobachten und die Jungen gegebenenfalls rechtzeitig aus der Voliere fangen, damit sie nicht von ihnen attackiert werden.
Kennzeichnung: Junge Rotschnabelkittas können nach etwa 10 Tagen mit einem Ring der Größe 7,0 mm beringt werden. Glänzende Ringe sollte man gut abkleben!

Jagdelster
Cissa chinensis (Boddaert, 1783)
GB: Green Magpie

Unterarten: Von West nach Ost im Gesamtverbreitungsgebiet: *C. ch. chinensis*, *C. ch. glossi*, *C. ch. margaritae*, *C. ch. robinsoni*, *C. ch. minor*.
Status: Ihrem großen Verbreitungsgebiet nicht selten.
Haltung: < 10 in Zoos; < 20 in Privathand
Beschreibung: Jagdelstern sind etwa 37 bis 39 cm lang und erreichen ein Gewicht von 120 bis 140 g. Männchen und Weibchen sind kaum zu unterscheiden. Die Grundfarbe dieser Elster ist grün. Um die Augen zieht sich ein schwarzes Band, das bis zum Nacken reicht. Das Grün, welches vom Augenband unterbrochen wird, zeigt sich nochmals auf den Rücken. Die Flügeldecke leuchtet in einem schönen Rotbraun. Der kräftige Schnabel ist dunkelorange gefärbt, ebenso die Füße.
Herkunft und Lebensweise: Dieser tropische Rabenvogel lebt in Indien, China, Malaysia, Sumatra und Borneo, wo er tropische Regenwälder, Lichtungen und Gebüsche bewohnt. Jagdelstern sieht man meist paarweise oder in kleinen Familiengruppen.

Haltungs- und Zuchtbedingungen ähnlich
- Gelbschnabelkitta
- Schmuckkitta
- Dickschnabelkitta

Haltungs- und Zuchtbedingungen ähnlich
- Blauelster
- Buschelster
- Wanderelster

Jagdelstern durchstöbern gern das Unterholz.

Die Nahrung wird sowohl am Boden als auch im Geäst gesucht und besteht aus verschiedensten Wirbellosen, Reptilien, Kleinsäugern, Eiern und Vogelküken. Das Nest wird gewöhnlich in Bäumen, dichtem Gesträuch, auch in Kletterpflanzen gebaut. Das Gelege besteht aus vier bis sechs Eiern.
Unterbringung: Die gut bepflanzte Voliere für ein Paar Jagdelstern sollte nicht unter 20 m² groß sein, ein anschließender Schutzraum ganzjährig mindestens 10 °C haben. Vergesellschaftung mit anderen Vogelarten ist nicht ratsam, da Jagdelstern selbst größere Vögel jagen und deren Gelege zerstören würden.
Ernährung: Als Grundfutter reicht man eine grobe Weichfuttermischung und Beoperlen, daneben jede Art von Obst nach Saison, Mehlkäfer- oder Zophobaslarven. Rohes, gehacktes Rinderherz, Hackfleisch, Eintagsküken oder junge Mäuse nehmen die Vögel ebenfalls gerne.
Haltung und Zucht: Als Grundlage des Nestes dient ein Körbchen oder ein Unterbau aus Ästen. Es werden bis zu sechs Eier gelegt. Nach einer Brutzeit von 17 bis 19 Tagen schlüpfen die Jungvögel und werden von beiden Eltern gefüttert. Die Nestlingszeit beträgt rund 24 Tage. Nachdem die Jungvögel ausgeflogen sind, sitzen sie knapp zwei Wochen, gut getarnt und meist reglos, im Dickicht.
Kennzeichnung: Die Beringung der Jungtiere kann nach etwa 10 Tagen mit einem Ring der Größe 6,5 mm erfolgen. Stark glänzende oder auffällig gefärbte Ringe sollte man unbedingt abkleben.

Sturnidae – Stare

Die Familie umfasst 25 Gattungen und etwa 120 Arten, von denen fünf ausgestorben sind. Es sind mittelgroße **gute Sänger** mit kräftigen Beinen und kräftigem, spitzem Schnabel. Ihr **Gefieder** ist oft blauschwarz oder grün mit einem **metallischem** Glanz. Die meisten Arten nisten in Baumhöhlen und legen blaue oder weiße Eier. Der Flug der Stare ist kräftig und direkt, und viele sind sehr gesellig. Sie leben bevorzugt im offenen Gelände und ernähren sich von Insekten und Früchten. Die Nahrung suchen sie gerne auf dem Boden. Einige Arten haben sich dem Menschen angeschlossen und ernähren sich omnivor.
Stare kommen nur in der alten Welt natürlicherweise vor. Mehrere europäische und asiatische Arten wurden aber in Nordamerika und Australien eingeführt.

> **Info**
> In menschlicher Obhut verlieren Jagdelstern ihre Grünfärbung und verfärben sich nach kurzer Zeit blau. Dies liegt vermutlich an einem im Ersatzfutter fehlenden gelben Farbstoff, den sie in freier Natur über die Nahrung aufnehmen. Man kann versuchen, die Verfärbung zu verhindern, in dem man dem Futter gelbe Farbstoffe beimischt.

Malaienstar

Aplonis panayensis (Scopoli, 1753)
GB: Asian Glossy Starling, Phillipine Glossy Starling

Unterarten: 13, die sich in Körpergröße, Farbe der Iris oder Intensität der Gefiederfarben unterscheiden.
Status: Nicht bedroht, in weiten Teilen sogar häufig.
Haltung: < 100 in Zoos; < 50 in Privathand
Beschreibung: Länge 17 bis 20 cm; Gewicht etwa 40 bis 50 g; Gefieder metallisch glänzend dunkelgrün und schwarz; Scheitel, Nacken, Halsseiten sowie Gesicht glänzend metallisch dunkelgrün; schwarzer Augenring, der sich keilförmig bis zum Schnabelansatz erstreckt; Iris rot; kräftiger, spitzer Schnabel schwarz; Rücken glänzend metallisch dunkelblau, dunkelgrün und schwarz; Schulterfedern, Armschwingen schwärzlich; schwarze Oberschwanzdecken; Beine dunkelgrau bis schwarz.
Herkunft und Lebensweise: Der Malaienstar lebt in weiten Teilen Südostasiens von Bangladesch und Indien über Myanmar, Thailand bis nach Indonesien und einigen Philippineninseln. Besonders in Singapur sowie den vorgelagerten Inseln ist er häufig. Seine natürlichen Lebensräume sind die subtropischen und tropischen Tief- und Mangrovenwälder.

Er fängt zwar auch Insekten, ernährt sich aber hauptsächlich von Beeren und Früchten, besonders gern von Feigen. Seine Nahrung sucht er bevorzugt hoch oben in den Bäumen. Nur gelegentlich hält er sich auf dem Boden auf, wo er sich hüpfend fortbewegt.

Wie andere Starenvögel, so ist auch der Malaienstar ein geselliger Vogel. Zur Nahrungssuche bilden sich Trupps von bis zu zwanzig Individuen. Auch die Nacht verbringen sie gemeinsam auf ihren Schlafbäumen. Er ist als Kulturfolger anzusehen, da er sich gerne in der Nähe menschlicher Siedlungen aufhält. Der Flug des Malaienstars ist direkt und schnell. Sein Ruf klingt metallisch.

Der Malaienstar brütet das ganze Jahr über gesellig in kleinen Kolonien. Als Höhlenbrüter nistet er hauptsächlich in Baumhöhlen, auch in alten Spechthöhlen, Palmkronen oder Häusernischen. Das Nest wird mit Gras oder anderen weichen Pflanzenteilen ausgepolstert.

Das Weibchen legt bis zu drei blaue Eier, die mit dunkelbraunen Flecken bedeckt sind. Die Brutdauer beträgt elf bis zwölf Tage. Nach etwa drei Wochen sind die Jungvögel flügge. Die Jungen weisen einen braunen bis schwarz gefärbten Rücken auf, der obere Teil der Brust, der Oberbauch, der Unterbauch sowie der Bürzel sind braun und schwarz gestreift.
Unterbringung: Ganzjährig nur innen oder Innen-/Außenvoliere; mind. 2 × 1 × 2 m; mind. 20 °C

Haltungs- und Zuchtbedingungen ähnlich
- Philippinenstar
- Siedelstar

Ernährung: Wie bei den im Folgenden beschriebenen Starenarten.
Haltung und Zucht: Malaienstare sollten eine gut strukturierte und bepflanzte Voliere erhalten. Sie lassen sich gut mit anderen Vogelarten vergesellschaften. Die Geschlechtsreife erreichen sie im Alter von einem Jahr. Bei guten Bedingungen können sie sich zu jeder Jahreszeit fortpflanzen. Der Zoologische Garten Frankfurt pflegte und züchtete diese Vögel viele Jahre in einer Tropenhalle, die an das Vogelhaus angrenzt. Dort wurden die Vögel im Schwarm, besser gesagt, als Kolonie gehalten.

In menschlicher Obhut genügen Nistkästen von 15 × 15 cm Grundmaß. Eine Höhe von rund 25 cm reicht aus. Das Einflugloch sollte rund 4 cm im Durchmesser haben. Das Nest wird mit Gras und anderen Materialien ausgepolstert. Das Weibchen bebrütet das Gelege

Im richtigen Licht zeigt sich der metallische Glanz des Gefieders des Malaienstars.

> **Info**
> Haltung in der Gruppe entspricht dem Verhalten der Malaienstare im Freiland und sei daher ausdrücklich empfohlen – die Haltung als Einzelpaar ist bei dieser Art abzulehnen.

allein. An der Aufzucht der Jungen beteiligen sich beide Altvögel. Wenn die Jungvögel mit rund drei Wochen ausfliegen sind sie noch gut von den Altvögeln zu unterscheiden.
Kennzeichnung: Die Beringung kann mit einem Ring der Größe 4,5 mm erfolgen.

Schmalschnabelstar
Scissirostrum dubium (Latham, 1801)
GB: Grosbeak Myna, Celebes Starling

Unterarten: Keine
Status: Nicht gefährdet, häufig
Haltung: >100 in Zoos; <50 in Privathand
Beschreibung: Länge 17 bis 21 cm, davon etwa 7 cm Schwanz; Gewicht 40 bis 50 g; Kopf dunkelgrau mit dunklem Augenring; Schnabel leuchtend gelb und kräftig; Flügeldecken, Schwanz, Brust, Nacken und Rücken heller grau; Beine gelblich; Männchen etwas blauer und im unteren Rückenbereich eine rötliche Bänderung.
Herkunft und Lebensweise: Der Schmalschnabelstar ist ein endemischer Vogel der Insel Sulawesi (Celebes). Dort ist er in Höhen bis zu 1100 m ü. NN zu finden. Seine bevorzugten Lebensräume sind die tropischen Tiefland- und Hügelregenwälder mit dichtem Unterwuchs. Er hält sich überwiegend in den unteren Laubschichten und auf dem Boden auf. Dort sucht er nach Insekten, Früchten, Beeren und Sämereien.
  Der Gesang ist ein vielseitiges Pfeifen, die Warnrufe sind eher laut und schrill. Außerhalb der Brutzeit lebt der Schmalschnabelstar in größeren Gruppen mit bis zu 100 Individuen. Die Vögel sind Koloniebrüter, die in absterbenden Baumstämmen nach Spechtmanier ihre Höhlen zimmern. Die Geschlechtsreife wird mit rund einem Jahr erreicht. Beide Geschlechter beteiligen sich an Nestbau, Brut und Aufzucht der Jungen. Das Gelege besteht meist aus ein bis zwei Eiern. Die Brutdauer beträgt 13 bis 14 Tage. Die Jungtiere werden anfänglich fast ausschließlich mit Insekten oder -larven gefüttert. Nach 18 bis 24 Tagen sind sie flügge. Sie unterscheiden sich von den Altvögeln durch den dunkleren Schnabel und das mattere Gefieder.
Unterbringung: Ganzjährig nur innen oder Innen-/Außenvoliere; mind. 2 × 1 × 2 m; mind. 15 °C. Schmalschnabelstare sind gut in bepflanzten Volierenanlagen oder Tropenhäusern zu halten.
Ernährung: Neben dem üblichen Obstangebot, wie Äpfel, Orangen, Bananen, Kiwis und Weintrauben sollte man diesen Staren ein gutes Insektenfresserfutter anbieten. Natürlich fressen sie gerne Lebendfutter, etwa Mehlkäferlarven, Heimchen oder Grillen. Das Futter sollte möglichst an einer erhöhten Stelle angeboten werden.
Haltung und Zucht: Die Schmalschnabelstare lassen sich in größeren Anlagen gut in Gruppen halten. Nach Möglichkeit sollten diese paarig sein. Diese Starenart besitzt ein ausgesprochenes Sozialverhalten, das sich in starker Synchronisation vieler Verhaltensweisen zeigt. Dazu gehört die gemeinsame Gefiederpflege, die Nahrungsaufnahme oder auch das Baden.
  Man sollte ihnen durch das Angebot morscher Baumstämme die Gelegenheit bieten, sich ihre Nist- und Schalfhöhlen selbst zu bauen, denn nicht nur während der Brutzeit verbringen die Vögel viel Zeit in der Höhle. Auch Nistkästen von 15 × 15 cm und 30 bis 40 cm Höhe haben sich dafür bewährt. Als Nistmaterial werden gern Gräser von 20 bis 30 cm Länge verwendet. Hier bieten sich Bambus- oder *Miscanthus*-Blätter an. Die Nistmulde polstern die Vögel oft mit Tierhaaren oder Moos aus. Die Balz ist ein großes Spektakel mit

Schmalschnabelstare haben einen auffallend gelben Schnabel.

Balztanz und entsprechendem Gesang. Die Brutdauer beträgt 13 bis 14 Tage. Das Gelege besteht meist aus zwei, selten bis vier Eiern. Die Nestlingszeit liegt bei etwa 21 Tagen.
Kennzeichnung: Unsere Vögel kennzeichnen wir mit Ringen von 4,5 mm Durchmesser.

Haltungs- und Zuchtbedingungen ähnlich
- kleine asiatische Starenarten

Beo
Gracula religiosa (Linnaeus, 1758)
GB: Common Hill Myna, Common Grackle

Unterarten: *G. r. peninsularis* – östliches Zentralindien, wie *intermedia*, aber noch kleiner und Schnabel kurz; *G. r. intermedia* – Nordindien, Myanmar, Thailand und Indochina, kleiner als Nominatform, Brust und Rücken bronzefarben; Auge und Nackenlappen verbunden; *G. r. andamanensis* – Andamanen und Nicobaren; *G. r. religiosa* – Malaysia, Sumatra, Java, Bali, Bangka, Nackenlappen nicht verbunden; *G. r. palawanensis* – Palawan, Philippinen, mehr blau und bronzefarben auf der Unterseite sowie auf Rücken und Rumpf, etwas kleiner als Nominatform, gelber Augenlappen ohne Verbindung zum Nackenlappen, diese ebenfalls getrennt, wenig weiß auf Handschwingen; *G. r. venerata* – Sumbawa, grünlicher Schimmer, Hautlappen nicht verbunden. Vier weitere Unterarten sind beschrieben, sie spielen jedoch in der Vogelhaltung keine Rolle. Beos wurden unter anderem auf der Weihnachtsinsel, Indischer Ozean, auf Oahu, Hawaii, in Florida und Puerto Rico eingebürgert.
Status: Im Freiland nicht gefährdet. CITES App. II, EG-Anhang B, Herkunftsnachweis erforderlich.
Haltung: < 100 in Zoos; < 100 in Privathand
Beschreibung: Länge etwa 28 bis 30 cm; Gewicht 150 bis 200 g; Die Unterarten unterscheiden sich in der Größe, der Färbung und in der Ausbildung der nackten gelben Hautlappen am Kopf. Insgesamt sind Beos glänzend schwarz mit kräftigen gelben Füßen, gelben nackten Hautlappen am Kopf und orangegelbem Schnabel.
Herkunft und Lebensweise: Beos sind Bewohner regenreicher Regionen mit hoher Luftfeuchtigkeit. Man findet sie vor allem in immergrünen Wäldern, aber auch in Kulturland, Plantagen, Parks und Gärten. Beos leben paarweise, außerhalb der Brutzeit können aber kleine Schwärme beobachtet werden. Sie bevorzugen Lebensräume in Höhen zwischen 300 und 2000 m ü. NN.

Beoas waren früher beliebte Stubenvögel, heute sollte man versuchen, sie zu züchten.

Ihre Nahrung besteht überwiegend aus Früchten, am liebsten Feigen, sie fressen auch vielerlei verschiedene Beeren. Sie nehmen auch Nektar, Insekten und kleine Wirbeltiere auf.

Die Brutzeit variiert je nach Herkunft, in Nordindien liegt sie zwischen April und Juli. Der Beo nistet in Baumhöhlen, in der Regel in über 10 m Höhe. Das Einflugloch ist so eng, dass sich ein erwachsener Vogel regelrecht hineinzwängen muss. Es werden meist zwei bis drei Eier mit Maßen von 31,8 bis 37,6 × 23,1 bis 27,1 mm gelegt. Beide Altvögel brüten, das Weibchen aber mehr. Die Brutdauer liegt je nach Unterart zwi-

Info
In ihrer Heimat werden Beos auf Grund ihres Nachahmungstalentes gerne als Käfigvogel gehalten.

> **Haltungs- und Zuchtbedingungen ähnlich**
> - Goldkopfatzel
> - Kronenatzel
> - Orangeatzel

schen 13 bis 17 Tagen. Der Kot der Jungen wird fortgetragen, das Nest so sauber gehalten. Die Jungen sind mit 25 bis 28 Tagen flügge. Es werden zwei bis drei Bruten pro Jahr durchgeführt.
Unterbringung: Beos benötigen jederzeit Zugang zu einem temperierten Raum von mindestens 15 °C. Ist dies gegeben, so können sie auch bei kälteren Temperaturen in die Außenvoliere gelassen werden. Gegen zu große Hitze ist ein Schattenplatz anzubieten. Die ausschließliche Haltung in Außenvolieren ohne entsprechenden Schutzraum ist nicht akzeptabel. Beos werden gerne auch in großen Tropenhäusern, Mindestmaße 3 × 2 × 2 m, gehalten, doch Vorsicht! Beos räubern gerne auch einmal die Nester von Mitbewohnern aus.
Ernährung: Entsprechend seiner Ernährungsansprüche muss der Beo mit einer möglichst abwechslungsreichen Obstnahrung versorgt werden. Darüber hinaus empfiehlt sich ein Weichfutter, aber nicht ausschließlich in pelletierter Form, den sogenannten Beoperlen, und einige Insekten.
Haltung und Zucht: Früher wurden Beos oft als Einzelvögel im Wohnzimmer gehalten, weil sie schnell und talentiert Stimmen und alle möglichen Geräusche nachahmen. Dies sollte jedoch der Vergangenheit angehören. Beos sollten besser paarweise gehalten werden, damit sie sich fortpflanzen können. Sie brauchen einen Nistkasten von 30 × 30 cm Grundfläche und 40 bis 50 cm Höhe. Das Einflugloch sollte rund 7,5 cm groß sein. Beos polstern die Nisthöhle mit Blättern, Gras und Federn aus. Die bis zu drei Eier werden in etwa 14 Tagen erbrütet. Die Nestlingszeit beträgt annähernd vier Wochen.

Die Voliere sollte gut bepflanzt sein, zum Beispiel mit Gummibäumen, denn die Vögel nehmen gerne ein Bad im nassen Blattwerk. Beos können in menschlicher Obhut ein Alter von über 20 Jahren erreichen!
Kennzeichnung: Je nach Unterart sollte man Beos mit Ringen zwischen 6,0 bis 7,0 mm kennzeichnen.

> **Info**
> Die Nahrung von Beos sollte nur wenig Eisen enthalten, da ein zu hoher Gehalt davon im Futter zur Eisenspeicherkrankheit, also zu gesundheitlichen Störungen führt.

Balistar
Leucopsar rothschildi (Stresemann, 1912)
GB: Bali Starling, Bali Mynah, Rothschild's Mynah

Unterarten: Keine
Status: Vom Aussterben bedroht, zwei Freilandpopulationen aus ausgewilderten Vögeln: Bali Barat Nationalpark rund 40 und auf Nusa Penida über 100 Vögel; CITES I; EG Anhang A gelistet; jeder Vogel benötigt eine EG Bescheinigung 224 (CITES-Bescheinigung).
Haltung: > 300 in Zoos; > 100 in Privathand
Beschreibung: Länge etwa 25 cm; Gewicht 80 bis 110 g; das Gefieder ist schneeweiß mit schwarzen Flügel- und Schwanzspitzen. Die nackte Gesichtshaut ist blau. Die Augen sind dunkelbraun. Der Schnabel ist bläulich grau und gelb. Die Beine sind gräulich blau. Den Kopf ziert eine weiße Federhaube.
Herkunft und Lebensweise: Der Balistar ist eine hochgefährdete, endemische Vogelart aus Bali, Indonesien. Er wurde 1910 entdeckt und 1912 vom bekanntesten deutschen Ornithologen Erwin Stresemann beschrieben. Schon zu Zeiten seiner Entdeckung fand man ihn nur noch im Nordwesten der Insel. Dort ist die Vegetation geprägt von Trockenwald, Graslandschaften und von landwirtschaftlichen Nutzflächen. Die Temperaturen schwanken zwischen 22 °C und 35 °C.

Die Nahrung dieses weißen Starenvogels besteht überwiegend aus Insekten und anderen Wirbellosen sowie Obst und Beeren, mitunter auch kleinen Wirbeltieren. Sehr gerne werden Feigen gefressen. In den zum Teil sehr trockenen Habitaten trinken sie auch den Morgentau von den Blättern.

Es werden meist drei bis vier bläuliche Eier gelegt. Als Nisthöhlen dienen hohle Baumstämme, verlassene Spechthöhlen aber auch die Kronenbereiche abgestorbener Palmen.
Unterbringung: Ganzjährig nur innen oder Innen-/Außenvoliere; mind. 2 × 1 × 2 m; mind. 20 °C
Ernährung: Balistare benötigen ein Insektenweichfutter als Grundfutter. Sie nehmen auch Beoperlen, verschiedenste Früchte und Lebendfutter. Vor allem während der Jungenaufzucht sei eine große Bandbreite an Futtertieren empfohlen. Besonders beliebt sind hierbei Zophobas und Heimchen.

> **Haltungs- und Zuchtbedingungen ähnlich**
> - Elsterstar
> - Schwarzflügelstar
> - Scharzhalsstar

> **Info**
> In seinem ursprünglichen Lebensraum, dem Bali Barat Nationalpark, und auch auf der südlich gelegenen Insel Nusa Penida laufen erfolgreiche Wiederansiedlungsprojekte. An den Bemühungen auf Nusa Penida, ist der Kölner Zoo beteiligt.

> **Info**
> Wir halten diesen Ring für etwas zu klein und würden 6,0 mm vorschlagen, allerdings muss dies noch mit den zuständigen Behörden abgeklärt werden. Der Grund für den größeren Durchmesser liegt in der starken Verhornung der Beine im Alter.

Haltung und Zucht: Balistare sollte man zur Zucht paarweise halten. Selbst in großen Tropenhäusern und Volieren ist es nur sehr selten gelungen, mehr als ein Paar gleichzeitig zur Brut zu bringen. Die Vögel sind territorial und stören sich dann zu sehr. Auch mit artfremden Vögeln kann eine Vergesellschaftung während der Brut zu Problemen führen.

Die Zucht der Balistare gelang selbst schon in Kistenkäfigen von 1 × 1 × 1 m, es sollten aber deutlich größere Volieren zur Verfügung gestellt werden und bepflanzt sein, um den Vögeln ausreichend Bewegungs- und Rückzugsmöglichkeiten zu bieten.

Zur Zucht bietet man Nistkästen oder Naturhöhlen an. Hierbei haben sich solche von 25 × 25 cm Grundfläche und einem Einflugloch von rund 5 cm bewährt. Das Nest selbst wird von den Balistaren mit Federn, kleinen Ästen und frischen Blättern ausgepolstert. Die drei bis vier Eier werden von beiden Altvögeln bebrütet. Die Brutdauer beträgt 14 Tage, die Nestlingszeit etwas mehr als drei Wochen.

Balistare kann man außerhalb der Brutzeit mit anderen Vogelarten vergesellschaften. Völlig problemlos ist die ganzjährige Gemeinschaftshaltung mit Hühnerartigen oder anderen großen Bodenvögeln.

Für diese hoch bedrohte Vogelart gibt es seit 1992 ein Europäisches Erhaltungszuchtprogramm, das im Zoologischen Garten Köln geführt wird. In diesem Programm wird ein Vielfaches des Freilandbestandes gemanagt. Ende 2008 lag der Bestand der betreuten Vögel bei rund 400. Bevor es das EEP gab, hatte die Vereinigung für Artenschutz, Vogelhaltung und Vogelzucht (AZ) e.V. und der Zoologische Garten Wuppertal 1988 unter Leitung von Theo Pagel ein Zuchtbuch für diese Art ins Leben gerufen. Dieses wurde die Basis des EEPs.

Kennzeichnung: Für die Beringung ist ein Artenschutzring der Größe 5,5 mm vorgeschrieben.

> **Info**
> Ähnlich wie bei einigen Papageienarten rupfen Balistare hier und da ihre Jungtiere oder ihren Partner. Die Ursache hierfür ist noch nicht abschließend geklärt, unserer Erfahrung nach neigen Balistare, die selbst von ihren Eltern gerupft wurden verstärkt dazu, ihre eigenen Jungen ebenfalls zu rupfen.

Gegenseitige Gefiederpflege ist typisch für Balistare.

Singender Rosenstar im Kölner Zoo.

Rosenstar
Pastor roseus (Linnaeus, 1758)
GB: Rose-coloured Starling, Rosy Starling

Unterarten: Keine
Status: Häufig, nicht gefährdet; etwa 180 000 bis 520 000 Brutvögel in Südeuropa; Rosenstare sind als europäische Vogelart kennzeichnungspflichtig!
Haltung: < 50 in Zoos; > 100 in Privathand
Beschreibung: Länge etwa 19 bis 22 cm; Gewicht 55 bis 75 g; Pracht- und Ruhekleid: im Sommer schmutzig hellrosa; Kopf, die Kapuze oder Haube, Nacken, die Kehle, obere Brust, Flügel sowie der Schwanz schwarz; Unterseite rosa; Unterschwanzdecken mit weißlichen Federsäumen; Beine fleischfarben, Schnabel rötlich. Im Winter Beine dunkelgrau bis schwärzlich gefärbt; insgesamt glanzlos; Schnabel schwärzlich, unterseits heller; Iris schwarz.
Herkunft und Lebensweise: Die Verbreitung des Rosenstars zur Brutzeit reicht von Griechenland ostwärts über die Türkei bis zur Mongolei und den Iran. Den Winter verbringt diese Vogelart überwiegend im nördlichen Indien.

Der Rosenstar ernährt sich überwiegend von Insekten, die er häufig vom Boden aufnimmt. Besonders oft stehen Heuschrecken, deren Schwärmen er auch mitunter folgt, auf dem Speiseplan. Dabei kann es vorkommen, dass er bis nach Frankreich oder Großbritannien vorstößt. Er nimmt aber auch Früchte, unter anderem Maulbeeren auf.

Der Gesang ist starentypisch und besteht aus Pfeiftönen, sowie klickenden und krächzenden Lauten. Darüber hinaus ahmt er auch Geräusche und Stimmen anderer Vogelarten nach.

Die bevorzugten Lebensräume des Rosenstars sind die Steppen, Halbwüsten und Wüsten, aber auch Kulturland wie Ackerflächen. Der Rosenstar ist gesellig, vor allem im Winter bildet er riesige Schwärme. Zudem ist er ein Kolonienbrüter.

Im Alter von einem Jahr ist diese Starenart geschlechtsreif. Die Brutsaison findet bei normalen Wetterverhältnissen von April bis Juni statt. Der Rosenstar nutzt Felsspalten, Mauerritzen, Nischen in aufgeschütteten Steinhalden oder Baumhöhlen, um sein einfaches Nest zu errichten. Die Brutkolonien des Rosenstars können mehrere tausend Vögel umfassen! Es werden bis zu sechs Eier gelegt. Die Brutdauer beträgt elf bis zwölf Tage. Beide Altvögel beteiligen sich an der Aufzucht der Jungen. Nach etwa drei Wochen sind die Jungvögel flügge und verlassen das Nest. Sie sind dann matt gefärbt, sandgrau, wobei der kürzere gelbe Schnabel sowie die dunklen Flügel dazu im Kontrast stehen.
Unterbringung: Ganzjährig nur innen oder Innen-/Außenvoliere; mind. 3 × 2 × 2 m; mind. 10 °C. Im Kölner Zoo halten wir eine Gruppe diese Art mit Blauracken (*Coracias garrulus*) und verschiedenen Limikolen in einer Voliere.
Ernährung: Als Grundfutter reicht man ein mittelgrobes Insektenweichfutter. Dieses kann mit Magerquark, geraspelten Möhren und kleingeschnittenem Obst der Saison angefeuchtet werden. Die Vögel nehmen aber auch Pelletfutter und vor allem während der Jungenaufzucht tierische Kost wie Heimchen oder Zophobaslarven.

> **Haltungs- und Zuchtbedingungen ähnlich**
> - Lappenstar
> - Hirtenmaina
> - Ufermaina

> **Info**
> Ähnlich wie der einheimische Star (*Sturnus vulgaris*) kennt man auch vom Rosenstar das Verhalten des Zirkelns. Dabei stößt der Vogel den Schnabel in den Boden, spreizt ihn und dreht den Kopf dabei hin und her. So legt er versteckte Nahrung frei.

Haltung und Zucht: Der Rosenstar wird nicht so häufig gehalten wie etwa afrikanische Glanzstare, aber er erfreut sich zunehmender Beliebtheit. Man kann ihn gut in kombinierten Innen- und Außenvolieren halten. Diese sollten zumindest außen einen natürlichen Bodengrund besitzen und bepflanzt sein.

Als Höhlenbrüter muss man dem Rosenstar geeignete Nistkästen anbieten, die die Maße von 20 × 20 cm Grundfläche und 30 cm Höhe haben können. Das Einflugloch sollte etwa 5,5 cm im Durchmesser groß sein. Diese Kästen, die man möglichst hoch angebracht anbieten sollte, werden mit Federn, Moos, Scharpie oder Stroh und Ähnlichem ausgepolstert. Das Weibchen legt bis zu sechs Eier. Die Brutdauer beträgt zwölf, die Nestlingszeit rund 20 Tage.

Kennzeichnung: Jungtiere sollten nach etwa 10 Tagen mit einem Artenschutzring der Größe 4,0 mm gekennzeichnet werden.

Pagodenstar
Temenuchus pagodarum (Gmelin, 1789)
GB: Brahminy Starling, Black-headed Myna

Unterarten: Keine
Status: Nicht bedroht, teilweise häufig
Haltung: > 50 in Zoos; > 100 in Privathand
Beschreibung: Länge 19 bis 21 cm; Gewicht 40 bis 54 g; Männchen und Weibchen gleich gefärbt; Männchen insgesamt etwas kräftiger und intensiver gefärbt; Federhaube, Kopfplatte und Handschwingen schwarz; Grundfarbe hell rotbraun; Rücken gräulich; Beine, Schnabel und Iris gelb.
Herkunft und Lebensweise: Das Verbreitungsgebiet der Pagodenstare erstreckt sich von Sri Lanka, über fast ganz Indien, Nepal und das östliche Pakistan. Sie sind in Höhen von 900 bis 2000 m, selten sogar bis in 4400 m ü. NN, anzutreffen. Auffallend ist beim Pagodenstar die lange Federhaube, die bei Erregung, zum Beispiel bei der Balz, aufgerichtet wird. Häufig sieht man die Vögel in Gärten und Parks. Die Nahrung besteht vorwiegend aus Insekten, Beeren und Früchten.

Außerhalb der Brutzeit ziehen sie in kleinen Trupps von sechs bis zwölf Vögeln umher, während der Brutzeit leben sie paarweise. Sie brüten in Baumhöhlen, gerne in verlassenen Nestern von Bartvögeln oder Spechten. Es werden drei bis vier Eier

Haltungs- und Zuchtbedingungen ähnlich
- Mandarinstar
- Graustar

Pagodenstare sind recht anspruchslose Pfleglinge.

Info
Der Pagodenstar eignet sich für die Vergesellschaftung mit anderen Arten, obgleich manche Paare während der Brutperiode gegenüber Mitbewohnern aggressiv werden.

gelegt. Beim Nestbau lassen sich die Vögel Zeit, oft vergehen darüber zwölf bis 25 Tage. Beide Partner bauen und brüten. Die Brutdauer liegt bei 14, die Nestlingszeit zwischen 18 und 21 Tagen. Beide Altvögel füttern die Jungen.
Unterbringung: Ganzjährig nur innen oder Innen-/ Außenvoliere; mind. 2 × 1 × 2 m; mind. 15 °C.
Ernährung: Die Ernährung ist ähnlich der von Bali- und Dreifarbenglanzstaren.
Haltung und Zucht: Hat man ein harmonierendes Paar, kann man mit mehreren Bruten im Jahr rechnen. Zur Brut nehmen sie einen Nistkästen, Größe 22 × 22 × 30 cm, Einflugloch 6 cm. Er wird mit Nistmaterial wie Heu, Blättern oder Federn ausgebaut. Das Gelege besteht aus vier bis fünf Eiern. Beide Altvögel brüten, überwiegend jedoch das Weibchen. Für die Aufzucht der Jungen wird viel Lebendfutter benötigt. Mehlkäferlarven, Pinkies, Heimchen, Heuschrecken oder Drohnenbrut sind geeignete Futtertiere. Manche Altvögel dulden die Jungen der vorangegangenen Brut, jedoch scheint dies abhängig von der Volierengröße zu sein.
Kennzeichnung: Die Beringung kann mit sieben Tagen mit einem Ring der Größe 4,5 mm erfolgen.

Königs-Glanzstar
Lamprotornis regius (Reichenow, 1879)
GB: Golden-breasted Starling

Unterarten: Keine
Status: Gilt als häufig und ungefährdet.
Haltung: < 100 in Zoos; < 100 in Privathand
Beschreibung: Länge etwa 35 cm, davon entfallen etwa 18 bis 24 cm auf den langen Schwanz; Gewicht 46 bis 63 g; Oberseite metallisch blaugrün; Brust violett; Bauch goldgelb; Kopf, Brust, Rückengefieder und die Flügel sind stahlblau bis blaugrün gefärbt; Gefieder schimmert metallisch; Kopf mit grünlichem Schimmer; Brust, Bauch und Unterschwanzdecken gelb; Iris weiß, Pupille dunkel; Schnabel dunkelblau bis schwarz; Beine, Füße graubraun; Jungvögel wie Adulte, aber matter.
Herkunft und Lebensweise: Der Königs-Glanzstar, der für viele Vogelliebhaber zu den schönsten Starenvögeln zählt, kommt in Somalia, Äthiopien, Ostkenia und Nordtansania vor. Die Vögel bevorzugen aride und semiaride Gebiete, sowie das offene Buschland. Königs-Glanzstare verbringen viel Zeit auf dem Boden, wo sie sich hüpfend und laufend fortbewegen. Selten sieht man sie höher als 3 m fliegen.

Im Gegensatz zu anderen Glanzstaren, die sich vermehrt von Früchten ernähren, frisst der Königsglanzstar fast ausschließlich Insekten, Termiten und Ameisen, die er im Flug oder am Boden erbeutet. Daneben nimmt er auch Schnecken, Spinnen oder gar kleine Wirbeltiere wie etwa Geckos.

Der Königs-Glanzstar lebt in kleinen Trupps mit bis zu zehn Vögeln. Diese helfen sich beim Nestbau und bei der Aufzucht der Jungen. Meist handelt es sich bei den Helfern um die Jungen vorausgegangener Bruten. Er nistet in kleinen Kolonien. Sein Nest bezieht er in Baumhöhlen oder verlassenen Spechthöhlen. Innen werden die Nester mit Gras, Wurzeln und anderem weichen Material ausgepolstert. Das Weibchen legt zwischen zwei bis sechs Eier, die eine blaugrüne Färbung sowie dunkle Flecken aufweisen. Die Brutdauer beträgt etwa 15 Tage. Die Jungen werden vornehmlich mit Insekten versorgt. Nach 20 bis 24 Tagen verlassen sie die Nesthöhle.
Unterbringung: Ganzjährig nur innen oder Innen-/Außenvoliere; mind. 2 × 1 × 2 m; mind. 20 °C.

> **Info** Königs-Glanzstare eignen sich gut zur Vergesellschaftung, auch mit kleineren Vögeln, z. B. Prachtfinken (Estrildidae), Webervögeln (Ploceidae) oder größeren Arten wie Turakos (Musophagidae).

Ernährung: Königs-Glanzstare benötigen ein feines Insektenweichfutter mit hohem Insektenanteil. Außerdem muss man ihnen ganzjährig Lebendfutter anbieten. Sie fressen unter anderem Heimchen, Ameisenpuppen, Wachsmotten- und Mehlkäferlarven.
Haltung und Zucht: Dieser Glanzstar gilt als einer der empfindlichsten. Bei Importen gab es immer wieder Verluste durch Aspergillose oder auch zu niedrige Haltungstemperaturen!

Der Königs-Glanzstar ist sicher einer der schönsten Starenvögel, hier mit etwas zu langem Oberschnabel.

> **Haltungs- und Zuchtbedingungen ähnlich**
> - Langschwanz-Glanzstar
> - Rotbauch-Glanzstar

Da die Vögel sich gerne und häufig auf dem Boden aufhalten, sollte die Anlage freie Bodenbereiche, Sand oder Gras, aufweisen. Darüber hinaus sollten einige Sträucher den Vögeln entsprechende Rückzugsmöglichkeiten bieten.

Zur Zucht benötigen die Vögel Nistkästen mit den Maßen 20 × 20 Grundfläche und 35 cm Höhe sowie einem Einflugloch von 4,5 cm. Das Nest wird mit Reisig und Blättern ausgelegt. Es werden bis zu sechs Eier gelegt. Beide Altvögel beteiligen sich an der Aufzucht der Jungen. Diese können bei Folgebruten meist mit in der Voliere verbleiben.
Kennzeichnung: Jungtiere sollten mit einem Ring der Größe 4,5 mm beringt werden.

Dreifarben-Glanzstar
Lamprotornis superbus (Rüppell, 1845)
GB: Superb Starling

Unterarten: Keine
Status: Im Freiland häufig.
Haltung: > 300 in Zoos; > 200 in Privathand
Beschreibung: Länge 18 cm; Gewicht 50 bis 70 g; Oberseite glänzend schwarz; Nacken und Schultern schimmernd blaugrün; Halsseiten, die Kehle und die Brust sind metallisch blau glänzend; Brustband, Bürzel und Steiß weiß; Bauch rostbraun.
Herkunft und Lebensweise: Dreifarben-Glanzstare kommen von Zentral-Tansania nordwärts durch Kenia, das westliche Uganda, südwestwärts in den Sudan, das südliche Äthiopien und Somalia vor. Dieser Star meidet die feuchten Tiefländer vielmehr kommt er unter anderem in Kenia bis in Höhen von 3000 m ü. NN vor, oft in ariden Gebieten. Auch im Kulturland, bis in die Gärten der Städte ist er anzutreffen.

Insekten aller Art, wie Termiten und Motten werden gefressen. Darüber hinaus nimmt der Dreifarben-Glanzstar Beeren und kleine Früchte zu sich. Gelegentlich nascht er auch Blütenpollen und Nektar.

Er brütet in Fels- und Baumhöhlen, errichtet mitunter freistehende Nester, zum Beispiel in Dornbüschen, nutzt aber auch die Nester anderer Vogelarten, zum Beispiel des Starwebers (*Dinemellia dinemelli*). Mitunter werden die ursprünglichen Nestbesitzer vertrieben. Gewöhnlich findet man Nester in Höhen von 1,5 bis 6,0 m.

Die Gelegegröße beträgt durchschnittlich vier Eier. Beide Partner brüten. Die Brutdauer liegt bei zwölf bis

> **Haltungs- und Zuchtbedingungen ähnlich**
> - Hildebrandt-Glanzstar
> - Pracht-Glanzstar
> - Purpur-Glanzstar

13, die Nestlingszeit bei rund 18 Tagen. Auch bei dieser Starenart sind Helfer bekannt.
Unterbringung: Ganzjährig nur innen oder Innen-/Außenvoliere; mind. 2 × 1 × 2 m; mind. 15 °C; die Voliere sollte bepflanzt sein. Eine Vergesellschaftung der Dreifarben-Glanzstare mit anderen Arten wie Turakos, Limikolen oder großen Webervögeln, ist möglich.
Ernährung: Unsere Dreifarben-Glanzstare erhalten ein Insektenfresserfutter und Beopellets. Daneben werden natürlich allerlei Beeren und Früchte gereicht. Diese können kleingeschnitten oder auch ganz angeboten werden. Lebendfutter in Form von Mehlkäferlarven, Heimchen, Getreideschimmelkäferlarven und Ähnlichem ist besonders zur Jungenaufzucht unbedingt notwendig.
Haltung und Zucht: Dreifarben-Glanzstare gehören zu den am häufigsten gehaltenen und gezüchteten afrikanischen Starenvögeln in unseren Volieren. Sie sind am besten in großen, gut bepflanzten Volieren unterzubringen. Ausreichend Möglichkeiten für Sonnenbäder sollten nicht fehlen.

Als Nistplatz benötigen sie Nisthöhlen, bewährt haben sich solche von etwa 20 cm Durchmesser und 25 bis 40 cm Höhe. Das Einflugloch sollte etwa 5 cm groß sein, sodass die Vögel eben so hindurch kommen. Sie sind nicht wählerisch und tragen allerlei Ästchen,

Dreifarben-Glanzstare suchen oft den Boden auf.

Federn und Blätter als Nistmaterial ein. Nach einer Brutdauer von zwölf Tagen schlüpfen die nackten, rosafarbenen Jungen. In der ersten Woche werden sie von den Altvögeln fast ausnahmslos mit Lebendfutter gefüttert. Ab einem Alter von zehn Tagen bringen die Altvögel auch anderes Futter ins Nest. Die Nestlingszeit liegt bei 21 Tagen.
Kennzeichnung: Die Beringung erfolgt nach etwa zehn Tagen mit einem Ring der Größe 4,5 mm.

Thraupidae – Ammerntangaren

Manche Systematiker sehen in den Ammerntangaren eine Unterfamilie der Emberizidae, doch dürfte der Status als eigene Familie mit etwa 225 Arten richtiger sein. Die **Einordnung** sowie Abgrenzung einiger Untergruppen, wie beispielsweise die der Organisten, wird **noch** intensiv **diskutiert**. Ammerntangaren sind meisen- bis drosselgroß und oft farbenprächtig befiedert. Sie bewohnen das tropische und gemäßigte Nord- und Südamerika.

Brasiltangare
Purpurtangare
Ramphocelus bresilius (Linne, 1766)
GB: Brazilian Tanager

Unterarten: *R. b. bresilius*, Nordostbrasilen und *R. b. dorsalis*, Südostbrasilien.
Status: Im Freiland nicht gefährdet.
Haltung: <100 in Zoos; <50 in Privathand. Etwa 70 Brasiltangaren leben derzeit in europäischen Zoos. Der Bestand wächst auf Grund guter Zuchtergebnisse stetig.
Beschreibung: Brasiltangaren gehören zur Gattung der Samttangaren (*Ramphocelus*). Sie erreichen eine Körperlänge von 18 cm und ein Gewicht von etwa 30 g. Das Männchen ist am Kopf, Rücken und Bauch intensiv feuerrot gefärbt. Teile der Flügel und der lange Schwanz sind schwarz. Schieferfarben sind Beine und Schnabel. Der Unterschnabel des Männchens ist am Grunde wulstartig verdickt und silbrig weiß, ein Kennzeichen aller Männchen der Gattung. Die Weibchen und Jungvögel sind unscheinbar rotbraun.
Herkunft und Lebensweise: Brasiltangaren leben außerhalb der Brutzeit in großen Schwärmen im östlichen

> **Haltungs- und Zuchtbedingungen ähnlich**
> - Silberschnabeltangare
> - Schwarztangare

Brasiltangaren-Männchen sind viel farbenprächtiger als die Weibchen.

Brasilien in feuchten, offenen Waldlandschaften, an Waldrändern, in Sekundärwäldern, an Flussufern und Plantagen.
Die Vögel ernähren sich von Früchten und Insekten. Ihre Nester bauen sie aus Gräsern und Pflanzenfasern, versteckt in dichten Pflanzenquirlen, oft Epiphyten. Ihr Gelege besteht aus zwei bis drei Eiern, die in 12 bis 14 Tagen allein vom Weibchen ausgebrütet werden. Die Jungen erreichen nach etwa 15 Monaten die Geschlechtsreife.
Unterbringung: Ganzjährig nur innen oder Innen-/Außenvoliere; mind. 2 × 1 × 2 m; mind. 15 °C; die Voliere kann reichlich bepflanzt werden.
Ernährung: Unsere Brasiltangaren erhalten eine Obstmischung bestehend aus Heidelbeeren, Mango, Papaya, Birne, Apfel und anderen Früchten der Saison. Gerne nehmen sie auch Banane, doch sie sollte nur in Maßen gefüttert werden. Außerhalb der Brutzeit erhalten sie nur gelegentlich Lebendfutter, zur Aufzucht ist dies aber ein Muss!
Haltung und Zucht: Das Weibchen legt zwei bis drei Eier, die es allein 13 Tage lang bebrütet. Die Jungvögel werden in den ersten Tagen ausschließlich mit Insekten gefüttert. Nach etwa 25 Tagen sind sie flügge und verlassen das Nest. Oft ist es, um die Brut nicht zu gefährden, notwendig, das Männchen nach Brutbeginn vom Weibchen zu trennen und erst wenn die Jungtiere ausgeflogen sind wieder dazuzusetzen. Die Lebenserwartung der Brasiltangaren beträgt etwa 10 Jahre.
Kennzeichnung: Junge Brasiltangaren werden bei uns im Alter von etwa zehn Tagen mit einem Ring der Größe 3,5 mm gekennzeichnet.

Thraupidae – Ammerntangaren 151

Paradiestangaren wurden bisher nur selten gezüchtet.

Paradiestangare
Siebenfarbentangare
Tangara chilensis (Vigors, 1832)
GB: Paradise Tanager

Unterarten: *T. c. coelicolor*, *T. c. chilensis*, *T. c. chlorocorys*, *T. c. paradisea*. Obwohl diese Tangare den Artnamen „*chilensis*" trägt, kommt sie nicht in Chile vor!
Status: Im Freiland nicht gefährdet.
Haltung: < 10 in Zoos; < 10 in Privathand. Nur noch vereinzelte Exemplare leben in Zoos und bei Privathaltern.
Beschreibung: Bei einer Länge zwischen 12 und 13 cm erreichen Paradiestangaren ein Gewicht von etwa 25 g. Sie sind besonders farbenprächtig und zählen zu den schönsten Tangaren überhaupt. Scheitel und Maske sind gelbgrün; Kehle ultramarin; Brust und Flanken himmelblau; Rücken und Flügel schwarz, Bürzel je nach Unterart rot oder rot und gelb.
Herkunft und Lebensweise: Die Paradiestangare lebt im nördlichen und westlichen Amazonasbecken. Hier ist sie in Regenwäldern vom Tiefland bis in Höhen von 1400 m unterwegs. Sie ernährt sich von Beeren und anderen reifen Früchten, sowie verschiedenen kleinen Insekten, nascht aber auch gerne Blütennektar.
Unterbringung: Ganzjährig nur innen oder Innen-/Außenvoliere; mind. 2 × 1 × 2 m; mind. 15 °C; die Voliere sollte reichlich bepflanzt werden.
Ernährung: Eine Obstmischung aus Blaulbeeren, Mango, Papaya, Birne, Apfel, Banane und anderen Früchten der Saison. Gerne genommen wird auch eine Nektarlösung. Außerhalb der Brutzeit erhalten die Paradiestangearen nur gelegentlich Lebendfutter, während der Aufzucht jedoch täglich und in großen Mengen.
Haltung und Zucht: Paradiestangaren wurden zwar häufig importiert, doch gelang ihre Zucht nur äußerst selten. Dies lag zum Teil sicher daran, dass die Tiere nicht geschlechtlich bestimmt wurden und meist nur in Gruppen in Tropenhäusern zu Schauzwecken gehalten wurden. Heute sollte ausschließlich Wert auf die Vermehrung dieser Tiere gelegt werden und dazu sollte man sie möglichst nur paarweise halten.
Kennzeichnung: Paradiestangaren können nach etwa zehn Tagen mit einem Ring der Größe 3,2 mm gekennzeichnet werden.

Haltungs- und Zuchtbedingungen ähnlich
- Isabelltangare
- Rotstirntangare
- Schwalbentangare

Blaukopftangaren sind in ihrem Verbreitungsgebiet noch recht häufig.

Azurkopftangare
Blaukopftangare
Tangara cyanicollis (D'Orbigny & Lafresnaye, 1837)
GB: Blue-necked Tanager

Unterarten: Sieben Unterarten von Nord nach Süd und von West nach Ost: *T. c. granadensis, T. c. caeruleocephala, T. c. cyanicollis, T. c. cyanopygia, T. c. hannahiae, T. c. melanogaster* und *T. c. albotibialis*.
Status: Im Freiland nicht gefährdet.
Haltung: < 20 in Zoos; < 10 in Privathand
Beschreibung: Länge 12 cm; Gewicht 35 g; ähnlich der vorher beschriebenen Art, aber Kopf dunkelblau gefärbt und insgesamt nicht so schimmernd, düster erscheinend.
Herkunft und Lebensweise: Blaukopftangaren bewohnen halboffene Landschaften in der Mitte Brasiliens, sowie entlang der Anden, von Kolumbien, über Venezuela bis Bolivien. Sie leben in Höhen von etwa 1000 m und sind meist paarweise anzutreffen. Neben allerlei Beeren und sonstigen Früchten, naschen sie Nektar und erhaschen bei ihren regelmäßigen Blütenbesuchen aber auch das eine oder andere Insekt.
Unterbringung: Ganzjährig nur innen oder Innen-/Außenvoliere; mind. 2 × 1 × 2 m; mind. 15 °C; die Voliere sollte reichlich bepflanzt werden.
Ernährung: Neben einer Obstmischung aus Blaubeeren, Mango, Papaya, Birne, Apfel, Banane, Mandarinen und anderen süßen Früchten der Saison wird auch gerne Obstbrei, Nektarlösung und Gemüse wie Gurke und Paprika genommen. Außerhalb der Brutzeit erhalten die Vögel nur gelegentlich Lebendfutter, zur Aufzucht der Jungen ist dieses Futter aber erstrangig!
Haltung und Zucht: Es werden zwei weiße, braun gefleckte Eier gelegt, die ausschließlich vom Weibchen 13 Tage lang bebrütet werden.

Die Nestlingszeit beträgt 14 Tage, nach weiteren zwei bis drei Wochen sind die Jungtiere selbstständig. Nicht alle Männchen beteiligen sich an der Versorgung der Jungen.
Kennzeichnung: Zur Beringung wird ein Ring der Größe 3,0 mm empfohlen.

Haltungs- und Zuchtbedingungen ähnlich
- Goldtangare
- Isabelltangare
- Rotstirntangare
- Schwalbentangare

Thraupidae – Ammerntangaren 153

Im Prachtkleid sind Türkis-Naschvogel-Männchen prächtig blau und schwarz gefärbt.

Türkisnaschvogel
Rotfüßiger Honigsauger
Cyanerpes cyaneus (Linnaeus, 1766)
GB: Red-legged Honeycreeper

Unterarten: Zehn, die sich in der Länge und Krümmung des Schnabels oder in der Färbung und Ausdehnung der türkisfarbenen Kopfplatte unterscheiden.
Status: In ihrem großen Verbreitungsgebiet noch recht häufig, als nicht gefährdet eingestuft.
Haltung: < 20 in Zoos; < 10 in Privathand
Beschreibung: Der Türkisnaschvogel erreicht eine Körperlänge von 12 bis 14 cm sowie ein Gewicht von rund 14 Gramm. Das Weibchen hat ein unscheinbares olivgrünliches Gefieder, wobei die Bauchseite etwas heller ist; das Männchen weist im Prachtkleid eine wunderschöne blaue und schwarze Färbung auf;

Haltungs- und Zuchtbedingungen ähnlich
- Kappensai
- Gelbfüßiger Honigsauger
- Bananquit

Rücken, Flügel und Gesichtsmaske sind schwarz; Rückenband und Scheitel türkisblau; die Unterseite der Flügel ist gelb, die Beine fleischfarben; der lange und schlanke Schnabel ist wie geschaffen für die Aufnahme von Blütennektar. Außerhalb der Brutzeit tragen die Männchen ein Ruhekleid und ähneln sehr dem Weibchen.
Herkunft und Lebensweise: Der Türkisnaschvogel ist von Mexiko südwärts bis Bolivien und Brasilien verbreitet und besiedelt tropische Waldränder, Kulturland und Gärten. Türkisnaschvögel ernähren sich hauptsächlich von Nektar, aber auch reifen Früchten und Insekten. Die Nestlinge werden mit Insekten gefüttert. Eine gewisse Ähnlichkeit zu den Kolibris ist zu erkennen, allerdings nehmen Türkisnaschvögel den Nektar nicht im Flug auf. Sie erreichen die Geschlechtsreife mit rund fünfzehn Monaten. Die Paarungszeit erstreckt sich in seinen natürlichen Verbreitungsgebieten über die Monate April bis Juni.
Unterbringung: Ganzjährig nur innen oder Innen-/Außenvoliere; mind. 2 × 1 × 2 m; mind. 15 °C; die Voliere sollte reichlich bepflanzt werden.
Ernährung: Türkisnaschvögel sollten neben der Nektarlösung ein Futter aus reifen süßen Früchten erhalten.

Auch für den Dickschnabelorganist (hier ein Männchen) gilt: Einzeltiere zusammenbringen.

> **Haltungs- und Zuchtbedingungen ähnlich**
> - Blaukronenorganist
> - Gelbscheitelorganist
> - Grünorganist

Ein feines Insektenfresserfutter und einige kleine Wirbellose wie Getreideschimmelkäferlarven, Drosophilas und Spinnen runden den Speiseplan ab. Zur Zucht muss der Anteil an Lebendfutter stark erhöht werden.
Haltung und Zucht: Das Weibchen baut ein napfartiges Nest und polstert es spärlich aus. Sie legt meist zwei Eier, die 12 bis 13 Tage bebrütet werden. Nach bereits zwölf Tagen verlassen die Jungen das Nest. Ein Türkisnaschvogel kann in Menschobhut ein Alter von zehn und mehr Jahren erreichen.
Kennzeichnung: Die Beringung erfolgt mit einem Ring der Größe 2,5 mm.

Dickschnabelorganist
Euphonia laniirostris (D'Orbigny & Lafresnaye, 1837)
GB: Thick-billed Euphonia

Unterarten: Fünf, von Nord nach Süd im Verbreitungsgebiet: *E. l. crassirostris, E. l. melanura, E. l. hypoxantha, E. l. zopholega* und die Nominatform *E. l. laniirostris*. Die Unterarten unterscheiden sich in der Größe der gelben Kopfplatte, in den Grundtönen des gelben Gefieders und dem Vorhandensein von weißen Unterschwanzdecken.
Status: Im Freiland nicht gefährdet.
Haltung: < 10 in Zoos; < 10 in Privathand
In Privathand lebt noch ein kleiner Bestand, in den Zoos ist nur noch ein Tier zu finden.
Beschreibung: Der Dickschnabelorganist erreicht eine Länge von 10 bis 12 cm. Bei den Männchen sind die Wangen, der Hals und die Flügel stahlblau, Hinterkopf und Nacken haben einen leichten violetten Schimmer. Die Kopfplatte, die Brust und die Unterseite sind gelb, Schnabel schwarz. Das Weibchen ist an der Oberseite dunkelolivgrün, unterseits mehr olivgelb. Von ähnlichen Arten der Gattung *Euphonia* unterscheiden sie sich vor allem durch den kräftigen Schnabel.
Herkunft und Lebensweise: Die verwandtschaftliche Stellung der Organisten war lange umstritten. Neuere Forschungen haben aber ergeben, dass sie aus der Familie der Thraupidae herausgenommen werden müssen und zu den Finken (Fringillidae) gehören! Wegen der bisher bekannten Verbundenheit und nicht zuletzt wegen der ähnlichen Pflegeansprüche haben wir sie jedoch weiterhin bei den Thraupidae aufgeführt.

Von Costa Rica und Venezuela südwärts bis Bolivien und Südwestbrasilien reicht der Lebensraum, wo sie sich von Früchten und Beeren ernähren. Baumbestandene Landschaften bis 1500 m Höhe sind das bevorzugte Habitat. Während der Brutzeit bauen die Vögel auf dem Boden ein überdachtes Nest mit einem seitlichen Eingang. Es werden drei bis fünf Eier gelegt. Die Jungen schlüpfen nach 14 Tagen. Beide Eltern kümmern sich um die Jungen, die nach etwa 16 Tagen flügge werden. Es gibt zwei bis drei Jahresbruten in der Zeit von März bis August.
Unterbringung: Ganzjährig nur innen oder Innen-/Außenvoliere; mind. 2 × 1 × 2 m; mind. 15 °C; die Voliere sollte reichlich bepflanzt werden.
Ernährung: Organisten sollten ein Futter aus reifen süßen Früchten aber auch Grünzeuggaben wie etwa Chicorée oder Vogelmiere erhalten. Wichtig ist, eine Nektarlösung anzubieten, außerdem feines Insektenfresserfutter und Lebendfutter wie Getreideschimmelkäferlarven, Drosophilas und Spinnen. Zur Zucht muss der Anteil an Lebendfutter stark erhöht werden, hierbei scheinen nach Grotelüschen besonders Spinnen ein bevorzugtes Futter zu sein.
Haltung und Zucht: In ein Kugelnest, das gerne in halboffene Nistkästen oder große Prachtfinkenkörbchen gebaut wird, werden drei bis vier Eier gelegt, die ausschließlich vom Weibchen 13 Tage lang bebrütet werden. Auch an der Aufzucht der Nestlinge beteiligt sich das Männchen nicht, füttert aber die Jungtiere, wenn diese nach etwa 20 Tagen das Nest verlassen.
Kennzeichnung: Dickschnabelorganisten können mit einem Ring der Größe 2,7 mm im Alter von etwa acht Tagen beringt werden.

Icteridae – Stärlinge

Die Stärlinge kommen ausschließlich in Nord- und Südamerika vor. Man unterscheidet etwa 100 Arten die zwischen 15 und 55 cm messen und oft **farbenfroh** befiedert sind. Die nördlichen Arten sind Zugvögel. Stärlinge leben in unterschiedlichsten Habitaten, wie Buschland, Sümpfen, Wäldern, aber einige sind auch Kulturfolger und in Gärten und Parks anzutreffen.
Obgleich grundsätzlich omnivor, sie fressen Samen, Früchte, Beeren, Wirbellos und kleinere Wirbeltiere, ernähren sich viele Arten überwiegend von Insekten.

> **Haltungs- und Zuchtbedingungen ähnlich**
> - andere Stirnvogelarten

Mit fast 50 cm gehört der Montezuma-Stirnvogel zu den größten Stärlingen.

Einige leben polygam und brüten in Kolonien, andere sind Brutschmarotzer. Die Nester sind oft napf- bis beutelförmig und kunstvoll verarbeitet. Die Weibchen brüten allein, die Männchen helfen teilweise bei der Jungenaufzucht.

Montezuma-Stirnvogel
Psarocolius montezuma (Lesson, 1830)
GB: Montezuma Oropendola

Unterarten: Keine
Status: Im Freiland nicht gefährdet.
Haltung: < 20 in Zoos: Die Art wird derzeit in Europa nur im Weltvogelpark Walsrode gehalten und gezüchtet.
Beschreibung: Das Gefieder des Männchens ist kastanienbraun, mit schwarzem Kopf und wenigen verlängerten Schopffedern. Die Schwanzfedern sind gelb, mit zwei dunkleren Innenfedern. Die nackten Wangen sind blau und weisen rosa Hautlappen auf. Die Iris ist braun und der lange Schnabel schwarz mit orangefarbener Spitze. Das Weibchen sieht dem Männchen ähnlich, ist aber deutlich kleiner und hat auch kleinere Hautlappen. Die Jungvögel sind weniger farbenfroh. Während das Weibchen bei 38 cm Länge nur 230 g schwer wird, wiegt das bis zu 50 cm lange Männchen bis 520 g.
Herkunft und Lebensweise: Dieser Stirnvogel lebt im Flachland an der Karibikküste von Südostmexiko bis nach Zentralpanama, nicht jedoch in El Salvador und im südlichen Guatemala. An der Pazifikküste ist er in Nicaragua und im nordwestlichen Costa Rica zu sehen. Dort bewohnt er die Baumkronen und Ränder von Wäldern und alte Pflanzungen.

Er sucht in kleinen bis größeren Trupps in Bäumen nach kleinen Wirbeltieren, großen Insekten, Nektar und Früchten. Er brütet in Kolonien mit rund 30 Nestern, es wurden aber auch schon 172 Nester gezählt. In jeder Kolonie dominiert ein Männchen, das sich nach einer aufwendigen Balz mit den meisten der Weibchen paart. In einem 60 bis 180 cm langen Beutelnest legt das Weibchen zwei bis drei weiße bis beigefarbene, dunkel gesprenkelte Eier, die 15 Tage bebrütet werden. Mit 30 Tagen werden die Jungvögel flügge.
Unterbringung: Montezuma-Stirnvögel benötigen eine sehr große kombinierte Innen- und Außenvoliere. Die Temperatur im Innenraum sollte mindestens 15 °C betragen. Ideal ist die Haltung in einer Freifluganlage, wie dies seit vielen Jahren erfolgreich im Weltvogelpark Walsrode praktiziert wird. Hier sind die Tiere im Sommer ausschließlich in der Außenanlage untergebracht, werden im Herbst dann aber ins beheizte Winterquartier umgesetzt.
Ernährung: Diese Stirnvögel erhalten im Vogelpark Walsrode eine Mischung aus Insektenfresserfutter und verschiedenen Obstsorten. Gerne nehmen sie auch verschiedene Insekten, Babymäuse und kleingeschnittene, gehäutete Eintagsküken und auch Nektar.
Haltung und Zucht: Montezuma-Stirnvögel sollten in einer Gruppe von mehreren Weibchen und ein bis maximal zwei adulten Männchen gehalten werden. Es ist darauf zu achten, dass sich die Männchen vertragen, denn sonst kommt es schnell zu Verletzungen oder Todesfällen. Aus diesem Grunde sollte man niemals zwei zuchtreife Männchen in einer kleinen Anlage zusammenhalten, dies gilt insbesondere für den Winter!

Im Vogelpark Walsrode bauen die weiblichen Montezuma-Stirnvögel ihre imposanten Nester alljährlich in etwa 4 m Höhe in einer Birke über einem Wasserlauf, sodass diese nur schwer zu erreichen waren. Es wurden ein bis drei Eier gelegt und die Jungen schlüpften nach einer Brutzeit von 15 Tagen. Zur Aufzucht benötigte

Der linke Vogel zeigt deutlich, wieso diese Vögel den Namen Gelbbürzelkassike tragen.

das Weibchen große Mengen an Lebendfutter. Eine Beteiligung des Männchens an der Aufzucht konnte bisher nicht beobachtet werden.
Kennzeichnung: Weibchen können mit einem Ring der Größe 7,0 mm beringt werden, Männchen benötigen mindestens einen Ring mit 8,0 mm Durchmesser.

Gelbbürzel-Stirnvogel
Cacicus cela (Linné, 1758)
GB: Yellow-rumped Cacique

Unterarten: Drei, *C. c. cela* – nördliches Südamerika östlich der Anden; *C. c. vitellinus* – Mittelamerika; *C. c. flavicrissus* – Küstentiefland westlich der Anden von Ekuador bis Peru.
Status: Der Bestand im Freiland scheint von Waldrodungen zu profitieren, Weideland mit Viehhaltung bietet den Kassiken ein verbessertes Nahrungsangebot.
Haltung: < 50 in Zoos; < 10 in Privathand
Beschreibung: Weibchen 24 bis 26 cm, Männchen 27 bis 29 cm; Männchen wiegen rund 100 g, Weibchen nur 60 g. Schlanker, überwiegend schwarz gefärbter Vogel mit blauen Augen und einem blass gelb gefärbten Schnabel. Leuchtend gelb gefärbt sind Rumpf, ein großer Flügelspiegel und die Afterregion und die kleinen Flügeldecken. Das Weibchen unterscheidet sich nicht nur in der Größe, sondern auch durch das etwas blassere Gefieder vom Männchen, das ein guter Sänger und während der Brutzeit ständig stimmlich aktiv ist.
Herkunft und Lebensweise: Gelbbürzel-Stirnvögel bewohnen Feuchtwälder, Lichtungen, Waldränder und feuchtes Weideland im tropischen Südamerika. Sie brüten in großen Kolonien, in denen eine strenge Hierarchie herrscht. Nur die ranghohen Männchen gelangen zur Fortpflanzung. Die Verteidigung der Weibchen gegen Nebenbuhler ist aber so energieaufwendig, dass die Männchen oft stark an Gewicht verlieren und dann verdrängt werden. Rangniedere Männchen werden an den Rand gedrängt und schützen hier die Kolonie vor Eindringlingen.

> **Info**
> Unsere Stirnvogelgruppe ist mit einem Paar Tuberkelhokkos vergesellschaftet, dies führte bisher nie zu Problemen, die Vergesellschaftung mit einem Paar Fischertukanen schlug hingegen völlig fehl, da die Tukane die Nester der Stirnvögel plünderten.

Auch unter den Weibchen gibt es eine ausgeprägte Hierarchie. Nur erfahrenen Weibchen gelingt es, gute Nistplätze zu erwerben. Ihre bis zu 45 cm langen, beutelförmigen Nester bauen sie, beieinanderhängend oft in der Nähe von Wespennestern zum Schutz vor Räubern. Nur die Weibchen bebrüten die beiden Eier, aus denen die Jungen nach 13 bis 14 Tagen schlüpfen. Die Nestlingszeit beträgt 34 bis 40 Tage.

Unterbringung: Unsere Gelbbürzel-Stirnvögel bewohnen eine kombinierte Innen- und Außenvoliere. Die Außenvoliere hat eine Fläche von 100 m². Die Voliere ist mit einem Netz zirkuszeltartig überspannt. An den beiden Stützen ist die Anlage etwa 5 m hoch. Wir halten diese Höhe für wichtig, da die Vögel ihre Nester am Netz der Decke und im oberen Bereich der seitlichen Netze befestigen. Der Naturboden der Anlage ist mit verschiedenen Büschen und Sträuchern bepflanzt, sodass sich die Männchen, die während der Brutzeit um die Weibchen konkurrieren, aus dem Weg gehen können.

Die zwei angeschlossenen, auf mindestens 15 °C beheizten Innenräume sind je 6 m² groß und nochmals teilbar, sodass die Tiere bei Streitigkeiten getrennt werden können. Nur bei starkem Frost verweigern wir den Tieren den Zugang zur Außenanlage. Sonst suchen die Vögel auch im Winter regelmäßig die Außenvoliere auf und kehren dann wieder in den warmen Innenraum zurück.

Ernährung: Das Futter der Gelbbürzel-Stirnvögel besteht im Kölner Zoo zu etwa der Hälfte aus verschiedenen Früchten und einer Insektenfressermischung, die mit lebenden Insekten ergänzt wird, etwa wie Heimchen, Zophobas und Mehlkäferlarven.

Haltung und Zucht: Gelbbürzel-Stirnvögel sind nicht sonderlich schwer zu halten, ihre Zucht hingegen gelingt wohl nur in geräumigen Volieren und auch nur, wenn man wenigstens zwei balzende Männchen und zwei bauende Weibchen zusammenhält. Ihre langen Napfnester bauen die Vögel bei uns in erster Linie aus frischen langen Grashalmen, die sie kunstvoll zu einem etwa 30 cm langen Beutelnest verflechten. Bisher ist uns die Naturbrut noch nicht gelungen, vielmehr haben wir die Eier immer kurz vor dem Schlupf aus dem Nest genommen und die Jungvögel von Hand aufgezogen.

Kennzeichnung: Bei Weibchen mit einem Ring der Größe 5,0 mm, Männchen hingegen mit einen Ring von mindestens 5,5 mm.

Haltungs- und Zuchtbedingungen ähnlich
- Rotbürzel-Stirnvögel

Service

In diesem Teil des Buches finden Sie eine Fülle an zusätzlichen Informationen, zu Literatur, Zeitschriften und anderen Quellen, Internet-Links und Adressen. So haben Sie die Möglichkeit, sich zu der von Ihnen gepflegten Vogelart weiteres Wissen anzueignen, die nützlichen Erfahrungen anderer kennenzulernen und Ihre eigenen Zuchterfolge zu steigern.

Adressen 162

Zeitschriften 163

Literatur 164

Abkürzungen 175

Register 175

Bildquellen 182

Haftungsausschluss 182

Impressum 182

Die vorgestellten Vogelgruppen

Ordnung	Familie	Art	Seite
Gruiformes, Kranichvögel	Rallidae, Rallen	*Laterallus leucophyrrus*, Weißbrustralle	53
Charadriiformes, Watvögel	Jacanidae, Blatthühnchen	*Jacana jacana*, Rotstirn-Blatthühnchen	54
	Charadriidae, Regenpfeifer	*Vanellus miles*, Maskenkiebitz	56
		Charadrius pecuarius, Hirtenregenpfeifer	57
Columbiformes, Taubenvögel	Columbidae, Tauben	*Ptilinopus superbus*, Prachtfruchttaube	59
		Ptilinopus pulchellus, Rotkappen-Fruchttaube	60
		Alectroenas madagascariensis, Madagaskarfruchttaube	61
Cuculiformes, Kuckucksvögel	Musophagidae, Turakos	*Tauraco erythrolophus*, Rotschopfturako	63
		Musophaga violacea, Schildturako	64
	Cuculidae, Kuckucke	*Coua cristata*, Spitzschopf-Seidenkuckuck	66
		Guira guira, Guirakuckuck	68
Apodiformes, Seglervögel	Trochilidae, Kolibris	*Colibri coruscans*, Veilchenohrkolibri	70
Coliiformes, Mausvögel	Coliidae, Mausvögel	*Urocolius macrourus*, Blaunacken-Mausvogel	71
Trogoniformes, Trogone	Trogonidae, Trogone	*Trogon viridis*, Weißschwanztrogon	73
Coraciiformes, Rackenvögel	Alcedinidae, Eisvögel	*Dacelo novaeguineae*, Jägerliest	74
		Todiramphus chloris, Halsbandliest	76
	Meropidae, Spinte	*Merops nubicus*, Scharlachspint	77
	Coraciidae, Racken	*Coracias caudatus*, Gabelracke	79
	Phoeniculidae, Hopfe	*Phoeniculus purpureus*, Baumhopf	81
	Bucerotidae, Nashornvögel	*Tockus deckeni*, Von-der-Decken-Toko	82
		Buceros bicornis, Doppelhornvogel	84
Piciformes, Spechtvögel	Capitonidae, Bartvögel	*Lybius dubius*, Furchenschnabel-Bartvogel	86
	Ramphastidae, Tukane	*Ramphastos toco*, Riesentukan	87
	Picidae, Spechte	*Melanerpes flavifrons*, Goldmaskenspecht	89
Passeriformes, Sperlingsvögel	Eurylaimidae, Breitrachen	*Psarisomus dalhousiae*, Papageibreitrachen	91
	Pittidae, Pittas	*Pitta sordida*, Kappenpitta	93
		Pitta guajana, Bindenpitta	92
	Cotingidae, Schmuckvögel	*Cotinga cayana*, Türkisblaue Kotinga	95
		Rupicola peruvianus, Andenfelsenhahn	96
	Pipridae, Pipras	*Chiroxiphia caudata*, Blaubrustpipra	98
	Tyrannidae, Tyrannen	*Pyrocephalus rubinus*, Rubintyrann	99
	Pycnonitidae, Bülbüls	*Pycnonotus jocosus*, Rotohrbülbül	100
	Irenidae, Feenvögel	*Irena puella*, Türkisfeenvogel	102
	Chloropseidae, Blattvögel	*Chloropsis hardwickii*, Orangebauch-Blattvogel	103
	Turdidae, Drosseln	*Turdus dissimillis*, Schwarzbrustdrossel	104
		Zoothera dohertyi, Sumbawadrossel	105
		Cossypha niveicapilla, Schneescheitelrötel	106
		Luscinia calliope, Rubinkehlchen	107
		Copsychus malabaricus, Schamadrossel	109
		Phoenicurus auroreus, Spiegel-Rotschwanz	110

Die vorgestellten Vogelgruppen

Ordnung	Familie	Art	Seite
	Muscicapidae, Sänger	*Niltava sundara*, Rotbauch-Blauschnäpper	111
	Platysteiridae, Schnäpperwürger	*Platysteira cyanea*, Lappenschnäpper	113
	Timaliidae, Timalien	*Yuhina diademata*, Diademyuhina	114
		Dryonastes courtoisi, Blaukappenhäherling	116
		Garrulax leucolophus, Weißhaubenhäherling	117
		Trochalopteron milnei, Rotschwanzhäherling	118
		Liocichla omeiensis, Omeihäherling	119
		Siva cyanouroptera, Blauflügelsiva	120
		Mesia argentauris, Silberohr-Sonnenvogel	121
		Leiothrix lutea, Sonnenvogel	122
	Aegithalidae, Schwanzmeisen	*Aegithalos concinnus*, Schwarzkehl-Schwanzmeise	124
	Nectariniidae, Nektarvögel	*Cinnyris venusta*, Zirn-Nektarvogel	125
	Zosteropidae, Brillenvögel	*Zosterops palpebrosus*, Ganges-Brillenvogel	127
	Meliphagidae, Honigfresser	*Entomyzon cyanotis*, Blauohr-Honigfresser	128
	Oriolidae, Pirole	*Oriolus chinensis*, Schwarznackenpirol	129
	Laniidae, Würger	*Corvinella melanoleuca*, Elsterwürger	130
	Malaconotidae, Buschwürger	*Laniarius barbarus*, Goldscheitelwürger	131
	Vangidae, Vangawürger	*Falculea palliata*, Sichelschnabelvanga	133
	Cractidae, Würgerkrähen	*Gymnorhina tibicen*, Flötenvogel	134
	Paradisaeidae, Paradiesvögel	*Cicinnurus regius*, Königsparadiesvogel	135
	Ptilonorynchidae, Laubenvögel	*Chlamydera cerviniventris*, Braunbauch-Laubenvogel	136
	Corvidae, Rabenvögel	*Cyanocorax chrysops*, Kappen-Blaurabe	137
		Urocissa erythrorhyncha, Rotschnabelkitta	138
		Cissa chinensis, Jagdelster	139
	Sturnidae, Stare	*Aplonis panayensis*, Malaienstar	141
		Scissirostrum dubium, Schmalschnabelstar	142
		Gracula religiosa, Beo	143
		Leucopsar rothschildi, Balistar	144
		Pastor roseus, Rosenstar	146
		Temenuchus pagodarum, Pagodenstar	147
		Lamprotornis regius, Königs-Glanzstar	148
		Lamprotornis superbus, Dreifarben-Glanzstar	149
	Thraupidae Ammerntangaren	*Ramphocelus bresilius*, Brasiltangare	150
		Tangara chilensis, Paradiestangare	151
		Tangara cyanicollis, Azurkopftangare	152
		Cyanerpes cyaneus, Türkisnaschvogel	152
		Euphonia laniirostris, Dickschnabelorganist	153
	Icteridae, Stärlinge	*Psarocolius montezuma*, Montezuma-Stirnvogel	154
		Cacicus cela, Gelbbürzelkassike	155

Adressen

Nachstehend ist eine Auswahl deutscher Zoologischer Gärten und Vogelparks in alphabetischer Reihenfolge aufgeführt, die insbesondere für Halter von Weichfressern interessant sind (keine vollständige Liste) und deren Besuch sich daher besonders lohnt. Zudem geben wir verschiedene Vereine und Zeitschriften an, die speziell für Weichfresserliebhaber zu empfehlen sind.

Zoologische Gärten, Vogelparks

Tierpark Aachen Euregiozoo,
Obere Drimbornst. 44
52066 Aachen

Zoologischer Garten Augsburg,
Brehmplatz 1
86161 Augsburg

Tierpark Berlin-Friedrichsfelde
Am Tierpark 125
10307 Berlin

Zoologischer Garten Berlin
Hardenbergplatz 8
10787 Berlin

Tierpark und Fossilium Bochum
Klinikstr. 49
44791 Bochum

Tierpark Cottbus
Kiekebuscherstraße 5
03042 Cottbus

Vogel- und Blumenpark Heiligenkirchen
Ostertalstraße 1
32760 Detmold

Zoologischer Garten Dortmund
Mergelteichstr. 80
44225 Dortmund

Zoo Dresden
Tiergartenstr. 1
01219 Dresden

Zoo Duisburg
Mühlheimer Straße 273
47058 Duisburg

Thüringer Zoopark Erfurt
Zum Zoopark 8–10
99087 Erfurt

Zoologischer Garten Frankfurt
Alfred-Brehm-Platz 16
60316 Frankfurt

Tiergarten Heidelberg
Tiergartenstr. 3
69120 Heidelberg,

Vogelpark Herborn-Uckersdorf
Waldstr. 36
35745 Herborn

Kölner Zoo
Riehlerstr. 173
57035 Köln

Zoo Krefeld
Uerdingerstr. 377
47800 Krefeld

Vogelpark Marlow
Kölzower Chaussee 1
18337 Marlow

Westfälischer Zoologischer Garten Münster
Sentruperstr. 315
48161 Münster

Zoo Neuwied
Waldstr. 160
56566 Neuwied

Tiergarten Nürnberg
Am Tiergarten 30
90480 Nürnberg

Zoo Osnabrück
Am Waldzoo 2/3
49082 Osnabrück

Naturzoo Rheine
Salinenstr. 150
48432 Rheine

Zoologisch-botanischer Garten Wilhelma
Neckartalstraße
70342 Stuttgart

Weltvogelpark Walsrode
Am Vogelpark
29664 Walsrode

Zoologischer Garten Wuppertal
Hubertusallee 30
42117 Wuppertal

Vereine

Vogelliebhaber können sich auf örtlicher als auch auf überregionaler Ebene einem Verein anschließen. Folgende deutsche Vereine seien der Größe nach genannt:

Bundesverband für fachgerechten Natur- und Artenschutz (BNA) e.V. (viele Vereine und Verbände, sowie 4000 Einzelmitglieder)
Der BNA ist ein Dachverband, der die Interessen von Tier- und Pflanzenhaltern vertritt. Unterschiedlichste, wichtige Vereine und Verbände sind dem BNA angeschlossen. Eine Einzelmitgliedschaft ist möglich und sollte zur Unterstützung dieses Vereins, der sich für die Erhaltung der Natur und die Möglichkeit der Wildtierhaltung einsetzt, angestrebt werden.
Die Geschäftsstelle leitet Herr L. Haut
Postfach 1110
76707 Hambrücken
Mo. bis Fr: 9 bis 11 Uhr
Mo. bis Mi. 14 bis 16 Uhr
Tel.: 07255-2800, Fax.: 07255-8355
E-Mail gs@bna-ev.de
Der BNA gibt sowohl amtliche als auch einfache Ringe aus.

Vereinigung für Artenschutz, Vogelhaltung und Vogelzucht (AZ) e.V. (etwa 23000 Mitglieder)
Geschäftsstelle: Herr H. Uebele
Postfach 1168
71501 Backnang
Bürozeiten: Mo. 8 bis 12 und 13 bis 20 Uhr, Di. bis Fr. 8 bis 12 Uhr
Tel. 07191-82439
Tel.: 07191-82439
Fax.: 07191-85957
E-Mail: geschaeftsstelle@azvogelzucht.de.

Die AZ betreut in verschiedenen sogenannten Arbeitsgemeinschaften alle einheimischen und exotischen Vögel, es gibt bundesweit über 400 Ortsgruppen. Im Mitgliedsbeitrag ist die monatlich erscheinende Zeitschrift „AZ-Vogelinfo" enthalten. Man kann über die AZ Ringe beziehen. Es werden auf Orts-, Landes- und Bundesebene Vogelausstellungen durchgeführt.

Deutscher Kanarien- und Vogelzüchter-Bund (DKB) e.V.
Geschäftsstelle: Herr D. Wirges
Oberdorf 19
64572 Büttelborn
Tel.: 06152-927851
Fax.: 06152-911582
E-Mail: dieter.wirges@dkb-online.de
Bürozeiten: Di. bis Do. von 9 bis 12.00 Uhr, Mi. 16 bis 18.30 Uhr
Der DKB ist bundesweit in 32 Landesverbände gegliedert und verfügt ebenfalls über Ortsgruppen. Es werden auf Orts-, Landes- und Bundesebene Vogelausstellungen durchgeführt.

Vereinigung für Zucht und Erhaltung einheimischer und fremdländischer Vögel (VZE) e.V. (etwa 5000 Mitglieder)
Geschäftsstelle: Frau B. Graul
Bornaische Straße 210
04279 Leipzig
Bürozeiten: Mo. bis Fr. 8.00 bis 12.00 Uhr und 16.00 bis 20.00 Uhr
Do. nur 14.00 bis 16.00 Uhr
Tel.: 0341-2153917
Fax.: 0341/1497934
E-mail: info@vze-online.net
Die VZE ist ebenfalls national als auch in Ortsgruppen organisiert. Ausstellungen finden von der Orts- bis zur Bundesebene statt.

Gesellschaft für Tropenornithologie (GTO) e.V.
Die Mitgliedschaft beantragt man über den Schatzmeister, Herrn H. Brandt
Schwalbenwinkel 3
D-30989 Gehrden
Tel.: 05108-4520
Fax: 05108-4581 E-mail: Schatzmeister@tropenornithologie.de.
Die GTO beschäftigt sich mit der Erforschung, der Beobachtung, sowie Haltung und Erhaltung tropischer und subtropischer Vögel. Sie veranstaltet einmal jährlich eine mehrtägige Tagung mit einem breiten Themenspektrum (Avifaunistik, Biogeographie, Schutz, Ökologie, Verhalten, Systematik und Phylogenie tropischer Vögel bis hin zu praxisorientierten

Fragen der Vogelhaltung). Es werden Rundbriefe und Tagungsbände der jährlichen Treffen, der „Tagung über tropische Vögel" herausgegeben.

Zoologische Gesellschaft für Arten- und Populationsschutz (ZGAP) e.V.
Die Mitgliedschaft beantragt man über den Schriftführer, Herrn J.-U. Heckel
Bussardhorst 9
D-31515 Wunstorf
Tel.: 05031-73 517
E-Mail: j-u.heckel@zgap.de
Website: www.zgap.de
Die Zoologische Gesellschaft für Arten- und Populationsschutz (ZGAP)e.V. wurde 1982 von einer kleinen Gruppe engagierter Naturschützer in München gegründet. Ziel der Gesellschaft ist in erster Linie die Erhaltung wenig bekannter, bedrohter Arten und der Schutz ihrer Lebensräume. Eine Vereinszeitschrift erscheint zweimal jährlich (Mai und November) mit einem Umfang von z. Zt. 32 Seiten und wird an Mitglieder kostenlos zugesendet. Ein Verein engagierter Leute, die sich auch um bedrohte Vogelarten kümmern.

Zeitschriften

AZ-Vogelinfo
Vereinszeitschrift der Vereinigung für Artenschutz, Vogelhaltung und Vogelzucht (AZ) e.V., im Jahresbeitrag inbegriffen, Fachbeiträge aller Sparten der Vogelhaltung, Verkaufsanzeigen
AZ-Geschäftsstelle
Postfach 1168
71501 Backnang
Tel.: 07191-82439
Fax: 07191-85957

BNA-aktuell
Verbandszeitschrift des BNA. Erscheint mindestens zweimal im Jahr. Zwar ohne Haltungsberichte, aber mit viel Information zu allgemein wichtigen Themen, wie Sachkunde, Gesetzen, etc
Geschäftsstelle
Postfach 1110
76707 Hambrücken
Tel.: 07255-2800
Fax: 07255-8355

Gefiederte Welt
Monatliche, traditionelle und vereinsunabhängige, sehr empfehlenswerte Fachzeitschrift mit großem Spektrum fachlich wertvoller Beiträge und kostenlosem Anzeigenteil.
Verlag Eugen Ulmer
Wollgrasweg 41
70599 Stuttgart
Tel.: 0711-45070
Fax: 0711-4507120

Vogelfreund
Fachorgan des Deutschen Kanarien- und Vogelzüchter-Bundes (DKB) e.V., kann auch frei erworben werden. Erscheint monatlich und enthält neben Fachbeiträgen viel über Ausstellungen.
Hanke-Verlag
Amrichshäuser Str. 28/1
74653 Künzelsau
Tel.: 07940-544454
Fax: 07940-544440

VZE-Vogelwelt
Monatszeitschrift der Vereinigung für Zucht und Erhaltung einheimischer und fremdländischer Vögel" (VZE) e.V., für Mitglieder kostenlos.
Geschäftsstelle: Frau B. Graul
Bornaische Straße 210
04279 Leipzig
Tel.: 0341-33 32 242
Fax: 0341/33 32 237

Literatur

Allgemeine Literatur zum Thema in großer Fülle finden Sie unter dem Webcode 2031702 unter www.gefiederte-welt.de.

Andenfelsenhahn
Rupicola peruvianus
Schuchmann, K.-L. (1984): Zur Ernährung des Guayana-Felsenhahnes (*Rupicola rupicola*, Cotingidae). J. Orn. 125: 239–241
Schuchmann-Wegert, G. & K.-L. Schuchmann (1986): Balzverhalten des Guayana-Felsenhahnes (*Rupicola rupicola*). Trochilus 7: 114–118
Schürer, U. (2006): Naturbrut beim Roten Felsenhahn und Erstzucht des Schildschmuckvogels im Zoologischen Garten Wuppertal. Gef. Welt 130: 358–359

Stahmer, M. (1978): Der Felsenhahn als Volierenvogel. Die Voliere 1: 76

Trier, H. (1954): Einiges über den Felsenhahn. Gef. Welt 78: 141

Balistar
Leucopsar rothschildi

Balen, B. van, Dirgayusa, Adi Putra & H.H.T. Prins (2000): Status and distribution of the endemic Bali Starling *Leucopsar rothschildi*. Oryx Vol. 34 (3): 188–197

Van Helvoort, B., Soetawidjaja, M.N. & Hartojo (1985): The Rothschild's Mynah (Leucopsar rothschildi) – a case for captive or wild breeding? International council for Bird Preservation, Cambridge

Pagel; T. (sen.) & T. Pagel (1987): Fünf nach zwölf für den Balistar Leucopsar rothschildi. AZ-Nachrichten 34 (12): 712–718

Pagel, T. (1993): Balistar – Situation heute. Gef. Welt 117: 330–332 u. 372–375

Pagel, T. (1997): Haltungsrichtlinien für den Balistar. Köln

Pagel, T. (1998): Rettungsversuch Balistar – Probleme, Hoffnungen, Lösungen. In: Symposiumsband Nachhaltige Nutzung des BfN, Bonn

Pagel, T. (1999): Der Balistar: Seine Heimat, Biologie, Haltung und Zucht sowie die Bemühungen um seine Erhaltung. Zeitschrift des Kölner Zoo 42 (2): 55–78

Pagel, T. & E. Krebs (2006): Die Zukunft des Balistars (*Leucopsar rothschildi*) – Neue Perspektiven für den in situ und ex situ Naturschutz. Zool. Garten N.F. 76: 1–18

Pagel, T. (2008): Der Balistar – mit der AZ fing alles an. AZ-Nachrichten 55 (2): 75–78

Plessen, V. von (1926): Verbreitung und Lebensraum von *Leucopsar rothschildi* Stres. Orn. Monatsber. 34: 71–73

Schürer, U. (1977): Die Zucht von Balistaren im Zoo Wuppertal. Gef. Welt 101: 63–64

Sieber, J. (1978): Freilandbeobachtungen und Versuch einer Bestandsaufnahme des Balistars (*Leucopsar rothschildi*). J.Orn. 199: 102–106

Sieber, J. (1983): Nestbau, Brut und Jungenaufzucht beim Balistar (*Leucopsar rothschildi*). Zoolog. Garten N.F. 53: 281–289

Stresemann, E. (1913): Die Vögel von Bali. Novitates Zoologicae 20: 325–380

Tayton, K. & D. Jeggo (1988): Factors of affecting breeding success of Rothschild's Mynah *Leucopsar rothschildi* at the Jersey Wildlife Preservation Trust. Dodo 25: 66–76

Baumhopf
Phoeniculus purpureus

Pagel, T. (sen.) & T. Pagel (1987): Der Baumhopf *Phoeniculus purpureus*. AZ-Nachrichten 34(9): 536–537

Beo
Gracula religiosa

Ali, S. (1949): Indian Hill Birds. Oxford University Press. London

Bartsch, C., Pagel, T. & W. Steinigeweg (2000): Mindestanforderungen für die Haltung von Augenbrauenhäherling (*Garrulax canorus*), Silberohrsonnenvogel (*Leiothrix argentauris*), Sonnenvogel (*Leiothrix lutea*) und Beo (*Gracula religiosa*). Gutachten, erstellt im Auftrag des Bundesamtes für Naturschutz, Bonn

Giebing, M. (2004): Beo – ein Vogel der einfach alles kann. AZ-Nachrichten 51 (6): 151–153

Fischer, W. (1995): Biologie, Haltung und Geschichte des Hirtenmainas. Die Voliere 18: 234–240

Hachfeld, B. (1984): Der Graustar. Die Voliere 7: 134

Ripley (1987): Compact Handbook of the Birds of India and Pakistan. Oxford

Wagner; M. (1996): Beos, Haltung, Pflege, Zucht. Falken, Niedernhausen

Wübbeling, H.J. (2003): Meine „Minos" – über die Papua-Atzel. AZ-Nachrichten 50 (5): 142–144

Bindenpitta
Pitta guajana

Pagel, T. (2000): Keeping and breeding of the Elegant Pitta (*Pitta elegans*). Avicultural Magazine 4/2000

Pagel, T. (2001): Zuchterfolg mit der Schmuckpitta (*Pitta elegans*) im Kölner Zoo. Gefiederte Welt 125 (2): 55–57

Pagel, T. (2003): Schmuckpitta im Kölner „Regenwald". AZ-Nachrichten 50 (1): 17–19

Urbach, I. (2005): Das Fortpflanzungsverhalten der Streifenpitta. Die Voliere 28 (2): 43–47

Blaubrustpipra
Chiroxiphia caudata

Bähr, R. (1965): Weiteres vom Prachtschnurrvogel. Gef. Welt 89: 196–197

Bock, J. (1995): Nachzucht von Blaubrustpipra und Siebenfarbentangaren. Gef. Welt 119: 329–332

Kaiser, M. (2006): Rotbauchpipras-ihre Zucht im Tierpark Berlin. Gef. Welt 130: 236–238

Naether, C. (1951): Einiges von Schnurrvögeln. Gef. Welt 75: 59

Pagel, T. (sen.) & T. Pagel (1988): Die Blaubrustpipra *Chiroxiphia caudata*. AZ-Nachrichten 35 (4): 213–214

Prestel, D. (1984): Teilerfolg bei der Zucht von Gelbkopfpipras (*Pipra erythrocephala*). Trochilus 5: 89–90

Proebsting, F. (1965): Von meinen Prachtschnurrvögeln (*Chiroxiphia pareola*). Gef. Welt 89: 196–197

Spee, J. (2001): Nachwuchs bei den Prachtpipras. Gef. Welt 125: 266–267

Blauflügelsiva
Siva cyanouroptera

Declair, A. (2005): Haltungs- und Zuchterfahrungen mit dem Silberohrsonnenvogel, der Blauflügelsiva und der Rotschwanzsiva. Die Voliere 28 (11): 344–351

Fischer, W. (1997): Blauflügelsivas. Geflügel-Börse 118: 14

Fischer, W. (1997): Von der Tonkinsibia und ihren Verwandten. Die Voliere 20: 146–151

Fischer, W. (2002): Rotschwanzsiva und Bändersiva. Die Voliere 12: 379–381

Fischer, W. (2002): Sivas und Sonnenvögel. Die Voliere 11: 292–296, 324–328

Franklin, R. (1973): Breeding of the Black-headed Sibia. Avic. Magazine 79: 116–118

Stahl, J. (1993): Über den Bändersiva. AZ-Nachrichten 40: 406–408

Steinigeweg, W. (1990): Die Zucht der Rotschwanzsiva. Die Voliere 13: 147–150, 180–183

Blaukappenhäherling
Dryonastes courtoisi

He Fen-Qui & Zhang Yin-Sun (1994): Bericht über eine Untersuchung zum Vorkommen des Gelbbauchhäherlings in Wuyuan. ZGAP Mitteilungen. München

Oldenettel, J. (1998): Erfolgreich gezüchtet: Gelbbauch- oder Gelbkehlhäherling. Gef. Welt 122 (10): 388–390

Schneider, H., Reuhl-Schneider, M. & T. Pagel (2002): Wissenswertes zum Chinesischen Gelbkehlhäherling (*Garrulax galbanus courtoisi*). Gefiederte Welt 126: 123–125

Blaukopftangare
Tangara cyanicollis

Engelmann, H.R. (1978): Pflege und Zucht der Azurkopf- oder Blaukopftangare. Die Voliere 10 (): 342–344

Kainz, F., Stefan, St. & O. Urlepp (2004): Gelungene Zucht der Azurkopftangare. Gef. Welt 128: 50–51

Kleefisch, T. jr. (1983): Die Schwalbentangare (*Tersina viridis*). Gef. Welt 107: 118

Kleefisch, T. jr. (1986): Seltene Importe: Die Rotstirntangare (*Tangara parzudakii*). Die Voliere 9: 57

Kleefisch, T. jr. (1991): Die Zucht der Rotbauchtangare *Tangara velia*. Gef. Welt 115: 338–340

Pagel, T. (1990): Die Blaukopftangare (Azurkopftangare) *Tangara cyanicollis*. AZ-Nachrichten 37 (4): 254–255

Blaunacken-Mausvogel
Urocolius macrourus

Müller, M. (1999): Liebenswerte aber wenig bekannte Pfleglinge: Die Mausvögel. Die Voliere 22: 89–92

Prinzinger, R. & R. Roth (1987): Haltung und Zucht von Blaunackenmausvögeln (*Urocolius macrourus pulcher*). Trochilus 8: 121–125

Prinzinger, R. (1982): Mausvögel (Coliiformes) – Geheimnisvolle Vegetarier aus Afrika. Die Voliere 5: 88–90

Prinzinger, R., Göppel, R. & A. Lorenz (1981): Der Torpor beim Rotrückenmausvogel *Colius castanotus*. J. Orn. 122: 379–392

Rowan, M.K. (1967): A study of the Colies of Southern Afrietwa Ostrich 38: 63–115

Schifter, H. (1972): Die Mausvögel (Coliidae). Wittenberg-Lutherstadt

Blauohr-Honigfresser
Entomyzon cyanotis

Longmore, N.W. (1991): The Honeyeaters and their Allies of Australia. Angus and Robertson and The National Photographic Index of Australian Wildlife, Sydney

Pagel, T. (1996): Die Honigfresser – Vögel vom anderen Ende der Welt. Gefiederte Welt 120 (7): 226–230

Urbasch, I. (2007): Der Blauohr-Honigfresser – unverwechselbat und faszinierend. Gef. Welt 131 (6) 180–182

Brasiltangare
Ramphocelus bresilius

Gschaider, F. (2003): Zuchtbeobachtungen bei der Finkentangare. Gef. Welt 127

Hachfeld, B. (1989): Seltene Importe: Die Drosseltangare (*Tangara punctata*). Die Voliere 12: 56

Ingels, J. (1987): Beobachtungen an Silberschnabeltangaren (*Ramphocelus carbo*) in Suriname. Trochilus 8: 15–18

Pagel, T. (sen.) & T. Pagel (1987): Die Purpurtangare *Ramphocelus carbo*. AZ-Nachrichten 34 (1): 27–28

Pagel, T. (sen.) & T. Pagel (1987): Die Schwarztangare *Tachyphonus rufus*. AZ-Nachrichten 34 (12): 709–710

Schwarze, G. (1993): Die Zucht der Silberschnabeltangare. Gef. Welt 117: 13–15

Braunbauch-Laubenvogel
Chlamydera cerviniventris

Cooper, W.T. & Forshaw, J.M. (1977): The Birds of Paradise and Bowerbirds. Collins Publ. Ltd., Sydney, London

Richter, R. und Schumann, F. (2008): Der Weißohr-Laubenvogel-Haltung und künstliche Aufzucht. Gef. Welt 132: 8–11

Urbasch, I. (2008): Der Weißohr-Laubenvogel-ein Laubenvogel, der keine Laube baut. Gef. Welt 132: 20–21

Zupanc, D. und Klein, S. (1998): Laubenvögel: Meister der Baukunst. Gef. Welt 122: 382–385

Diademyuhina
Yuhina diademata

Baars, W. (1963): Brutbeobachtungen an Zwergtimalien (*Yuhina nigrimentum*). Gef. Welt 61

Bösche, H.-J. (2005): Interessante Vögel für eine große Voliere – Diademyuhinas. Gef. Welt 129 (2): 43–45

Ebert, D. (1985): Zucht der Braunkopfyuhina. Trochilus 6: 38

Hachfeld, B. (1983): Wenig importiert: Die Rotohryuhina. Die Voliere 6: 241

Oebenauer, D. (1977): Meine Zwergtimalien. Gef. Welt 101: 167–169

Schürzinger, H. (1985): Zucht der Gelbnackentimalie (*Yuhina flavicollis*). Trochilus 6: 140

Wöhrmann, H.-J. (2000): Die Yuhinas, Artenporträts: Braunkopfyuhina. Die Voliere 23: 345

Wöhrmann, H.-J. (2000): Die Yuhinas, Artenporträts: Kehlstreifenyuhina. Die Voliere 23: 243–246

Wöhrmann, H.-J. (2000): Die Yuhinas. Die Voliere 23: 315–317

Wöhrmann, H.-J. (2001): Diademyuhina. Die Voliere 24: 310–313

Dickschnabelorganist
Euphonia laniirostris

Büchi, B. (1984): Zucht des Gelbschnabel-Grünorganisten (*Chlorophonia flavirostris*). Trochilus 5: 83

Fornacon, S. (2000): Die Zucht des Veilchenorganisten – nicht ganz gelungen. Gef. Welt 124: 227–228

Glaesel, H. (1962): Mein Dickschnabelorganist. Gef. Welt 56: 89

Gourlay, M.P. (1974): Breeding the blue-crowned Chlorophonia. Avic. Magazine 80: 25

Grotelüschen, D. (2003): Erfolgreiche Zucht der Blaukronenorganisten. Gef. Welt 127: 294–295

Haarmann, G. u. K. (1974): Der Violettblaue Organist. Gef. Welt 88: 163

Hesse, M. & W. Hesse (1982): Der Gelbschnabel-Grünorganist. Trochilus 3: 76–78

Kleefisch, T. jr. (1982): Zuchtversuch mit Goldbauchorganisten (*Euphonia xanthogaster*). Die Voliere 5: 17

Kleefisch, T. jr. (1983): Organisten. Die Voliere 6: 167–173

Kühnel, E. (1963): Mein violettblauer Organist. Gef. Welt 86: 30

Nitzsche, H. (1994): Gef. Welt 118: 55–56

Urbasch, I. (2005): Biologie und Pflege von Organisten. Die Voliere 28: 164–169

Doppelhornvogel
Buceros bicornis

Falzone, C.K. (1988): Growth and Development of captive bred Abessinian Ground Hornbills *Bucorvus abysinnicus*. Avic. Magazine 94: 211–215

Gürtler, W.-D. (2004): Besondere Nashornvögel: Die nördlichen Hornraben. Gef. Welt 128: 106–110

Reinhard, R. & B. Blaskiewitz (1986): Zur Haltung von Nashornvögeln im Zoologischen Garten Berlin. Gef. Welt 110: 4–6

Strehlow, H. (2002): Beobachtungen an Nashornvögeln. Gef. Welt 112: 311–314

Dreifarben-Glanzstar
Lamprotornis superbus

Bartmann, W. (1974): Eine Volierenbrut des Dreifarbenglanzstars (*Lamprospreo superbus*). Gef. Welt 98: 21

Daller, F. (1994): Haltung und Zucht des Dreifarbenglanzstares. Die Voliere 10: 298–299

Duwe, W. (1967): Meine Zucht mit afrikanischen Glanzstaren. Gef. Welt 91: 231

Feare, Ch. & A. Craig (1998): Starlings and Mynahs. London

Elsterwürger
Corvinella melanoleuca

Fischer, W. (1995): Graukopfwürger – Vögel des Buschlandes. Die Voliere 18: 80–83

Neumann F. (1995): Bemerkenswerte Beobachtungen zum Verhalten des Elsterwürgers (Lanius melanoleucus). Gef. Welt 119: 256–258

Flötenvogel
Gymnorhina tibicen

Beehler, B. M., Pratt, T. K. & D. A. Zimmermann (1986): Birds of New Guinea. Princeton

Coates, B. J. (1990): The Birds of Papua Neu-Guinea II. Alderley

Pagel, T. (2003): Weißrücken-Flötenvögel im Zoologischen Garten Köln. Gefiederte Welt 127 (6): 178–179

Furchenschnabel-Bartvogel
Lybius dubius

Bartmann, W. (1975): Ein Bruterfolg bei Rotkopfbartvögeln (*Eubucco bourcierii*, Lafr.). Zool. Garten (NF) 45: 385–392

Bielfeld, H. (2007): Der Flammenkopf-Bartvogel lebt in der Gruppe. VZE Vogelwelt 52: 201–202

Brouwers, N. (1955): Mein Blauwangenbartvogel. Gef. Welt: 201

Brouwers, N. (1965): Die Familie der Bartvögel. Gef. Welt 89: 52–54

Büchi, B. (1974): Der Feuerstirn-Bartvogel (*Pogoniulus pusillus*). Gef. Welt 98: 221–223

Büngener, W. (1990): Bartvögel. Gef. Welt 114: 238–241

Declair, A. (2005): Gelbbürzel-Bartvogel – der kleine, fast unbekannte Neuling in unseren Volieren. Die Voliere 28: 156–159;

Ebert, D. (1986): Erfolgreiche Zucht des Andenbartvogels (*Eubucco bourcierii*). Trochilus 7: 128–132

Faust, I. (1969): Brut von Rotbrust-Bartvögeln (*Lybius bidentatus*) im Zoologischen Garten Frankfurt am Main. Gef. Welt 93: 203–204

Jung, G. (1983): Zucht des Haubenbartvogels. Trochilus 4: 60; Kraus, K. (1984): Afrikanische Zwergbartvögel. Trochilus 5: 124–129

Kühn, O. und A. (2008): Zuchtbericht Ohrfleck-Bartvogel (*Trachyphonus daurnadi*). VZE Vogelwelt 54: 252–261

Mau, K.G. (1972): Erstzucht des Ohrfleckbartvogels (*Trachyphonus darnaudii*) in England. Gef. Welt 96: 120

Mikulaschek, G. (1989): Der Rotstirnbartvogel. Gef. Welt 113: 198–200

Moschkowski, M. (2007): Nachzucht bei den Furchenschnabel-Bartvögeln. Gef. Welt 131: 134–135

Pagel, T. (1989): Der Kupferschmied *Xantholaema haemacephala*. AZ-Nachrichten 36 (11): 721–722

Pagel, T. (1990): Der Rotstirnbartvogel (Diadembartvogel) *Tricholaema l. leucomelaena*. AZ-Nachrichten 37 (2): 77–79

Pagel, T. (1991): Zucht des Rotstirnbartvogels, *Tricholaema leucomelaena leucomelaena* (Bodd., 1783). Tropische Vögel 12: 19–24

Schild, U. (2006): Seltene Zucht des Flammenkopf-Bartvogels. Gef. Welt 130: 26–27

Gabelracke
Coracias caudata

Fry, C. H., Fry, K., Harris, A. (1992): Kingfishers, Bee-Eaters and Rollers. London

Ganges-Brillenvogel
Zosterops palpebrosus

Giebig, M. (2003), Der Gangesbrillenvogel. AZ-Nachrichten 50 (12): 339–441

Radicke, F. L. (1985): Der indische Brillenvogel. Wittenberg

Steinigeweg, W., Schielke, H. (1975): Die Zucht des Gangesbrillenvogels (*Zosterops palpebrosa*). Gef. Welt 103: 188

Gelbbauch-Nektarvogel
Cinnyris venusta

Andersen, M. ST. (1991): Die Zucht des Gelbbauch-Nektarvogels *Arachnechthra venusta* (Shaw & Nodder, 1799). Trochilus 12: 98–102

Badhwar, D. (1990): Der Purpurkehlnektarvogel *Nectarina asiatica asiatietwa* Trochilus 11: 82–85

Bitterwolf, J. (1985): Van Hasselts-Nektarvögel. Trochilus 6: 65–66

Bitterwolf, J. (1986): Zucht des Purpurkehl-Nektarvogels. Trochilus 10: 17–20

Brieschke, H. (1990): Zur Biologie des Amethystglanzköpfchens *Chalcomita amethystina* (Shaw, 1812). Trochilus 11: 3–14

Elzen, van den, R. & P. van den Elzen (1983): Der Kap-Honigfresser (*Promerops cafer*, Linne, 1758). Trochilus 4: 101–105

Kleefisch, T. jr. (1982): Zuchtversuche mit Elfennektarvögeln. Trochilus 3: 7–9

Kraus, K. (1986): Der Fahlkehl-Nektarvogel (*Chalcomita adelberti*) – Haltungserfahrungen und Beobachtungen beim Nestbau. Trochilus 10: 66–70

Kirchhofer, E. (1981): Die Zucht des Tacazze-Nektarvogels (*Nectarina tacazze*). Gef. Welt 105: 3

Mitsch, H. (1982): Der Kap-Honigfresser und seine Ernährung. Die Voliere 5: 208–210

Pagel; T. (1988): Der Preußnektarvogel *Panaeola reichenowi*. AZ-Nachrichten 35 (10): 605–607

Pagel, T. (sen.) & T. Pagel (1987): Der Gelbbauchnektarvogel *Arachnechthra venusta*. AZ-Nachrichten 34 (8): 519–520

Pagel, T. (sen.) & T. Pagel (1987): Der Rotbauchnektarvogel *Cinnyris coccinigaster*. AZ-Nachrichten 34 (4): 249–250

Pagel, T. (sen.) & T. Pagel (1988): Der Grünkopfnektarvogel *Cyanomitra verticalis*. AZ-Nachrichten 35 (1): 17–18

Gelbbürzelkassike
Cacicus cela

Anonymus (1985): Zuchterfolg mit dem Rotkopfstärling (*Amlyramphus holosericeus*) im Philadelphia Zoo. Trochilus 6: 67–68

Bielfeld, H. (2000): Der Rotschulterstärling, der auffälligste „Blackbird" Nordamerikas. Die Voliere 23: 91–93

Hilty, S. L. (2003): Birds of Venezuela. London

Jaramillo, A. & Burke, P. (1999): New World Blackbirds, Princeton University Press

Richard (1991): A Guide to the Birds of Trinidad and Tobago, 2nd edition, Comstock

Goldscheitelwürger
Laniarius barbarus
Hachfeld, B. (1995): Goldscheitelwürger. Die Voliere 18: 32

Guirakuckuck
Guira guira
Macedo, R. H., C. A. Bianchi (1997): Communal Breeding in Tropical Guira Cuckoos Guira guira: Sociality in the Absence of a Saturated Habitat. *Journal of Avian Biology*, Vol. 28, No. 3, S. 207–215
Pagel, T. (sen.) & T. Pagel (1987): Der Klaaskuckuck *Chrysococcyx caprius*. AZ-Nachrichten 35 (5): 329–330
Pagel, T. (1989): Der Guirakuckuck *Guira guira*. AZ-Nachrichten 36 (12): 785–787
Pagel, T. (1992): Kuckucksvögel – selten gepflegt. Tropische Vögel 13: 46–52

Halsbandliest
Todiramphus chloris
Daller, F. (1996): Über die Haltung des Natal- oder Zwergkönigsfischers. Die Voliere 19: 19–23
Elgar, R.J. (1982): Haltungserfahrungen mit tropischen Eisvögeln – der Halsbandliest. Trochilus 3: 43–44
Elgar, R.J. (1983): Haltungserfahrungen mit tropischen Eisvögeln – der Natalzwergfischer. Trochilus 4: 14–15
Grün, S. & E. Schmitt (1991): Haltung und Zucht des Graukopfliest. Gef. Welt 115
Pagel, T. (sen.) & T. Pagel (1988): Der Graukopfliest *Halcyon leucocephala*. AZ-Nachrichten 35 (2): 123–124
Rinke, D, (1988): Zur Biologie der polynesischen Eisvögel der Gattung *Halcyon*. Trochilus 9: 71–83
Wareman, H. (1987): Haltungserfahrungen mit Zügelliesten (*Halycon malimbicus*). Trochilus 8: 27–28
Wareman, H. (1990): Haltung von Eisvögeln. Trochilus 11: 61–63

Hirtenregenpfeifer
Charadrius pecuarius
König, C. & R. Ertl (1979): Vögel Afrikas. Stuttgart
Kraus, K. (1986): Der Rotbandregenpfeifer (*Charadrius venustus*) – eine kleine Regenpfeiferart aus Afrika. Trochilus 10: 103–104
Lietzow, E. (2001): Der Rotband-Regenpfeifer. Die Voliere 12: 380–381
Lietzow, E. (2001): Nachwuchs bei den Hirtenregenpfeifern. Die Voliere 24: 139–141, 171–175
Pagel, T, (1989): Der Hirtenregenpfeifer *Charadrius pecuarius*. AZ-Nachrichten 36 (2): 120–121

Jagdelster
Cissa chinensis
Goodwin, D. (1976): Crows of the World. London; Traupe, H. (2007): Die Jagdelster. VZE Vogelwelt 52: 130–131;
Wurst, K. (2000): Meine Erfahrungen mit der Jagdelster. AZ-Nachrichten 47 (4): 195

Jägerliest
Dacelo novaeguinea
Hollands, D. (1999): Kingfisher & Kookaburra. Sydney
Legge, S. (2004): Kookaburra – King of the Bush. Collingwood
Pagel, T. (1990): Der Jägerliest (Lachender Hans) *Dacelo novaeguinae*. AZ-Nachrichten 37 (1): 45–47
Vogels, D. (1998): Lebensweise, soziale Organisation und Fortpflanzungsbiologie des Jägerliestes. Die Voliere 21: 272–276

Kappen-Blaurabe
Cyanocorax chrysops
Bornstein, A. (2007): Nacktwangenblauraben-eine reizvolle Häherart. Gef. Welt 131: 44–45
Fischer, W. (1995): Der Kappenblaurabe, ein anpassungsfähiger Rabenvogel. Die Voliere 18: 39–43
Madge, S. & Burn, H. (1994): Crows and Jays. Helm, A. & C. Black, London
Müller, J. (2005): Neugierige und schlaue Vögel: Schwarzbrust-Langschwanzhäher. Gef. Welt 129 (10): 302–304
Pagel, T. (1989): Der (Peru-) Grünhäher *Cyanocorax yncas*. AZ-Nachrichten 36 (3): 133–134
Platzbecker, H. (1969): Mißglückte Zucht von Kappenblauraben. Gef. Welt 95
Platzbecker, H. (1971): Gelungene Zucht meiner Kappenblauraben. Gef. Welt 97

Kappenpitta
Pitta sordida
Fischer, W. (2003): Die Kappenpitta. Die Voliere 26 (1): 4–9
Hachfeld, B. (1980): Pittas. Kurzschwänzige Vögel mit langen Beinen. Die Voliere 3 (2): 64–67
Lambert, F. & M. Woodcock (1996): Pittas, Broadbills and Asities. Sussex; Robson, C. (2000): A Field Guide to the Birds of South-East-Asia. London

Königs-Glanzstar
Lamprotornis regius
Fischer, W. (2004): Afrikanische Glanzstare der Gattung *Lamprotornis* Teil 1. Die Voliere 27: 260–265
Neumann, R. (2000): Zucht des Grünschwanzglanzstar. AZ-Nachrichten 47 (3): 131

Neumann, R. (2000): Zucht des Purpurglanzstar. AZ-Nachrichten 47 (10): 541–542

Neumann, R. (2003): Geschlechtsbestimmung und Zuchterfahrungen mit dem Purpurglanzstar. AZ-Nachrichten 50 (3): 76–77

Pagel, T. (1988): Der Prachtglanzstar *Lamprotornis splendidus*. AZ-Nachrichten 35 (12): 741–742

Pagel, T. (1988): Der Rotschnabel-Madenhacker *Buphagus erythrorhynchus*. AZ-Nachrichten 35 (7): 453–455

Pagel, T. (1989): Der Purpurglanzstar *Lamprotornis purpureus*. AZ-Nachrichten 36 (6): 358–360

Pagel, T. (sen.) & T. Pagel (1988): Der Schiller- oder Smaragd-Glanzstar *Coccycolius iris*. AZ-Nachrichten 35 (3): 153–154

Königsparadiesvogel
Cicinnurus regius

Jensen, S. B. und Hammer C. (2003): Paradiesvögel-ihre Haltung und Zucht im Al Wabra Wildlife Preservation in Katar. Gef. Welt 127: 262–265

Sutter, E. & Linsenmaier, W. (1955): Paradiesvögel und Kolibris. Bilder aus dem Leben der Tropenvögel. – Zürich

Stresemann, E. (1954): Die Entdeckungsgeschichte der Paradiesvögel. – Journal of Ornithology 95(3–4): 263–291

Wallace, A. R. (1869): Das Malayische Archipel. – Braunschweig (??)

Lappenschnäpper
Platysteira cyanea

Broeckhuysen, G.J. (1958): Notes on the breeding behaviour of the Cape Flycatcher *Batis capensis*. Ostrich 29: 143–152

Kleefisch, T. jr. (1987): Der Braunkehl-Lappenschnäpper (*Platysteira cyanea*). Trochilus 8: 77–82

Kraus, K. (1984): Wiedereinfuhr zweier seltener Schnäpperarten aus Afrika. Trochilus 5: 48–53

Madagaskar-Fruchttaube
Alectroenas madagascariensis

Gibbs, D., Barnes, E. & J., Cox (2001): Pigeons and Doves. Yale University Press, New Haven and London

Malaienstar
Aplonis panayensis

Meier, G. (1983): Jallastare im Freiflug. Trochilus 10: 20–23

Maskenkiebitz
Vanellus miles

Berenz, R. (2002): Der Kronenkiebitz. Die Voliere 25: 284–285

Hachfeld, B. (2003): Der Spornkiebitz – ein seltener Pflegling. Die Voliere 26: 164–166

Herzig, A. (2003): Handaufzucht von Waffenkiebitzen mit einigen Problemen. Gef. Welt 127: 74–75;

Laubscher, C. (2001): Senegalkiebitz. AZ-Nachrichten 48 (1): 12–13

Pagel, T. (sen.) & T. Pagel (1987): Der Langzehenkiebitz *Hemipara crassirostris*. AZ-Nachrichten 34 (10): 606–607

Pagel, T. (2004): Kaptriel (*Burhinus capensis*) – Freileben, Haltung und Zucht. Die Voliere 27 (4): 112–114

Pfeffer, F. (2001): Lappenkiebitz in Österreich gezüchtet. Gef. Welt 125 (9): 343–345

Montezuma-Stirnvogel
Psarocolius montezuma

Howell, S. N. G. , Webb, S. (1994): A Guide to the Birds of Mexico and Northern Central America. Oxford University Press;

Jaramillo, A., Burke, P. (1999): New World Blackbirds: The Icterids. Christopher Helm Publishers;

Stiles, F. G., Skutch, A. F. (1990): A guide to the birds of Costa Rica. Cornell University Press

Omeihäherling
Liocichla omeiensis

Jähne, W. (2004): Brustbandhäherlinge – liebenswerte Vogelkobolde. Gef. Welt 128: 166–169

Orangebauch-Blattvogel
Chloropsis hardwickii

Brunkhorst, M. (1999): Endlich Nachzucht beim Orangebauch-Blattvogel. Gef. Welt 123: 166–169

Günther, E. (2004): Erlebnisse mit dem Orangebauchblattvogel. Gef. Welt 128: 364–368

Günther, E. (2004): VZE-Erstzucht des Orangebauch-Blattvogels. VZE Vogelwelt 49: 85–88

Pflüger, H. (1989): Meine Haltung und Zucht des Hardwicks-Blattvogel. Gef. Welt 113: 364

Smeets, G. (2007): Orangebauch-Blattvögel-ihre Haltung und Zucht. Gef. Welt 131: 330–331

Pagodenstar
Temenuchus pagodarum

Hofmann, H. (2000): Der Mongolenstar. AZ-Nachrichten 47 (2): 57

Meier, G. (1988): Pagodenstare im Freiflug. Die Voliere 11: 205–207
Pagel, T.(sen.) & T. Pagel (1988): Der Pagodenstar *Temenuchus pagodarum*. AZ-Nachrichten 35 (6): 359–360
Pagel, T. (1989): Zucht des Pagodenstars *Temenuchus pagodarum*. AZ-Nachrichten 36 (12): 787–789
Sieber, J., (1984): Beiträge zur Biologie des Schwarzhalsstares. Die Voliere 7: 299–301
Sieber, J. (1982): Jugendentwicklung des Hirtenstars. Die Voliere 1: 10–13

Papageibreitrachen
Psarisomus dalhousiae
Pagel; T. (1988): Der Papageibreitrachen *Psarisomus dalhousiae*. AZ-Nachrichten 35 (8): 476–478;
Stadler, S.G. und Staacke, J. (1994): Haltung und Zucht des Papagei-Breitrachens. Gef. Welt 118: 303–306

Paradiestangare
Tangara chilensis
Engelmann, H.R. (1978): Pflege und Zucht der Azurkopf- oder Blaukopftangare. Die Voliere 10 (): 342–344
Kainz, F., Stefan, St. & O. Urlepp (2004): Gelungen Zucht der Azurkopftangare. Gef. Welt 128: 50–51
Kleefisch, T. jr. (1983): Die Schwalbentangare (*Tersina viridis*). Gef. Welt 107: 118; Kleefisch, T. jr. (1986): Seltene Importe: Die Rotstirntangare (*Tangara parzudakii*). Die Voliere 9: 57
Kleefisch, T. jr. (1991): Die Zucht der Rotbauchtangare *Tangara velia*. Gef. Welt 115: 338–340
Vandieken, J. (2008): Isabelltangaren-ihre Haltung und Zucht. Gef. Welt 132: 8–13

Prachtfruchttaube
Ptilinopus superbus
Brunkhorst, M. (1998): Gelungene Zucht der Pracht-Fruchttaube, Gef. Welt 122: 139–140
Haefelin, H. (1989): Eine fast gelungene Zucht der Pracht-Fruchttaube (*Ptilinopus superbus*). Gef. Welt 113: 8–10
Storch, E. (2004): Erstzucht meiner Rothals-Fruchttauben. VZE Vogelwelt 49: 2–3
Wrage, H. (2004): Die Rosenhals-Fruchttaube (*Ptilinopus porphyreus*). VZE Vogelwelt 49: 227–230
Zenker, C. (2007): Ein Edelstein unter den Fruchttauben: Die Rothals-Fruchttaube. VZE Vogelwelt 52: 349–352
Zenker, C. (2008): Zucht der Purpurbrust-Fruchttaube. VZE Vogelwelt 54: 109–115

Riesentukan
Ramphastos toco
Brehm, W.W. (1968): Welt-Erstzucht des Bunttukans im Vogelpark Walsrode. Gef. Welt 92: 41–42
Büngener, W. (1989): Tukane und Arassaris. Gef. Welt 113: 73–76
Dühr, D. (1999): Emerald Forest Bird Gardens – die größte Tukanzuchtanlage der Welt. Gef. Welt 123: 186–188
Lantermann, W. (2002): Tukane und Arassaris. Fürth.
Low, R. (1994). Die Zucht des Riesentukans. Die Voliere 17: 171–175
Low, R. (2000): Tukane – auffällige und farbenprächtige Vögel. Gef. Welt 124: 192–193
Neunteufel, A. (1951): Aufzucht und Fang von Tukanen. Gef. Welt 75: 81–83
Ruiter de, M. (1994): Zucht des Riesentukans. Gef. Welt 118: 41; 244–246
Schlenker, H. & W. Lantermann (2000): Notizen zur Haltung von Tukanen und Arassaris. Gef. Welt 124: 132–134, 163–165
Schürer, U. (1987): Die Zucht des Riesentukans (*Ramphastos toco*) im Zologischen Garten Wuppertal. Z. Kölner Zoo 30: 97–99
Schütter, F. (2000): Tukane erfolgreich gehalten und gezüchtet. Gef. Welt 124: 79–82
Walter, B. (1999): Erfolgreiche Zucht des Rotschnabeltukans. Die Voliere 22: 82–87
Wurst, K. (2003): Die Zucht des Schwarznacken-Arassari. AZ-Nachrichten 50 (9): 261–263

Rosenstar
Pastor roseus
Uebele, H, (1998): Rosenstare erfolgreich gezüchtet! Gef. Welt 123: 366–369

Rostkappen-Schwanzmeise
Aegithalos concinnus
Delfs, K. (2004): Rostkappenschwanzmeise – ihre Haltung und (Erst)zucht? AZ-Nachrichten 51 (10): 266
Löhrl, H. (1962): Importierte Meisen. Gef. Welt 86: 61–62;
Lölfing, H. (1983): Asiatische Meisen – empfehlenswerte Pfleglinge. Trochilus 4: 81–85
Wittig, W. (2004): Nachwuchs bei den Schmuckmeisen. Gef. Welt 128: 9–11

Rotbauch-Blauschnäpper
Niltava sundara
Giebing, M. (2002): Der Japanschnäpper. Die Voliere 12: 371
Goldhahn, L. (1997): Haltung und Zucht des Rotbauchniltava. Die Voliere 20: 68–75

Goldhahn, L (1998): Schatten und Licht: Die Zucht des Kobaltniltavas. Die Voliere 21: 139–144

Hachfeld, B. (1982): Biologie und Haltung des Japanschnäppers (Cyanoptila cyanomelana Temm, 1828). Trochilus 3: 31–35

Hachfeld, B. (1980): Die Sibirische Blaunachtigall und das Graue Buschkehlchen. Die Voliere 3: 23–27

Hachfeld, B. (1990): Der Rotbauchniltava. Die Voliere 14: 132–135

Lenz, R. (2004): Beliebte Fliegenschnäpper: Die Braunbrüstigen. Gef. Welt 128: 242–244

Löhrl, H. (1966): Erste Gefangenschaftszucht von Niltava tickelliae (Braunkehliger Blauschnäpper). Gef. Welt 90: 101

Löhrl, H. (1971): Zucht des Zimtfleckschnäppers . Gef. Welt 95: 41

Löhrl, H. (1971): Zur Zucht des Niltava-Schnäppers (Niltava sundara). Gef. Welt 92: 61

Löhrl, H. (1990): Der Meerblaue Fliegenschnäpper, Eumyias (Muscicapa) thalassina). Trochilus 11: 70–74

Löhrl, H. (1991): Der Brauenschnäpper Muscicapula superciliaris. Trochilus 12: 134–139

Löhrl, H. (1992): Ficedula westermanni – der Westermann-Schnäpper oder Elsterschnäpper. Tropische Vögel 13: 55–60

Löhrl, H. (1992): Siphia strophiata, der Zimtfleckschnäpper. Trochilus 13: 3–8

Löhrl, H. (1990): Der Rotbauchniltava Niltava sundara. Trochilus 11: 35–40

Kleefisch, T. jr. (1989): Der Brauenschnäpper, Muscicapula superciliaris (Jerdon, 1840). Trochilus 10: 43–47

Kracht, W. (1959): Der Japanische Blauschnäpper. Gef. Welt 83: 222

Mahl, M. (2007): Naturbrut und Handaufzucht meiner Rotbauchniltavas. AZ-Nachrichten 54 (4): 129–130

Pagel, T. (1989): Der Graubrustparadiesschnäpper Terpsiphone viridis. AZ-Nachrichten 36 (7): 446–448

Rotkappen-Fruchttaube
Ptilinopus pulchellus

Günther, E. (2006): Die Veilchenkappen-Fruchttaube (Ptilinopus coronolatus). VZE Vogelwelt 51: 134–139;

Zenker, R. und C. (2005): Rotkappen-Fruchttaube. VZE Vogelwelt 50:16–18

Rotohrbülbül
Pycnonotus jocosus

Benitz, J. (1996): Haltung und Zucht des Kotilangbülbüls. Die Voliere 19: 118–119

Declair, A. (2006): Der Rotohrbülbül – ein interessanter Volierenbewohner. Die Voliere 29 (5): 142–146

Pleimann; P. (2004): Der Rotohrbülbül – Haltung und Zucht. AZ-Nachrichten 51 (9): 234–235

Sohtke, H. (1982): Erkenntnisse über Haltung und Zucht des Rotohrbülbüls (Pycnonotus jocosus). Gef. Welt 106: 28–30

Reinkemeier, K. (2003): Meine Erfahrungen mit Weißohrbülbüls. Gef, Welt 127: 370–371

Urbasch, I. (2004): Der Grünflügel-Bülbül – ein sangesfreudiger Haarvogel aus der orientalischen Bergwaldregion. Die Voliere 27: 158–159

Hachfeld, B. (1980): Bülbüls – ihre Biologie und Haltung in Gefangenschaft. Die Voliere 3: 158–161

Kraus, K. (1982): Erfolgreiche Zucht des Goldzügelbülbüls (Loidorusa bimaculata). Trochilus 3: 71–76

Kraus, K. (1983): Der Goldbrustbülbül (Rubigula melanictera) – ein selten eingeführter Haarvogel aus Asien. Trochilus 4: 51–55

Kraus, K. (1984): Bülbüls (Pycnonotidae) – Biologie und Haltung. Trochilus 1: 5–19

Kraus, K. (1984): Der Braunohrbülbül (Hemixos flavala Blyth, 1845). Trochilus 5: 91–92

Kraus, K. (1986): Der Goldbrustbülbül (Rubigula melanictera, Gmel. 1789) – ein selten eingeführter Haarvogel aus Asien. Trochilus 4: 98–101

Mausberger, G. (1991): Zur Lebensweise des Gartenbülbüls, Pycnonotus sinensis (Gmelin, 1789). Trochilus 12: 3–9

Rotschnabelkitta
Urocissa erythrorhyncha

Madge, S., Burn, H. (1994): Crows and Jays. London

Rotschopfturako
Tauraco erythrolophus

Berenz, R. (1996): Haltung und Zucht von Hartlaubturakos . Die Voliere 19: 352–356

Berenz, R. (2002): Haltung und Zucht von Turakos und Lärmvögeln. Die Voliere 25: 100–106, 169–173

Everitt, C. (1965: Breeding the White-cheeked Touraco. Avic. Mag. 71: 24–27;

Pagel, T. sen. (1984): Der Hartlaubturako. AZN 31: 243–244

Pagel, T. sen. (1985): Schwarzschwanzlärmvogel. AZN 32: 515–516

Pagel, T. & T. Pagel (1987): Der Schalow's Turako. AZN 34: 335–357

Pagel; T. (1988): Der Fischerturako Tauraco fischeri. AZ-Nachrichten 35 (9): 580–581

Pagel, T. (sen.) & T. Pagel (1987): Der Schalow's Turako *Tauraco livingstoni schalowi*. AZ-Nachrichten 34 (6): 355–357

Schöttgen, U. (1989): Haltung und Zucht von Turakos. Gef. Welt 113: 6–8

Rotschwanzhäherling
Trochalopteron milnei

Erler, A. (1983): Rotkopfhäherling. AZ-Nachrichten 30: 167–169

Fischer, S. (2005): Eine Voliere für Häherlinge. Gef. Welt 129 (19): 306–307

Fischer, W, (1995): Häherlinge. Gef. Welt 119: 185–189, 296

Fischer, W. (2000): Der Schwarzscheitelhäherling. Die Voliere 23: 275–277

Fischer, W. (2001): Der Karminflügelhäherling. Die Voliere 24: 154–157

Jendrzeizyk, W. (2001): Rotschwanzhäherling. AZ-Nachrichten 48 (7): 311

Kampa, R. (1990): Zuchtversuch mit Augenbrauenhäherlingen. Die Voliere 13: 199–202

Kaspar, H. (2005): Der Grauhäherling – sein Pflege und Zucht. Gef. Welt 129 (6): 178–179;

Kleefisch; T. (2004): Der Waldhäherling im indischen Sikkim. Gef. Welt 128: 177–179

Nagott, M. (1995): Die geglückte Zucht des Karminflügelhäherlings. Gef. Welt 119: 140

Neff, R. (2004): Der Waldhäherling – eine außergewöhnliche Erscheinung.

Oldenettel, J. (1994): Der Waldhäherling. Gef. Welt 118: 289–299

Schleussner, G. (1983): Erfolgreiche Volierenbrut des Augenbrauenhäherlings. Gef. Welt 107: 33–36, 69–71

Winkendick, R. (1993): Haltungserfahrungen mit Weißohrhäherlingen. Die Voliere 12: 384–386

Rotstirn-Blatthühnchen
Jacana jacana

Pagel, T. (1989): Das Blaustirnblatthühnchen *Actophilornis africanus*. AZ-Nachrichten 36 (1): 57–58

Grotelüschen, D. (1999): Geglückte Freilandzucht des Rotstirn-Jassana. Gef. Welt 123 (8): 297–299

Rubinkehlchen
Luscinia calliope

Hahn, R. (1984): Das Rubinkehlchen im Dschungel der Artenschutzgesetzgebung. Gef. Welt 108: 114–115

Muth, B. (1995): Das Bergrubinkehlchen: Freileben. Die Voliere 18: 196–201

Muth, B. (1997): Das Bergrubinkehlchen: Haltung und Zucht. Die Voliere 20: 164–170;

Wendt, T. (2002): Meine Erfahrungen mit Rubinkehlchen. Die Voliere 25: 132–135

Rubintyrann
Pyrocephalus rubinus

Brandstätter, F. (2005): Der Litormaskentyrann in einer großräumigen Lebensraumanlage. Gef. Welt 129: 148–149

Schamadrossel
Copsychus malabaricus

Dost, H. (1960): Die Schamadrossel. Sonderheft Gef. Welt., 2. Aufl.

Hachfeld, B. (2004): Eine schwarzschwänzige Inselform der Schama (*Copsychus malabaricus nigricauda*) – erste Erfahrungen. Die Voliere 27: 39–43

Mayer, S. (1996): Haltung und Zucht der Schamadrossel. Die Voliere 19: 228–231

Mayer, H. (1993): Die Dajaldrossel. Die Voliere 16: 156–157

Nordheim, R. (2005): Die Schamdrossel von Sumatra. Die Voliere 28: 68–74

Schmidt, E. (1988): Zwanzig Jahre Schamapflege. Gef. Welt 112: 106

Weischer, M. (1989): Meine Zucht der Schamadrossel, Gef. Welt 113: 202

Zysk, R. (1987): Hinweise zur Zucht von Schamadrosseln. Gef. Welt 111: 235/262

Scharlachspint
Merops nubicus

Fischer, W. (2001): Der Malaienspint. Die Voliere 24: 314–317

Fry, C. H. (1984): The Bee-eaters. Calton

Klapste, J. (1983): Der Celebesspint (*Meropogon forsteni* Bonap., 1850). Trochilus 4: 41–44

Lietzow, E. (2002): Bau und Einrichtung Voliere für Spinte. Die Voliere 25: 4–8

Lietzow, E. (2003): Afrikas Spinte im Freiland und in der Voliere: Ihre Haltung und Zucht. Die Voliere 26: 196–202, 228–243

Pagel, T. (1989): Die Haltung von Spinten. AZ-Nachrichten 36 (2): 126–128

Pagel, T. (1995): Erfahrungen in der Haltung und wiederholten Zucht des Weißstirnspintes (*Merops bullockoides*) im Zoologischen Garten Köln. Zeitschrift des Kölner Zoo 38 (4): 147–155;

Pagel, T. (1995): Zucht und Haltung des Weißstirnspintes. Gef. Welt 119 (2): 50–54

Pagel, T. (1997): Experiences in keeping and breeding the White-fronted Bee-eater (*Merops bullockoides*) in the Zoological Garden Cologne. Avic. Mag. 103: 20–27

Pagel, T. (2003): Biologie, Haltung und Zucht von Spinten am Beispiel des Weißstirnspintes (*Merops bullockoides*) im Zoo Köln. Zool. Garten N.F. (6): 1–22

Pagel, T. (sen.) & T. Pagel (1987): Der Weißkehlspint *Aerops albicollis*. AZ-Nachrichten 34 (3): 169–171

Schildturako
Musophaga violacea

Bötticher, H. (1937): Die Turakos. Gef. Welt 66: 46, 48, 66

Bötticher, H. (1938): Die Lärmvögel, gef. Welt 67: 13, 67

Bötticher, H. (1959): Die Pfefferfresser. Wittenberg-Lutherstadt

Gürtler, W.-D. (1999): Zur Zucht des Schildturako. Gef. Welt 123 (3): 102–105

Pagel, T. sen. (1985): Der Schildturako. AZN 32: 78–79

Pagel, T. (1992): Über die Haltung und Zucht von „Pisangfressern" im Zoo Köln. Gefiederte Welt 116 (10/11): 330–334 u. 374–376

Schmalschnabelstar
Scissirostrum dubium

Kraus, K. (1985): Beobachtungen zum Verhalten und zur Brutbiologie des Schmalschnabelstars (*Scissirostrum dubium*). Trochilus 6: 71–79

Meier, G. (1991): Beobachtungen bei der Zucht von Schmalschnabelstaren *Scissirostrum dubium*). Tropische Vögel 12: 102–103

Schneescheitelrötel
Cossypha niveicapilla

Ammermann, D. & B. Hachfeld (2001): Erfahrungen mit Tropfenröteln. Die Voliere 24: 283–285

Giebing, M. (2003): Der Wasserrötel. Die Voliere 26: 100–104

Haber. H. (2003): Erste Erfahrungen mit dem Grauflügelrötel. Die Voliere 26: 208–210

Hachfeld, B. (1995): Formosarötel. Die Voliere 18: 160; Hachfeld, B. (1996): Baumrötel. Die Voliere 19: 64

Hachfeld, B. (2002): Der Sternrötel – eine wenig bekannte Vogelart Afrikas. Die Voliere: 279–282

Hachfeld, B. (2004): Beobachtungen an Natalröteln. Die Voliere 27: 68–73

Hachfeld, B. (1982): Der Tropfenrötel (*Cichladusa guttata*). Die Voliere 5: 144–146

Hachfeld, B. (1992): Biologie und Haltung des Amurrötels. Die Voliere 15: 252–253

Hachfeld, B. (1992): Haltung und Zucht des Weißscheitelrötels. Die Voliere 15: 324–330

Hachfeld, B. (2000): Der Weißkehlrötel – ein wenig bekannter Singvogel Afrikas. Die Voliere 23: 324–329

Hachfeld, B. (2005): Zuchtversuche mit dem Blauschulterrötel. Die Voliere 28 (9): 280–284

Hempel, J. (1985): Über die Zucht des Weißscheitelrötels (*Cossypha niveicapilla*). Gef. Welt 109: 38

Matzinger, U. (1982): Zucht des Weißscheitelrötels (*Cossypha niveicapilla*). Gef. Welt 106: 81–83

Schnaible, H. (1982): Brutbiologische Beobachtung am Bergrötel (*Monticola cinclorhyncha*). Trochilus 3: 4–7

Schnaible, H. (1983): Weitere Zuchterfolge mit Blauschulterröteln. Trochilus 4: 20–22

Zapletal, M. (1987): Aufgaben der Partner eines Weißbrauenrötel-Paares bei der Brut. Gef. Welt 11: 176–178, 207–209

Schwarzbrustdrossel
Turdus dissimillis

Kleefisch, T. (2005): Die Rotkappendrossel. Gef. Welt 129 (3): 75

Stahl, J. (2006): Erfahrungen mit der Schwarzbrustdrossel. Gef. Welt 130: 20–23

Schwarznackenpirol
Oriolus chinensis

Neff, R. (2003): Der Pirol – ein Exot in unserer Vogelwelt. Gef. Welt 127: 326–329/366–368

Ruiter de, M. (1995): Zur Haltung und Zucht von Streifenpirolen. Die Voliere 74–75

Rasmussen, P.C. & Anderton, J.C. (2005): Birds of South Asia. The Ripley Guide. Smithsonian Institution and Lynx edicions

Sichelschnabelvanga
Falculea palliata

Marcordes B., Rinke, D. (2001): Madegassische Raritäten im Vogelpark Walsrode (Teil III): Daer Sichelvanga. Gef. Welt 125: 83–85

Silberohr-Sonnenvogel
Mesia argentauri

Bartsch, C., Pagel, T. & W. Steinigeweg (2000): Mindestanforderungen für die Haltung von Augenbrauenhäherling (*Garrulax canorus*), Silberohrsonnenvogel (*Leiothrix argentauris*), Sonnenvogel (*Leiothrix lutea*) und Beo (*Gracula religiosa*). Gutachten, erstellt im Auftrag des Bundesamtes für Naturschutz, Bonn

Giebing, M. (1995): Die Zucht des Silberohrsonnenvogels. Die Voliere 18: 112–114

Hachfeld, B. (1982): Der Silberohrsonnenvogel (*Leiothrix argentauris*). Die Voliere 5: 62–65

Hachfeld, B. (1989): Kurzmonographie Silberohrsonnenvogel. Die Voliere 12: 120–121

Karsten, P. (2007): Pekin Robins and small softbills: managment and breeding. Surrey

Karsten, P. (2007): Zuchterfahrungen mit Silberohr-Sonnenvögeln. Gef. Welt 131 (7): 202–205

Neumann, R. (1982): Die Zucht des Silberohrsonnenvogels. Die Voliere 5: 235

Schiel, K. (1983): Haltung und Zucht des Silberohrsonnenvogels. Trochilus 4: 19–20

Sonnenvogel
Leiothrix lutea

Bartsch, C., Pagel, T. & W. Steinigeweg (2000): Mindestanforderungen für die Haltung von Augenbrauenhäherling (*Garrulax canorus*), Silberohrsonnenvogel (*Leiothrix argentauris*), Sonnenvogel (*Leiothrix lutea*) und Beo (*Gracula religiosa*). Gutachten, erstellt im Auftrag des Bundesamtes für Naturschutz, Bonn

Bünning, H.-H. (1994): Der Sonnenvogel. Die Voliere 17: 24–25; Giebing, M. (2002): Der Sonnenvogel. AZ-Nachrichten 49 (9): 326–327

Hachfeld, B. (1978): Asiatische Timalien – Ihre Biologie, Haltung und Pflege. Voliere 1: 51–54

Karsten, P. (2002): Pekin Robins: Information on their care and breeding. The AFA Watchbird 29 (2): 56–68

Kracht, W. (1955): Timalien – Sonnenvögel – Hügelmeisen. Gef. Welt 79: 151, 175

Ohlig, L. (1983): Zucht des Sonnenvogels. Die Voliere 6:72

Pleimann, P. (2004): Chinanachtigall oder Sonnenvogel in der Voliere und im Freiflug. AZ-Nachrichten 51 (7): 187

Stephan, H. (2005): Erfahrungen mit dem Sonnenvogel. Die Voliere 28 (7): 201–202

Vit, R. (1998): Der Sonnenvogel und sein Zucht. Die Voliere 21: 187–189

Winkendick, R. (1983): Die Zucht des Sonnenvogels. Die Voliere 6: 134

Spiegel-Rotschwanz
Phoenicurus auroreus

Beisenherz, W. (1970): Der Diademrotschwanz (*Phoenicurus moussieri*). Gef. Welt 94: 30

Blotzheim von (Hrsg.), U.N.: Band 11. Passeriformes (Teil 2). Aula-Verlag, Wiesbaden 1988 (2.Aufl.). Teilband 1

Dachsel, M. (1962): Cistensänger und Diademrotschwanz. Gef. Welt 193

Kirschke, S. (2007): Probleme bei der Zucht von Schmadrosseln und Spiegelrotschwänzen. AZ-Nachrichten 54 (7) 254–256

Neff, R. (1989): Der Bachrotschwanz. Gef. Welt 113: 332, 362

Stahl, J. (2004): Haltungs- und Zuchterfahrungen mit dem Spiegelrotschwanz. Gef. Welt 128: 294–298

Stahl, J. (1990): Der Bachrotschwanz oder Wasserrötel. AZ-Nachrichten 37: 667–671

Wendt, T. (2001): Der Spiegelrotschwanz – ein hübscher und interessanter Vogel. Die Voliere 24: 176–181

Spitzschopf-Seidenkuckuck
Coua cristata

Appert, O. (1970): Zur Biologie einiger Kua-Arten Madagaskars (Aves, Cuculi). Zool. Jb. Syst. 97: 424–453

Del Hoyo, J., Elliott, A. & Sargatal, J. eds. (1997): Handbook of the Birds of the World. Vol. 4. Lynx Edicions, Barcelona

Langrand, O. (1990): Guide to the Birds of Madagascar. Vail-Ballou Press, Binghamton, New York

Marcordes, B. & Rinke, D. (2000): Madegassische Raritäten im Vogelpark Walsrode, (Teil II) – Der Mähnenibis oder Akohala (*Lophotibis cristata*). Gef. Welt 124: 189–191

Perschke, M. (1999): Streifzüge durch die Vogelwelt Madagaskars. Gef. Welt 123: 182–185, 226–230

Sumbawadrossel
Zoothera dohertyi

Benitz, J. (2001): Haltung und Zucht der Schieferdrossel. Die Voliere 24: 347–349

Benitz, J. (2005): Haltung und Zucht der Scheckendrossel. Die Voliere 28: 100–104

Borgstein, M. (2000): Die Sundaschnäpperdrossel oder Blau-Cochoa. Die Voliere 23: 380–381

Cornet, R. (2005): Die Sumbawadrossel – ein glücklicher Zufall. Gef. Welt 129 (3): 73–74

Fischer, W. (1996): Die Rotfußdrossel. Die Voliere 19: 79–82

Hachfeld, B. (2000): Die Sumbawadrossel (*Geokichla dohertyi*) – ein Regenwaldbewohner Indonesiens. Die Voliere 23: 79–82

Hachfeld, B. (2000): Die Rotkappendrossel – eine wenig bekannte Grunddrossel aus Südostasien. Die Voliere 23: 36–39

Kotzanek, J. (2001): Erstzucht der Sumbawadrossel. Die Voliere 24: 83–85

Türkisblaue Kotinga
Cotinga cayana

Alker, D., Prestel, D. & K.L. Schuchmamm (1982): Biologie und Haltung der Schnurrvögel (Pipridae). Trochilus (3): 113–121

Furrer, S.C., Wüst M. und Kehl, A. (2007): Nachzucht bei Weißschwanztrogon und Türkisblauer Kotinga. Gef. Welt 131: 170–172

Low, R. (2005): Kotingas – der Inbegriff von Schönheit. Gef. Welt 129 (1): 14–16

Ridgely, R. S., Tudor, G. & Brown, W. L. (1989): The Birds of South America. University of Texas Press

Türkisfeenvogel
Irena puella

Hachfeld, B. (1988): Der Elfen-Blauvogel. Die Voliere 11: 338–341

Kleefisch, T. (1993): Haltung und Zucht des Elfen-Blauvogels. Gef. Welt 117: 42–44

Knöckel, H. (1989): Beitrag zur Haltung und Zucht des Elfen-Blauvogels. Gef. Welt 113: 70–72

Rosemann, H. (1976): Der Elfenblauvogel (*Irena puella*). Einige Bemerkungen z u seinem Verhalten. Gef. Welt 100: 154

Suchanek, M. (1992): Erfahrungen mit den Elfenblauvögeln. Gef. Welt 116: 123–124

Türkis-Naschvogel
Cyanerpes cyaneus

Bauer, K. (1967): Über die gelungene Zucht des blauen Honigsaugers. Gef. Freund 14: 53

Breitenbach, M. (1981): Die Zuckervögel. Die Voliere 4: 24

Haefelin, H. (2008): Der Türkisnaschvogel. Gef. Welt 132: 21

Haefelin, H. (2007): Der Türkisnaschvogel-Nachzucht in Gemeinschaftshaltung. Gef. Welt 131: 332–334

Hüning, W. (1998): Der Purpurnaschvogel. Gef. Welt 122: 52–55

Hüning, W. (1996): Der Türkisnaschvogel. Die Voliere 19: 154–157

Noorgard-Olesen, E. (1962): Breeding the Blue Sugar Bird (*Dacnis cayana*). Avic. Magazine 68 (6): 211

Reinwarth, P. (1995): Unterbringung, Brut und Aufzucht des Purpurnaschvogels, Gef. Welt 119: 182–184/232–234

Veilchenohrkolibri
Colibri coruscans

Folger, H. (1982): Kolibris: Ihre Lebensweise und Haltung. Verlag Eugen Ulmer, Stuttgart

Hüning, W. (1985): Die Zucht von *Colibri coruscans* in der Freivoliere. Trochilus 6: 59–62

Hüning, W. (1986). Einundzwanzig Jahre Kolibrihaltung in der Tropenvoliere. Die Voliere 9: 229–233

Johnsgard, P.A. (1983): The hummingbirds of North Amerietwa Smithsonian Institution Press, Washington DC

Poley, D. (1968): Experimentelle Untersuchungen zur Nahrungssuche und Nahrungsaufnahme der Kolibris. Bonn. zool. Beitr. 19, 111–156

Poley, D. (1994): Kolibris. N. Brehm-Büch. 484, Westarp Wissenschaften, Magdeburg

Schuchmann K.L., Schmidt-Marloh, D & H. Bell (1979): Energetische Untersuchungen bei einer tropischen Kolibriart (*Amazilia tzacatl*). J. Orn. 120, 78–8

Von-der-Decken-Toko
Tockus deckeni

Artmann, A. (1992): Erfolgreiche Handaufzucht des Tarictic-Hornvogels im Vogelpark Schmieding. Die Voliere 15: 136–138

Gürtler, W.-D. (2000): Grautokos – ihr Nist und Brutverhalten. Gef. Welt 124: 20–23

Jennings, J. T. & R. Rundel (1976): First captive breeding of the Tarictic hornbill. Int. Zoo Yearbook 16: 98–99

Pagel, T. (sen.) & T. Pagel (1987): Der Rotschnabeltoko *Tockus erythrorhynchus*. AZ-Nachrichten 34 (2): 105–106

Poosnwad, P. & A. C. Kemp (1993): Asian Hornbills. Bangkok; Kemp, A.C. (1995): The Hornbills. Oxford

Weißbrustralle
Laterallus leucophyrrus

Bregulla, H. (1984): Die gebänderte Ralle. Gef. Welt 246–248 u. 272–274

Curio, E. (1991): Ein Nest der Bänderralle (*Rallus philippensis*) auf Tonga. Trochilus 12: 104–106

Giebing, M. (2003): Die Mohrenralle. AZ-Nachrichten 50 (11): 312–313

Giebing, M. (2003): Biologie des Purpurhuhns. AZ-Nachrichten 50 (2): 38–39

Meise, W. (1934): Zur Biologie der Brasilien-Zwergralle. J. f. Orn 82: 257–268

Mohn, G. (1987): Die Zucht der Weißbauchzwergralle (*Lateralis leucopyrrhus*). Trochilus 8: 66

Weißhaubenhäherling
Garrulax leucolophus

Andersson, M. (2001): Meine Erfahrungen mit dem Augenbrauenhäherling. Gef. Welt 125: 268–269

Fischer, W. (1996): Weißhaubenhäherlinge. Geflügel-Börse

Fischer, W. (1999): Der Weißhaubenhäherling. Die Voliere 22: 149–152

Fischer, W. (2003): Der Augenbrauenhäherling – ein Gesangstalent. Die Voliere 26: 174–178

Fischer, W. (2004): Der Waldhäherling. Die Voliere 27: 25–26

Hachfeld, B. (1991): Weißohrhäherling. Die Voliere 14: 96

Weißschwanztrogon
Trogon viridis

Bielfeld, H. (2003): Märchenhaft schöne Trogons. Gefiederter Freund 50, 12–14

Furrer, S.C., Wüst, M. und Kehl, A. (2007): Nachzucht bei Weißschwanztrogon und Türkisblauer Kotinga. Gef. Welt 131: 170–172

Rinke, D. und Marcordes, B. (2002): Nachwuchs bei drei Arten asiatischer Trogone. Gef. Welt 126: 402–406

Rinke, D., Müller, M. und Magnus, W. (1996): Erfahrungen mit Weißschwanztrogonen, Gef: Welt 120: 345–347

Abkürzungen

AZ	Vereinigung für Artenschutz, Vogelhaltung und Vogelzucht (AZ) e.V.
BartschV	Bundesartenschutzverordnung
BNA	Bundesverband für fachgerechten Natur- und Artenschutz e.V.
BfN	Bundesamt für Naturschutz
CITES	Convention on International Trade in Endangered Species of Wild Fauna and Flora = Übereinkommen über den Handel mit bedrohten Arten
DKB	Deutscher Kanarien- und Vogelzüchter-Bund (DKB) e.V.
DNA	Desoxyribonucleinsäure (Träger der Erbinformation)
EAZA	European Association of Zoos and Aquaria = Europäischer Zooverband
EEP	Europäisches Erhaltungszuchtprogramm
EG	Europäische Gemeinschaft
ESB	Europäisches Zuchtbuch
GTO	Gesellschaft für Tropenornithologie e.V.
IATA	International Animal Transport Association = Internationale Tiertransportorganisation
ISIS	International Species Inventory System = internationale Tierdatenbank
LAR	Live Animal Regulations = Lufttransportregeln für Tiere
NatSchG	Naturschutzgesetz
TAG	Taxon Advisory Group = Taxon Fachgruppe
TschG	Tierschutzgesetz
UV-Licht	Ultraviolettes Licht
VZE	Vereinigung für Zucht und Erhaltung einheimischer und fremdländischer Vögel (VZE) e.V.
WA	Washingtoner Artenschutzübereinkommen
ZGAP	Zoologische Gesellschaft für Arten- und Populationsschutz (ZGAP) e.V.

Register

A

Abgebrochene Federn 23
Abgrenzung 20
Acapulcoblauarabe 138
Aegithalidae 124
Aegithalos concinnus 124
Afrikanische Schmätzerdrossel 106
Akklimatisation 24
Akklimatisierung 27
Alcedinidae 74
Alcippen 122, 123
Alectroenas madagascariensis 61
Allen's Riedhuhn 53
Allgemeinzustand 25
Amethyst-Glanzköpfchen 126
Ammerntangaren 150
Amurrötel 106
Anatomie 14
Andean Cock-of-the-Rock 96
Andenfelsenhahn 96
Aplonis panayensis 141
Apodiformes 69
Art 52
Artkommission 39
Aschegehalt 35
Asian Fairy-Bluebird 102
Asian Glossy Starling 141
Aspergillose 45
Atemgeräusche 25
Augenbrauenhäherling 118
Außenbereich 18
Außenvoliere 17
Australian Magpie 134
Aviäre Tuberkulose 27
Avitaminose 34
AZ 13, 40
Azurblauarabe 138
Azurkopftangare 152

B

Bachrotschwanz 110
Badebecken 35
Badewasser 35
Bakterien 45
Bali Mynah 144
Balistar 39, 144
Bali Starling 144
Ballaststoff 32
Bananaquit 152
Banded Pitta 93
Bänderpitta 93
Bänderralle 53
Bändersiva 121
Bartvögel 85
Baumhopf 81
Bearded Barbet 86
Beautiful Fruit-dove 60
Bediengang 19
Befruchtung 43
behavioural enrichment 29
Beleuchtungsrhythmus 10
Belüftung 19
Bengalenpitta 93, 94
Beo 143
Bepflanzung 18, 20
Beregnung 20
Bergbrillenvogel 127
Bergrötel 106
Bergrubinkehlchen 108
Beschäftigung 20, 29
Besitzberechtigung 13
Bestandsgrößen 52
Beutegreifer 11
BfN 24
Bindenpitta 93
Biorhythmus 10
Black-breasted Thrush 104
Black-headed Myna 147
Black-headed Pitta 92
Black-masked Kingfisher 76
Black-naped Oriole 129
Black-throated Tit 124
Blatthühnchen 54
Blattvögel 103
Blaubeeren 37
Blaubrustpipra 98
Blaubrustschnurrvogel 98
Blaucoua 67
Blauelster 139

Blaue Madagaskar-Fruchttaube 61
Blaues Großes Veilchenohr 70
Blauflügel-Kookaburra 76
Blauflügelpitta 93, 94
Blauflügelsiva 120
Blaukappenhäherling 39, 116
Blaukopftangare 152
Blaukronenhäherling 116
Blaukronenorganist 154
Blaunachtigall 108
Blaunacken-Mausvogel 71
Blauohr-Honigfresser 128
Blauschwanzpitta 93
Blauschwanztrogon 73
Blaustirn-Blatthühnchen 55
Blauwangenbartvogel 86
Blinddärme 32
Blue-crowned Laughingthrush 116
Blue-eared Honeyeater 128
Blue Manakin 98
Blue-naped Mousebird 71
Blue-necked Tanager 152
Blue-winged Siva 120
Blutabnahme 27
Blutarmut 33
Blutprobe 38
BNA 13, 14
Bodenbelag 18
Bodenvögel 18
Brahminy Starling 147
Brasiltangare 150
Brauenschnäpper 112
Braunbauch-Laubenvogel 136
Braunflügel-Mausvogel 72
Braunkehliger Blauschnäpper 112
Braunkopfyuhina 115
Braunliest 76
Braunohrbülbül 101
Brazilian Tanager 150
Breitrachen 90
Brillenvögel 127
Brown-throated Wattle-eye 113
Brustbandhäherling 120
Brutbiologie 40
Brutdesinfektionsmittel 42
Brutmaschine 41
Bruttemperatur 42
Brutzeit 29, 40
Buceros bicornis 84
Bucerotidae 82

Buchführung 28
Bülbüls 100
Bundesamt für Naturschutz 24
Bundesartenschutzverordnung 40
Bundesumweltministerium 13
Bundesverband für fachgerechten Natur- und Artenschutz 13, 162
Buschelster 139
Buschwürger 131
B-Vitamine 33

C

Cacicus cela 155
Capitonidae 85
Carnivor 8
Cayennekiebitz 56
Celebes Starling 142
Charadriidae 55
Charadriiformes 54
Charadrius pecuarius 57
Chestnut-backed Thrush 105
Chinabülbül 101
Chinanachtigall 122
Chinesische Nachtigall 122
Chip 40
Chiroxiphia caudata 98
Chlamydera cerviniventris 136
Chlamydien 46
Chloropseidae 103
Chloropsis hardwickii 103
Cicinnurus regius 135
Cinnyris venustus 125
Cissa chinensis 139
CITES 24
CITES-Dokumente 13
Colibri coruscans 70
Coliidae 71
Coliiformes 71
Collared Kingfisher 76
Columbidae 58
Columbiformes 58
Common Grackle 143
Common Hill Myna 143
Common Shama 109
Copsychus malabaricus 109
Coracias caudatus 79
Coraciidae 79
Coraciiformes 74
Corvidae 137
Corvinella melanoleuca 130

Cossypha niveicapilla 106
Cotinga cayana 95
Cotingidae 95
Coua cristata 66
Cracticidae 134
Crested Coua 66
Cuculidae 66
Cuculiformes 62
Cyanerpes cyaneus 152
Cyanocorax chrysops 137

D

Dacelo novaeguineae 74
Dajaldrossel 109
Damadrossel 109
Darmentzündungen 37
Daurian Redstart 110
Deckens Hornbill 82
Desinfektion 28, 42, 45
Diadembartvogel 86
Diademrotschwanz 110
Diademyuhina 114
Dickschnabelorganist 153
DNA-Analyse 38
Dollarvogel 80
Doppelhornvogel 39, 84
Doppelzahnbartvogel 86
Dottertukan 87
Drahtgeflecht 17
Dreibandregenpfeifer 58
Dreifarben-Glanzstar 149
Drosseln 104
Dryonastes courtoisi 116
Durchfall 25, 46
Durchleuchten 42

E

EAZA 39, 52
EEP 39
EG-Bestimmungen 13
Eierwendemechanismus 42
Eingewöhnung 24
Eisen 32
eisenarm 48
eisenarme Futtersorten 36
Eisengehalte 36
eisenreich 48
Eisenspeichererkrankung 48
Eisvögel 74
Eiweiße 31

Eiweißmangel 31
Eizahn 43
Ektoparasiten 47
Elfenblauvogel 102
Elsterschnäpper 112
Elsterstar 144
Elstertoko 83
Elsterwürger 130
Elternaufzucht 41
Endoparasiten 47
Endoskopie 38
Energiebedarf 29
Energiespeicher 32
Energieträger 32
Energieverbrauch 10
Entomyzon cyanotis 128
Erhaltungsbedarf 30
Ernährung 14
Ernährungszustand 25
Ersatzfutter 36
Ersatznahrung 30
Erste Hilfe 45
Erwerb 24
essenzielle Aminosäuren 31
Euphonia laniirostris 153
Europäische Erhaltungszuchtprogramme 39
Europäischer Zooverband 39, 52
Europäischen Zooverbandes 52
Eurylaimidae 90

F
Fadenpipra 98
Falculea palliata 133
Fang 23
Fangkäfig 23
Fangschleuse 23
Farbfutter 37
Fawn-breasted Bowerbird 136
Federlinge 47
Feenvögel 102
Feigenvögel 130
Fette 31
Fettleber 31
fettlösliche Vitamine 32
Fettsäuren 32
Fischertukan 87
Fischerturako 63

Fiskalwürger 130, 132
Flammenkopfbartvogel 86
Flötenvogel 134
Flugraum 20
Flüssigkeitsbedarf 26, 35
Formosahäherling 120
Fruchtfresser 8
frugivor 8
frugivore Vögel 48
Furchenschnabel-Bartvogel 86
Fußring 40
Futter 26
futterfest 24
Futtermenge 34
Futternäpfe 34
Futterneid 25
Futterspritze 44
Futterumstellung 27
Fütterungsintervall 44
Fütterungsroutine 34
Futterwirbeltiere 35

G
Gabelracke 79
Gabelschwanzracke 79
Gangesbrillenvogel 127
Garrulax leucolophus 117
Gattung 52
Gefährdung 52
Gefahrenquellen 14
Gefieder 23, 25
Gefiederfarben 37
Gefiederzustand 28
Gelbbauch-Nektarvogel 125
Gelbbürzelkassike 155
Gelbfüßiger Honigsauger 152
Gelbnackenyuhina 115
Gelbscheitelorganist 154
Gelbscheitelpipra 98
Gelbschnabeltoko 83
Gelbstreifenyuhina 115
Gemüse 37
genetische Vielfalt 39
Geschlechtsbestimmung 38
Geschlechtschromosomen 38
geschützt 13
Gesundheitsbescheinigung 26
Gesundheitszustand 34
Gewichtskontrollen 43
Gewölle 36

Giftige Pflanzen 22
Glanzhaubenturako 63
Glanz-Lappenschnäpper 113
Goldaugentimalie 121
Goldbrustbülbül 101
Golden-breasted Starling 148
Goldkopfatzel 144
Goldkuckuck 67
Goldmaskenspecht 89
Goldscheitelwürger 131
Goldtangare 152
Goldzügelbülbül 101
Gould-Nektarvogel 126
Gracula religiosa 143
Graubrust-
Paradiesschnäpper 112
Graufischer 76
Grauflankenhäherling 117
Grauflügelrötel 106
Graukopfliest 76
Graustar 147
Grautoko 83
Grauwangenbartvogel 86
Grauwangenhornvogel 85
Great Hornbill 84
Great Indian Hornbill 84
Great Pied Hornbill 84
Green-breasted Pitta 92
Green Magpie 139
Green Woodhoopoe 81
Grey-cheeked Omeiensis 119
Grosbeak Myna 142
Gruiformes 52
Grundumsatz 29
Grünflügelbülbül 101
Grünhäher 138
Grünhelmturako 63
Grünkopfliest 76
Grünorganist 154
Guira Cuckoo 68
Guira guira 68
Guirakuckuck 68
Gymnorhina tibicen 134

H

Haarvögel 100
Halsbandarrasari 87
Halsbandbartvogel 86
Halsband-Breitrachen 91
Halsbandkotinga 95

Halsbandliest 76
Halsband-Nektarvogel 126
Haltegenehmigung 12
Hämosiderose 48
Handaufzucht 41, 43
Handfütterung 44
Hardwick's Blattvogel 103
Hartlaubturako 63
Haubenbartvogel 86
Haubenschildturako 64
Helmhornvogel 85
Helmpipra 98
Herkunftsnachweise 39
Hildebrandt-Glanzstar 149
Hinduracke 80
Hirtenmaina 146
Hirtenregenpfeifer 57
Höhlenbrüter 40
Honigfresser 128
Hooded Pitta 92
Hopfe 81
Hornvögel 48
Hygiene 28, 30
Hypervitaminose 34

I

Icteridae 154
Importverbot 38
Infektionskrankheiten 45
Inhalationsnarkose 40
Inkubationstemperatur 42
Inkubator 41
Innenbereich 18
Innenvolieren 16
insectivor 8
Insektenarten 35
Insektenfresser 8
Insektenmaden 35
Irena puella 102
Irenidae 102
Isabelltangare 151, 152
Isoflurannarkose 38

J

Jacana jacana 54
Jacanidae 54
Jackson's Hornbill 82
Jacksontoko 82
Jagdelster 139
Jagdelstern 37

Jägerliest 74
Jahrvogel 85
Japanschnäpper 112
Javaliest 76
Jungenaufzucht 30

K
Käfig 15
Käfiggrößen 16
Kalk 32
Kalzium-Phosphor-Verhältnis 33
Kandidose 46
Kapbatis 113
Kap-Honigfresser 126
Kappenblaurabe 137
Kappenpitta 39, 92
Kappensai 152
Kaprötel 106
Kaptriel 56
Karminflügelhäherling 118
Karminspint 78
Kehlstreifenyuhina 115
Keimverschleppung 27
Kellenschnabel-Breitrachen 91
Kennzeichen 28
Kennzeichnung 13, 40
Kennzeichnungspflicht 40
Kikuyubrillenvogel 127
King Bird of Paradise 135
Kittlitz's Plover 57
Klaaskuckuck 67
Klimaschwankungen 10
Klimawandel 11
Kloake 25
Knochenaufbau 32
Knochenbrüchen 45
Kobaltniltava 112
Kohlenhydrate 32
Kokzidien 47
Kokzidiose 48
Kolibriarten 70
Kolibris 69
Koliinfektionen 46
Königs-Glanzstar 148
Königsmeise 125
Königsparadiesvogel 39, 135
Königstyrann 99
Körpermasse 29
Körpertemperatur 29
Kotilangbülbül 101

Kotprobe 27
Kotuntersuchungen 45
Krallen 23
Kranichvögel 52
Krankenkäfig 16
Krankheiten 14, 45
Krankheitserreger 26
Kronenatzel 144
Kronenkiebitz 56
Kronentoko 83
Kropfsonde 44
Kuckucke 66
Kuckucksvögel 62
Kunstbrut 41
künstlichen Bebrütung 42
Kunstlicht 19
Kunststoffpflanzen 20
Kupfernektarvogel 126
Kupferschmied 86

L
Lachender Hans 74
Laktobazillen 44
Laktose 37
Lamprotornis regius 148
Lamprotornis superbus 149
Langschwanz-Glanzstar 148
Langschwanzwürger 130, 132
Langzehenkiebitz 56
Laniarius barbarus 131
Laniidae 130
Lappenschnäpper 113
Lappenstar 146
Lärmvogel 64
Laterallus leucopyrrhus 53
Laubenvögel 136
Laucharassari 87
Laughing Kookaburra 74
Lebendfutter 35
Lederköpfe 128
Legenot 48
Leiothrix lutea 122
Leistungsbedarf 30
Leucopsar rothschildi 144
Lilac-breasted Roller 79
Liocichla omeiensis 119
Lipide 31
Litormaskentyrann 99
Livingstonturako 63
Long-tailed Broadbill 91

Long-tailed Shrike 130
Luftfeuchte 20
Luftfeuchtigkeit 42
Luftfrachtregularien 26
Lüftung 20
Lungenentzündung 49
Luscinia calliope 107
Lybius dubius 86

M
Madagascar Blue-Pigeon 61
Madagaskarfruchttaube 61
Magpie Shrike 130
Malachitnektarvogel 126
Malaconotidae 131
Malaienalcippe 121
Malaienstar 141
Mandarinstar 147
Markierung 40
Masked Lapwing 56
Maskenkiebitz 56
Mauser 23, 30
Mausvögel 71
Meerblauer Fliegenschnäpper 112
Mehlkäferlarven 35
Meisenyuhina 115
Melanerpes flavifrons 89
Meliphagidae 128
Meropidae 77
Mesia argentauris 121
Mikrochip 40
Milben 47
Milchzucker 37
Mindestanforderungen
 zur Haltung 12
Mineralfutter 32
Mineralstoffe 32
Mohrenralle 53
Montezuma Oropendula 154
Montezuma-Stirnvogel 154
Muscicapidae 110
Muskelfleisch 36
Muskelschwäche 31
Musophaga violacea 64
Musophagidae 62

N
Nachzuchten 24
Nachzuchtvögel 24
Nacktkehl-Glockenvogel 95

Nacktkehllärmvogel 64
Nahrungsansprüche 29
Namensgebung 8
Narinatrogon 73
Narzisschnäpper 112
Nashornvögel 82
Natalrötel 106
Naturbrut 41
Naturzerstörung 11
Nectariniidae 125
nectarivor 8
Nektarvögel 125
Nesträuber 40
Netz 17
Netzkescher 23
Niacin 33
Nierenentzündung 49
Niltava sundara 111
Nistmaterial 41
Nistplätze 41

O
Obst 37
Ödeme 31
Offenbrüter 41
Ohrfleckbartvogel 86
Omeihäherling 39, 119
omnivor 8
Opalracke 80
Orangeatzel 144
Orangebauch-Blattvogel 103
Orange-bellied Leafbird 103
Organschäden 29
Oriental White-eye 127
Oriolus chinensis 129
Ornithose 46

P
Paarzusammenstellung 38
Pagodenstar 147
Papageibreitrachen 37, 91
Paradiestangare 151
Paradiesvögel 48, 135
Paradisaeidae 135
Parasiten 25
Passeriformes 90
Pastor roseus 146
Pekin Nightingale 122
Pekin Robin 122
Pellets 29

Perückenhornvogel 85
Pfauentrogon 73
Pflanzen 20
Pflegemaßnahmen 15
Pflegevoraussetzungen 10
Philippinenstar 141
Phillipine Glossy Starling 141
Phoeniculidae 81
Phoeniculus purpureus 81
Phoenicurus auroreus 110
Phosphor 32
Picidae 89
Piciformes 85
Pilze 45
Pinkies 35
Pinzette 44
Pipras 97
Pipridae 97
Pirole 129, 130
piscivor 8
Pitta guajana 93
Pittas 92
Pitta sordida 92
Pittidae 92
Platysteira cyanea 113
Platysteiridae 113
Plush-crested Jay 137
Polyurie 49
Prachtfruchttaube 59
Pracht-Glanzstar 149
Pracht-Nektarvogel 126
Prachtpipra 98
Preuss-Nektarvogel 126
Proteine 31
Provitamine 32
Psarisomus dalhousiae 91
Psarocolius montezuma 154
Ptilinopus pulchellus 60
Ptilinopus superbus 59
Ptilonorynchidae 136
Purpur-Glanzstar 149
Purpurhuhn 53
Purpurlatzkotinga 95
Purpurtangare 150
Pycnonotidae 100
Pycnonotus jocosus 100
Pyrocephalus rubinus 99

Q
Quarantäne 24, 26

R
Rabenvögel 137
Rachitis 48
Rackenvögel 74, 79
Rallen 52
Rallidae 52
Ramphastidae 87
Ramphastos toco 87
Ramphocelus bresilius 150
Red-and-white Crake 53
Red-billed Blue Magpie 138
Red-billed Leiothrix 122
Red-crested Turaco 63
Red-headed Tit 124
Red-tailed Laughingtrush 118
Red-whiskered Bulbul 100
Regenpfeifer 55
Reinigung 28
Rennkuckuck 67
Rhinozeroshornvogel 85
Riboflavin 33
Riesenfischer 76
Riesenpitta 93, 94
Riesenrotschwanz 110
Riesentukan 39, 87
Rose-coloured Starling 146
Rosenfruchttaube 59
Rosenkopf-Breitrachen 91
Rosenstar 146
Rostkappenschwanzmeise 124
Rostkappen-Schwanzmeise 125
Rosy Starling 146
Rotbandregenpfeifer 58
Rotbauch-Blauschnäpper 111
Rotbauchfliegenschnäpper 111
Rotbauch-Glanzstar 148
Rotbauchniltava 111
Rotbürzel-Stirnvogel 156
Rotflanken-Brillenvogel 127
Rotfüßiger Honigsauger 152
Rothalsfruchttaube 59
Rothaubenturako 39, 63
Rothschild's Mynah 144
Rotkappendrossel 104, 106
Rotkappen-Fruchttaube 60
Rotkopfnachtigall 108
Rotohrbülbül 100

Rotrücken-Mausvogel 72
Rotschnabelkitta 138
Rotschnabeltoko 83
Rotschopfturako 63
Rotschwanzhäherling 118
Rotschwanzsiva 121
Rotstirnbartvogel 86
Rotstirn-Blatthühnchen 54
Rotstirn-Jassana 54
Rotstirntangare 151, 152
Rotzügel-Mausvogel 72
Rubinkehlchen 107
Rubintyrann 99
Rufous-bellied Niltava 111
Ruhezeit 29
Runzelhornvogel 85
Rupicola peruvianus 96

S
Sachkunde 14
Salmonellose 46
Sandbäder 18
Sänger 110
Schachwürger 130, 132
Schadnager 18
Schalow's Turako 63
Schama 109
Schamadrossel 109
Scharlachbrust-
Nektarvogel 126
Scharlachspinten 37
Scharlachwürger 130, 132
Scheckendrossel 106
Schieferdrossel 106
Schieren 43
Schildturako 39, 64
Schlupfbrüter 43
Schlupffähigkeit 33
Schmalschnabelstar 142
Schmuckmeise 125
Schmuckpitta 93, 94
Schmuckvögel 95
Schnabel 23
Schnabelform 30
Schnäpperwürger 113
Schneescheitelrötel 106
Schöne Flaumfußtaube 60
Schirmvogel 95
Schuppenkopfrötel 106
Schutzhaus 17

Schutzraum 17
Schwalbennektarvogel 126
Schwalbentangare 151, 152
Schwanzmeisen 124
Schwarzbrustdrossel 104
Schwarzbrust-
Langschwanzhäher 138
Schwarzflügelstar 144
Schwarzkappentimailie 120
Schwarzkehlhäherling 117
Schwarzkehl-Lappenschnäpper 113
Schwarzkehl-Schwanzmeise 124
Schwarznackenpirol 129
Schwarzscheitelhäherling 118
Schwarztangare 150
Schwefeltyrann 99
Scissirostrum dubium 142
Seglervögel 69
Selbstzuchtnachweis 40
selten 13
Senegalbrillenvogel 127
Senegalfurchenschnabel 86
Senegalkiebitz 56
Senegalliest 76
Senegalracke 80
Sepiaschalen 23
Siberian Rubythroat 107
Sichelhopf 81
Sichelschnabelvanga 133
Sichelvanga 133
Sichtblenden 18
Sickle-billed Vanga 133
Siebenfarbentangare 151
Siedelstar 141
Silberohr-Sonnenvogel 121
Silberschnabelaletangare 150
Silberwangenhornvogel 85
Silver-eared Leiothrix 121
Silver-eared Mesia 121
Sitzäste 34
Sitzstangen 20, 23, 27
Siva cyanouroptera 120
Smaragbreitrachen 91
Snowy-crowned Robin-chat 106
Snowy-headed Robin-chat 106
softbills 8
Soldatenkiebitz 56
Sonnenvogel 122
Sozialverhalten 28, 38
Spangled Cotinga 95

Sparkling Violetear 70
Spechte 89
Spechtvögel 85
Speiballen 36
Sperlingsvögel 90
Spezialfutter 37
Spiegelhäherling 117
Spiegelrotschwanz 110
Spinnenjäger 126
Spinte 77
Spitzschopf-Seidenkuckuck 66
Spornkiebitz 56
Spurenelemente 32
Stahlnektarvogel 126
Stare 48, 140
Stärlinge 154
Steppenbaumhopf 81
Stirnvogelarten 154
Streifenbülbül 101
Streifenliest 76
Stress 25, 30
Strichelracke 80
Sturnidae 140
Sumatrahäherling 118
Sumbawadrossel 39, 105
Sumbawa Ground-Trush 105
Sundara Niltava 111
Superb Fruit-dove 59
Superb Starling 149
Swainsontukan 87
Swallow-tailed Manakin 98
Synonymen 52
Systematik 52

T
Tageslicht 19
TAGs 52
Taiga-Rubinkehlchen 107
Tangara chilensis 151
Tangara cyanicollis 152
Tariktik-Hornvogel 85
Tauben 58
Taubenvögel 58
Tauraco erythrolophus 63
Taxon Advisory Groups 52
Taxonomie 52
Teich 34
Temenuchus pagodarum 147
Temperatur 20
Territorium 40

Thick-billed Euphonia 153
Thraupidae 150
Tiefland-Felsenhahn 96
Tiergehegegenehmigung 12
tierische Nahrung 41
tierisches Eiweiß 31
Tierschutz 12
Timalien 114, 122, 123
Timaliidae 114
Tockus deckeni 82
Toco toucan 87
Todesursache 28
Todiramphus chloris 76
Transponder 40
Transport 24, 25
Transporterklärung 26
Transportkiste 24
Transportsterblichkeit 24
Trennwand 16
Trinkflaschen 34
Trochalopteron milnei 118
Trochilidae 69
Trockensubstanz 30
Trogone 73
Trogonidae 73
Trogoniformes 73
Trogon viridis 73
Trompeter-Hornvogel 85
Tropenhaus 19
Tropfenrötel 106
Tukane 48, 87
Tumorerkrankungen 49
Turakos 62
Turdidae 104
Turdus dissimilis 104
Türkisblaue Kotinga 95
Türkisfeenvogel 102
Türkisnaschvogel 152
Tyrannen 99
Tyrannidae 99

U
Überhitzung 19
Ufermaina 146
Umweltverschmutzung 11
unbefruchtetes Ei 43
Unterart 52
Untere Naturschutzbehörden 12
Unterscheidungsmerkmale 52
unverdauliche Nahrungsbestandteile 36

Urocissa erythrorhyncha 138
Urocolius macrourous 71
UV-Licht 19, 33
UV-Lichtmangel 48
UV-Lichtstrahler 19

V

Vanellus miles 56
Vangas 133
Vangawürger 132
Vangidae 132
Variable Sunbird 125
Veilchenkappenfruchttaube 61
Veilchenohrkolibri 70
Vereinigung für Artenschutz, Vogelhaltung und Vogelzucht e.V. 13, 162
Verfettung 29
Vergesellschaftung 15, 30
Verhalten 14
Verkehrtfüßer 73
verklebtes Gefieder 23
Verletzungen 25, 45
Vermarktung 13
Vermilion Flycatcher 99
Violet Turaco 64
Vitamin A 33
Vitamin-A-Mangel 48
Vitamin-B 33
Vitamin-B-Mangel 48
Vitamin C 33
Vitamin D 33
Vitamin-D-Mangel 48
Vitamine 30, 32
Vitamin E 33
Vitamin-E-Mangel 48
Vitamin H 33
Vitamin K 33
Vitrine 16
Vogelbörse 24
Vogelhaus 19
Voliere 16
Von der Decken's Hornbill 82
Von-Der-Decken-Toko 39, 82

W

WA 13
Wachstum 30
Waffenkiebitz 56
Waldhäherling 118
Waldnektarvogel 126
Wanderelster 139
Wärmequelle 16
Washingtoner Artenschutzübereinkommen 13, 24
Wasser 26, 34
Wasserersatz 26
Wasserfasan 55
Wattled Jacana 54
Watvögel 54
Weichfresserfuttermischung 29
Weichfutter 36
Weißbauchliest 76
Weißbauchralle 53
Weißbrauenrötel 106
Weißbrustralle 53
Weißflankenbatis 113
Weißflügel-Pompadourkotinga 95
Weißhaubenhäherling 117
Weißhaubenturako 63
Weißkehlhäherling 117
Weißkehlrötel 106
Weißkehlspint 78
Weißkopf-Mausvogel 72
Weißohrbülbül 101
Weißohrturako 63
Weißrücken-Mausvogel 72
Weißscheitelrötel 106
Weißschwanztrogon 73
Weißstirnspint 78
weniger gefährdet 13
White-collared Kingfisher 76
White-collared Yuhina 114
White-crested Laughingthrush 117
White-rumped Shama 109
White-tailed Trogon 73
Wildtierhandel 24
Würger 130
Würgerkrähen 134
Würmer 47
Wurmkur 47
Wurmkuren 45

Y

Yellow-bellied Sunbird 125
Yellow-crowned Gonolek 131
Yellow-fronted Woodpecker 89
Yellow-rumped Cacique 155
Ypeca-Ralle 53
Yucatanblaurabe 138
Yuhina diademata 114

Z

Zecken 47
Zellulose 32
Zentralverband Zoologischer Fachbetriebe Deutschlands e.V. 13
Ziernektarvogel 125, 126
Zimtfliegenschnäpper 112
Zimtroller 80
Zoofachhändler 24
Zoonose 46
Zoonosen 28
Zoothera dohertyi 105
Zophobas 35
Zosteropidae 127
Zosterops palpebrosus 127
Zucht 24
Zuchtauswahl 38
Zuchtbuchführung 39
Zuchtempfehlungen 39
Züchter 24, 38
Zuchtprogrammen 38
Zuchttauglichkeitsuntersuchung 38
Zuchtverein 40
Zuchtvögel 25
Zucker 32
Zügelliest 76
Zusatzbeleuchtung 16
Zweige 20
Zwergspint 78
Zwergtimalie 115
ZZF 13

Bildquellen

Bildagentur Waldhäusl / Schulz Ingo: Titelfoto
Horst Bielfeld: 123, 153 u.
Theo Kleefisch: 70, 98, 101, 108, 111, 112, 113, 115, 121, 122, 124, 126, 127, 147, 150, 151, 153 o.
Regina Kuhn: 25
Eckhard Lietzow: 3, 6, 29, 30, 35, 37, 39, 53, 55, 68, 80 o., 83, 107, 140, 143, 149, 155, 158
Bernd Marcordes: 47
Theo Pagel: 41, 43, 117
photolibrary / Rolf Nussbaumer: 100
photolibrary / Pablo Rodriguez: 138
photolibrary / TC Nature: 50
Rolf Schlosser: 11, 18, 22, 27, 44, 56, 59, 61, 62, 72, 78, 80 u., 81, 84, 86, 94, 103, 109, 116, 119, 131, 134 (2), 137, 142, 145, 146, 148, 156
Dietmar Schmidt: 4, 73, 88, 91, 97, 128, 130, 135
Cees Scholz: 104
Wilhelm Spieß: 8, 58, 63, 65, 67, 75, 76, 89, 93, 95, 106, 120, 132, 133, 139, 141, 152
Jürgen Stahl: 105
Dr. Franz Robiller: 17
Die Zeichnungen fertigte Helmuth Flubacher, Waiblingen, nach Vorlagen der Autoren und aus der Literatur an.

Haftungsausschluss

Die beschriebenen Hinweise zur Haltung, Fütterung und Behandlung basieren auf Literaturhinweisen und Erfahrungen der Autoren. Weder der Verlag noch die Autoren übernehmen Haftung für Produkteigenschaften, Fehler bei der Anwendung oder eventuell auftretende Un- und Schadensfälle.

Impressum

Bibliografische Information der Deutschen Nationalbibliothek
Die Deutsche Nationalbibliothek verzeichnet diese Publikation in der Deutschen Nationalbibliografie; detaillierte bibliografische Daten sind im Internet über http://dnb.d-nb.de abrufbar.

Das Werk einschließlich aller seiner Teile ist urheberrechtlich geschützt. Jede Verwertung außerhalb der engen Grenzen des Urheberrechtsgesetzes ist ohne Zustimmung des Verlages unzulässig und strafbar. Das gilt insbesondere für Vervielfältigungen, Übersetzungen, Mikroverfilmungen und die Einspeicherung und Verarbeitung in elektronischen Systemen.

© 2011 Eugen Ulmer KG
Wollgrasweg 41, 70599 Stuttgart (Hohenheim)
E-Mail: info@ulmer.de
Internet: www.ulmer.de
Lektorat: Dr. Eva-Maria Götz
Herstellung: Ulla Stammel, Anne-Kathrin Gomringer
Umschlagentwurf: red.sign, Anette Vogt, Stuttgart
Satz: r&p digitale medien, Echterdingen
Druck und Bindung: Firmengruppe APPL, aprinta druck, Wemding
Printed in Germany

ISBN 978-3-8001-5192-9

Die farbenprächtige Welt der Vögel

Alle wichtigen Daten, Fakten und Besonderheiten der jeweiligen Vogelart werden in leicht verständlicher Form und nach Verwandtschaftsgruppen gegliedert dargestellt. Innerhalb der Gliederung in Verwandtschaftsgruppen sind die Porträts alphabetisch nach Vogelnamen angeordnet. Komplette Verzeichnisse der deutschen und wissenschaftlichen Namen erleichtern es Ihnen, jeden gesuchten Vogel schnell zu finden.

300 Ziervögel.
Kennen und pflegen. H. Bielfeld. 2009. 320 S., 300 Farbf., kart. ISBN 978-3-8001-5737-2.

Von der Vogelstube über die Gartenvoliere bis zum Teich – dieses Buch beschreibt die vielen Möglichkeiten im Haus und darum herum, den verschiedensten Vogelgruppen ihrer Art entsprechende, zweckmäßige und ästhetische Unterkünfte zu gestalten. Die einzelnen Varianten werden detailliert geschildert und Pläne, Bauanleitungen, Empfehlungen für Materialien sowie das gesamte Management der Anlagen gegeben.

Vogelheime, Volieren und Teiche.
F. Robiller. 2007. 220 S., 63 Farbf., 136 Zeichn., 23 Tab., geb. ISBN 978-3-8001-4930-8.

www.ulmer.de